国家出版基金项目
NATIONAL PUBLICATION FOUNDATION

「十三五」国家重点图书出版规划项目

中医古籍名家点评丛书

总主编◎吴少祯

清·程国彭◎撰

马有度 吴朝华◎点评

医学心悟

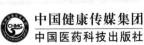
中国健康传媒集团
中国医药科技出版社

图书在版编目（CIP）数据

医学心悟/（清）程国彭撰；马有度，吴朝华点评. —北京：中国医药科技出版社，2021.1

（中医古籍名家点评丛书）

ISBN 978 - 7 - 5214 - 2223 - 8

Ⅰ.①医… Ⅱ.①程… ②马… ③吴… Ⅲ.①中医临床 - 经验 - 中国 - 清代 Ⅳ.①R249.49

中国版本图书馆 CIP 数据核字（2020）第 258557 号

美术编辑　陈君杞
版式设计　南博文化

出版　**中国健康传媒集团** | 中国医药科技出版社
地址　北京市海淀区文慧园北路甲 22 号
邮编　100082
电话　发行：010 - 62227427　邮购：010 - 62236938
网址　www.cmstp.com
规格　710 × 1000mm $^{1}/_{16}$
印张　22 $^{1}/_{4}$
字数　279 千字
版次　2021 年 1 月第 1 版
印次　2023 年 11 月第 2 次印刷
印刷　三河市万龙印装有限公司
经销　全国各地新华书店
书号　ISBN 978 - 7 - 5214 - 2223 - 8
定价　**68.00 元**

获取新书信息、投稿、为图书纠错，请扫码联系我们。

《中医古籍名家点评丛书》
编委会

学术顾问 （按姓氏笔画排序）

马继兴　王永炎　邓铁涛　李　鼎　李经纬

余瀛鳌　张伯礼　张学文　周仲瑛　晁恩祥

钱超尘　盛增秀

总　主　编　吴少祯

副总主编　黄龙祥　郑金生　陶御风

编　　委 （按姓氏笔画排序）

于俊生　马有度　王　丽　王　英　王　茹

王东坡　王咪咪　王家葵　王德群　叶　进

叶明花　田　理　田代华　史大卓　史欣德

史马广寒　冯晓纯　朱广亚　竹剑平　庄爱文

刘更生　齐玲玲　江厚万　江凌圳　孙　伟

孙文钟　孙理军　杜广中　李　明　李荣群

李晓寅　李德新　杨　进　杨金萍　吴小明

吴孟华　吴朝华　余　凯　邹洪宇　汪　剑

沈　成　沈庆法　沈堂彪　沈澍农　张登本

范　颖　和中浚　庞境怡　郑金生　胡晓峰

俞承烈　施仁潮　祝建伟　贾德蓉　徐大基

徐荣谦　高晶晶　郭君双　烟建华　陶御风

黄　斌　黄龙祥　黄幼民　黄学宽　曹　晖

梁茂新　彭　坚　彭荣琛　蒋力生　程　伟

程志源　程磐基　曾安平　薛博瑜

出版者的话

　　中医药是中国优秀传统文化的重要组成部分之一。中医药古籍中蕴藏着历代名家的思维智慧与实践经验。温故而知新，熟读精研中医古籍是当代中医继承、创新的基石。新中国成立以来，中医界对古籍整理工作十分重视，因此在经典、重点中医古籍的校勘注释，常用、实用中医古籍的遴选、整理等方面，成果斐然。这些工作在帮助读者精选版本、校准文字、读懂原文方面发挥了良好的作用。

　　习总书记指示，要"切实把中医药这一祖先留给我们的宝贵财富继承好、发展好、利用好"，从而对弘扬中医药学、更进一步继承利用好中医药古籍提出了更高的要求。为此我们策划组织了《中医古籍名家点评丛书》，试图在前人整理工作的基础上，通过名家点评的方式，更进一步凸显中医古代要籍的学术精华，为现代中医药的发展提供借鉴。

　　本丛书遴选历代名医名著百余种，分批出版。所收医药书多为传世、实用，且在校勘整理方面已比较成熟的中医古籍。其中包括常用经典著作、历代各科名著，以及古今临证、案头常备的中医读物。本丛书致力于将现有相关的最新研究成果集于一体，使之具备版本精良、校勘细致、内容实用、点评精深的特点。

参与点评的学者，多为对所点评古籍研究有素的专家。他们学验俱丰，或精于临床，或文献功底深厚，均熟谙该古籍所涉学术领域的整体状况，又对其书内容精要揣摩日久，多有心得。本丛书的"点评"，并非单一的内容提要、词语注释、串讲阐发，而是抓住书中的主旨精论、蕴含深义、疑惑谬误之处，予以点拨评议，或考证比勘，溯源寻流。由于点评学者各有专擅，因此点评的形式风格也或有不同。但其共同之点是有益于读者掌握、鉴识所论医籍或名家的学术精华，领会临床运用关键点，解疑破惑，举一反三，启迪后人，不断创新。

　　我们对中医药古籍点评工作还在不断探索之中，本丛书可能会有诸多不足之处，亟盼中医各科专家及广大读者给予批评指正。

中国医药科技出版社

2017年8月

余序

　　作为毕生研读整理、编纂古今中医临床文献的一员，前不久，我有幸看到张同君编审和全国诸多相关教授专家们合作编撰《中医古籍名家点评丛书》的部分样稿。感到他们在总体设计、精选医籍、订正校注，特别是名家点评等方面卓有建树，并能将这些名著和近现代相关研究成果予以提示说明，使古籍的整理探索深研，呈现了崭新的面貌。我认为这部丛书不但能让读者系统、全面地传承优秀文化，而且有利于加强对丛书所选名著学验主旨的认识。

　　在我国优秀、靓丽的文化中，岐黄医学的软实力十分强劲。特别是名著中的学术经验，是体现"医道"最关键的文字表述。

　　《礼记·中庸》说："道也者，不可须臾离也。"清代徽州名儒程瑶田说："文存则道存，道存则教存。"这部丛书在很大程度上，使医道和医教获得较为集中的"文存"。丛书的多位编集者在精选名著的基础上，着重"点评"，让读者认识到中医药学是我国优秀传统文化中的瑰宝，有利于读者在系统、全面的传承中，予以创新、发展。

　　清代名医程芝田在《医约》中曾说："百艺之中，惟医最难。"特别是在一万多种古籍中选取精品，有一定难度。但清代造诣精深的名医尤在泾在《医学读书记》中告诫读者说："盖未有不师古而有济于今者，亦未有言之无文而能行之远者。"这套丛书的"师古济今"十分昭著。中国医药科技出版社重视此编的刊行，使读者如获宝璐，今将上述感言以为序。

中国中医科学院

余瀛鳌

2017年8月

目录 | Contents

全书点评

一、作者生平与成书背景

《医学心悟》的作者是我国清代著名医家程国彭，字钟龄，号恒阳子。清朝天都（今安徽歙县）人，其生卒年月不详，大约生活在康熙及雍正年间，晚年因躲避牢狱到天都普陀寺修行，法号普明子。

程国彭自幼聪慧，曾读书应试，名闻乡邻。后因家贫体弱，每次患病之后，多久病不愈，只得辍学，回家休养。其间，他广涉中医典籍，为中医药的博大精深所吸引，于是潜心医籍，刻苦钻研，博采众长，于23岁时悬壶应诊，因诊病周详、辨证审慎、用药精当而闻名遐迩，引来众多患者求诊。

程国彭在忙于临证应诊的同时，坚持研读中医典籍，得《内经》《难经》《伤寒论》之精髓，融金元四大家之所长，结合自己反复临证之精思，历30年之探寻领悟，于五旬之年归纳总结，终于撰成《医学心悟》5卷，于雍正十年（1732）首次刊刻。全书内容丰富，理论与临床紧密结合，是指导性、实用性极强的综合性中医临床专著，受到医界同仁的高度认同和喜爱，流传甚广，在中医学众多的中医文献典籍中占有不可忽视的一席之位。

二、治学精神与德术修养

1. 治学精神

程国彭认为，中医乃精微之道，"思贵专一，不容浅尝者问津，学贵沉潜，不容浮躁者涉猎"，业医者当专心致志，博览群书，反复思考，勤于笔耕，方能有所收获，做到著述临证之时"心如明镜，笔发春花""药无虚发，方必有功"。其治学精神和特点可概括为"勤、博、活、悟"四字。

（1）勤：勤者，常也，勤奋之谓也。程国彭在《自序》中道自己"酷嗜医学"，"凡书理有未贯彻者，则昼夜追思，恍然有悟即援笔而识之"，认为"其读书明理，不至于豁然大悟不止"。其勤奋精神流露于字里行间。其门徒吴体仁对程国彭的精勤治学有这样的描述："先生学弥精，心弥下，年来备极攻苦，常彻夜不寐，天未曙，辄剪烛搦管，举平日所心得者，一一笔之于书，间有未缜细者，必绳削之，至于尽善而后已"。其勤奋之态跃然纸上。其"历今三十载"，临证著述，学用结合，沉思力索，方著成《医学心悟》5卷，晚年又感书中外科诊治内容不足，遂又著《外科十法》1卷，附于书末。30年，乃至终其一生，研习中医，是其勤奋恒久、执着心力之写照。

（2）博：博者，多也，博大之谓也。吴体仁在该书序言中写道："吾师钟龄程先生，博极群书，自《灵》《素》《难经》而下，于先贤四大家之旨，无不融会贯通。"程国彭在全书通篇引用《内经》《难经》等中医经典理论及金元四大家等名家著述，书中第二卷专论"伤寒"，足见其中医理论功底深厚，经典著作烂熟于心，引经据典信手拈来；而所著之书，内容丰富，内外妇杂，理法方药，医中百误，养生保健，无不涉猎；其学习应用，善于汲取诸家之长，兼收并蓄，扬长避短。综上言之，其可谓学识渊博，胸怀博大，成就斐然。

（3）活：活者，生也，灵活之谓也。程国彭熟读中医典籍，笃信中医理论，但不拘泥于古书记载，而是结合实际，灵活运用，推陈出新。饶兆熊在《饶序》中写道：程国彭"间取岐黄书，寻绎往复。又于张刘李朱四大家，贯穿融会，一编入手，必有所折中"。吴体仁又道其"大抵方药一衷诸古，而又能神而明之，以补昔人智力之所不逮"。程国彭在《凡例》中写道"医道自《灵》《素》《难经》而下，首推仲景，以其为制方之祖也"，但同时认为《伤寒论》对温热及瘟疫却未充分论述。他还指出，金元四大家亦各有偏而不全之不足，"河间论温热及温疫，而于内伤有未备。东垣详论内伤，……而于阴虚之内伤尚有缺焉"。他主张贯通各家之长，"兹集兼总四家，而会通其微意，以各适于用，则庶乎其不偏耳"。临证时更强调不必拘泥于仲景的一法一方，可见其治学与临证均灵活汇通，而非生搬硬套，读死书，认死理。

（4）悟：悟者，寤也，领悟之谓也。程国彭生性聪颖，悟性灵动，于古书医理之间，临证处置之际，质疑善思，长于设问，深刻领悟，悟有所得，是以有八纲八法之立论，止嗽蠲痹之名方，誉享杏林之席位。他在论述"医门八法"时，对各法当用不用、用不得法、不知深浅等现象，从多角度设问，详加阐释，不难看出其深思熟悟之心路历程。在第二卷《伤寒门》之"伤寒六经见证法"中，每每以设问引出疑问，而后条分缕析，一一作答，其对伤寒条文之参悟可见一斑。全书无处不散发出其精思透悟之妙想，正如其论及所创名方止嗽散时，曰此方"系予苦心揣摩而得"。他将心血之作命名"医学心悟"，足见其对心悟之重视，书中常有"恍然有悟""豁然大悟"之描述。吴体仁这样写道："悟不先之以学，则无师而所悟亦非；学不要之以悟，则固执而所学亦浅"。亦道出其师用心领悟之机要。

2. 德术修养

程国彭认为，"为人父子者，不可以不知医""以之保身而裕如，以之利人而各足，存之心则为仁术，见之事则为慈祥，尤吾道中所当景慕也"。是知其视医术为仁爱之术，视医道为利人之道，其习医济人之心昭然也。

程国彭因医德淳良，善待病患，享誉一方，故"而四方求治者日益繁，四方从游者日益众""踵门者无虚日，经年累月每为远地作信，宿客凡有来者，多叩门而返，自憾无广长舌、化百千身，以应人之求也"。他心中装着平民患者，"诊视之际，不论贫富贵贱，咸细心处治，审证必详，用药必当"。他还广施方药，将临证行之有效，特别是用于急危疑难重证的方药制成膏散丸药，普送患者，并呼吁村落富绅有力之家制备方药，"修合以济急也"。饶兆熊记叙曰："一日所获之钱，多合膏散，任人取携，投之辄效，穷乡得此，有一服而两人分饮取验者……频年以来，钱到即散，总为此事着力，视昔之崔世明、李庆嗣不少让"。他深感一人之力微小，常常将自己在临证时的经验无私传授给同道，对一些疗效确切的方药则"刻方广传之"。为更好更多地服务病患，警示同业，分享心悟，他又将自己毕生所学、终身所悟汇成《医学心悟》一书，因"抄阅者众，君虞其不广及也，乃付之剞劂，以公同志"。其心怀百姓、慈济助人、倾其所有、旨在为民的仁爱之心令人感动，其临证经验、感悟所获、无私传授的学术情怀令人景仰。

程国彭钟情医术，苦习典籍，临证实践，反复体悟，不仅医德高尚，还练就了精湛技艺，以疗效卓著而闻名乡里。吴体仁有"病者虽极危笃，而有一线之可生，先生犹能起之"之描述，其对危重疑难病症力挽狂澜之功力令人叩拜。他曾用碎瓷惊骇之法，成功巧妙医治一足痿患者，被传为中医心身治疗之佳话。《医学心悟》涉及临证治疗的篇章，充分展示了程国彭的临证治疗经验和卓著的临床疗效。他技术全面，内外妇科均有涉猎，疑难杂症手到病除，书中常有"予用""予尝用""予尝治"等治疗体验，更有"累效""其效至速""其效如神""罔不应验""屡治屡验"等疗效记载，其技术及疗效毋容置疑，令人信服。为了探索疗效，他常常冥思苦想，如在论及痢疾证治时，他写道"予为此证，仔细揣摩不舍置，忽见烛光，遂恍然有得……予因制治痢散"。正是这种锲而不舍的执着钻研，他创立了以止嗽散为代表的诸多经典名方，至今为临床医者所广泛应用，亦成就其一代名医。

三、主要学术特色与贡献

《医学心悟》是一部集理论创新与临证实践于一体的实用中医临床专著，既有对传统中医经典理论的传承，又有对中医理法方药的探讨；既有对他人经验的汲取，又有对个人实践的总结，以其观点鲜明、简洁实用、指导性强，为历代医者所喜爱和推崇。它的学术特色主要有以下几点：

1. 汇通各家，敢于创新——理论创新、治法创新、方药创新

程国彭熟读《内经》《难经》，精研仲景伤寒，汲取金元四大家之长，在遵循中医核心理论的同时，善于思考，融汇各家，结合自身领悟，勇于创新，敢于实践，在辨证理论、治法方药等方面取得创新成果，这是《医学心悟》的鲜明特色。

一是创立了八纲辨证论。程氏在首卷"寒热虚实表里阴阳辨"里，开篇即说"病有总要，寒、热、虚、实、表、里、阴、阳，八字而已"；在《凡例》中指出："凡病不外寒热、虚实、表里、阴阳。兹特著为辨论，约之则在指掌之中，推之可应无穷之变，学者宜究心焉"。并对如何辨证寒、热、虚、实、表、里、阴、阳加以具体论述，清晰明了，用之于临床，有纲可循，推及诸病，纲举目张，为后世所公认和遵从。

二是提炼出治病八法论。程氏在反复临证的过程中，在熟练运用

中医经典理论的基础上，不断领悟，认为"医门论治，本有八法，而方书或言五法，或言六法，时医更执偏见，各用一二法，自以为是，遂至治不如法，轻病转重，重病转危，而终则至于无法，大可伤也"。于是在诸多治法中提炼出"汗和下消吐清温补"治病八法，"盖一法之中，八法备焉，八法之中，百法备焉。病变虽多，而法归于一"。并对各法运用原则和要领进行了详细辨析，以期"俾业医者，沉酣于八法之中，将以扶危定倾，庶几其有活法矣"。其治病八法受到众多医家重视，为医者广泛使用。

三是归纳出伤寒"表里寒热"四字论。程氏独钟仲景学说，在首卷中有四篇有关伤寒的论文，更在第二卷《伤寒门》辟专卷论述其伤寒心得，正如他所说："予寝食于兹者，三十年矣。得之于心，应之于手，今特指出而发明之，学者其可不尽心乎！"程氏认为"伤寒变证，万有不齐，而总不外乎表、里、寒、热四字。其表里寒热，变化莫测，而总不出此八言为纲领"；并由"表里寒热"四字推衍出表寒、里寒、表热、里热、表里皆热、表里皆寒、表寒里热、表热里寒八大证型，并详加论述，以此为纲，拨冗见真，茅塞顿开，非全力研读、悉心领悟不可得也，实为医者同道学习伤寒、运用伤寒开启了一条捷径。

四是主张虚实辨治火字论。中医言"火"，古已有之，先有壮火、少火，后有天火、人火、君火、相火、龙火、雷火，程氏宗丹溪虚火实火之说，以贼火子火分论"火"之虚实，形象地指出"夫实火者，六淫之邪，饮食之伤，自外而入，势犹贼也；虚火者，七情色欲，劳役耗神，自内而发，势犹子也。贼至则驱之……子逆则安之"，"贼可驱而不可留""子可养而不可害"，用"发、清、攻、制"以驱贼火，用"达、滋、温、养"以养子火，并提示"邪盛正虚之时，而用攻补兼行之法，或滋水制火之法"，其形象生动的论述，使虚实之火一目了然，辨证治疗清晰可循，可谓独辟蹊径，别有新意。

五是不拘古法，力创新方。宗于经典而不因循守旧，在博学深研的基础上善于领悟创新，是程氏传承研习中医的一大特点。他在"医中百误歌"中强调，"然时移世易，读仲景书，按仲景法，不必拘泥仲景方，而通变用药，尤为得当"；在"医门八法"中指出，"但师古人用药之意，而未尝尽泥其方，随时随证，酌量处治，往往有验"。正是以这种"读书明理，不至于豁然大悟不止"的精神和执着，程氏不仅创立了八纲辨证、八法论治等诸多理论，还结合临证实践，创制了止嗽散、蠲痹汤、半夏白术天麻汤等一批疗效确切、结构精当的经典方剂，并把自己在临证中对古方、经方的运用体会笔之于书，与同道分享，正如其所谓"此皆已试之成法，而与斯世共白之"。

2. 提纲挈领，执简驭繁——善抓精髓、长于梳理、精于提炼

程国彭虽然广览医书，但并非泛泛而读，而是善抓精髓，长于梳理，精于提炼，面对内容庞杂的中医典籍，每每条分缕析，抓住要领，力求做到提纲挈领，执简驭繁，寥寥几言就能道其精要，这是《医学心悟》又一鲜明特色。

一是悟其要义得精髓。程氏"酷嗜医学"，对中医经典著作和各家学说"潜心玩索"，烂熟于心，善于琢磨，对其精髓理解透彻，正如吴体仁所说"由博览而得其精详，由精详而得其汇通"。程氏无论在理论著述，还是临证运用，常谓《经》曰、《难经》曰，对经典理论可谓运用自如，同时结合临证，勤于思辨，不拘古书，所悟心得源于经典，出于实践，两相结合，阐而发之，遂有辨证八纲、医门八法、伤寒四字论及火字解等诸多创新理论及阐述，而八纲八法更被视为医者准绳，被后世视为诸多医籍中的精髓。

二是执简驭繁见真功。程国彭还以善于归纳、言简意赅、表述精简见长，其归纳提炼的八纲八法精简准确自不待言，把内涵丰富的《伤寒论》浓缩为"表里寒热"四字更见其洞穿伤寒精髓之功力，彰显其拨冗见真、善抓本质的才华，如此精简精辟的论述同样见诸于

"医中百误歌""保生四要""杂证主治四字论""内伤外感致病十九字""外科十法"等重要篇章，不愧为厚书读薄、由繁而简、推陈出新之典范，实乃古语"知其要者，一言而终，不知其要，流散无穷"之范本。

三是条分缕析思路清。程氏的每篇论述都观点鲜明，条理清晰，浅显生动，既能清晰地传达其学术观念，又便于学习者掌握运用。如在论述医门八法时，除阐述各法本义外，多引经据典以释其意，更对各法运用技巧和注意事项进行一一分析，全面而周详。在"入门辨证诀"里，提出"口鼻之气可以察内伤外感，身体动静，可以观表里"，并从色、鼻、口、耳、目、舌、身、胸腹等方面论述，简便实用，易于操作。在《伤寒门》中更是经证、腑证、兼证分而论之，清晰明了。其他各卷亦见同功。

3. 易懂易学，方便实用——层次清楚、内容朴实、随取随用

程氏著《医学心悟》并"付之剞劂，以公同志"，其本意即是为了将自己毕生所学、所悟、所得与医道同行及后学分享，以期业医者遵循医理，掌握技巧，故在论述医理、临证辨析、经验著述和医误警醒等方面层次清楚，浅显直白，毫无保留，以携助同仁，共济苍生。这是《医学心悟》的第三个特色。

一是解析医理，助人研习。程氏积数十年之领悟，得其精要，毫无保留，解析医理，力求全面，不失偏颇。其在述及伤寒和金元四大家时，指出"然仲景论伤寒，而温热、温疫之旨有未畅"，"不知四子之书，合之则见其全，分之即见其偏。兹集兼总四家，而会通其微意，以各适于用，则庶乎其不偏耳"。全书语言平实，浅显易懂，思路清晰，便于理解。如在"杂证主治四字论"中，以"气血痰郁"统领杂证，结合自身经验，从虚实轻重论治，病因、辨证、治法、方药一线贯穿，一目了然。正如吴体仁所言："昔人有引而不发之旨，得先生之剖抉，而灿如日星；昔人有反复不尽之论，得先生之辩晰，而悉归易简"，实乃研习中医的入门之书。

二是切中时弊，警醒世人。程氏认为医道精微，"知其浅而不知其深，犹未知也；知其偏而不知其全，犹未知也。以卑鄙管窥之见而自称神良，其差误殆有甚焉"。程氏在解析医理、传授经验的同时，针对疾病诊治过程中存在的诸多弊端，在首卷开篇即以"医中百误歌"逐一指出了时下医家、病家、药品及煎药等方面的不良倾向和错误做法，又在"人参果"篇中，以人参果比喻养生之道。在临证各篇，更常见其"戒之、慎之、审之、宜斟酌焉"等警示之语，实乃用心良苦的警世之书。

三是内容丰富，随取随用。程氏对自己终生沉思力索之所得不保留，不藏匿，不玄乎，倾其所有，供医道同仁分享。《医学心悟》共分5卷。首卷22篇，着重对中医理论、诊病误区和养生要领加以归纳提炼，富于创新；第二卷专论仲景伤寒，分析透彻，解疑释惑；第三卷至第五卷重点从临证角度解析内科杂病、妇科、五官科等疾病证治要领和诊治感悟，内容详尽，指导性强。其理论阐述高度凝练，临证论治明了实用，个人经验生动灵验，创新方药切实可行，习者临证之时，可随时查阅，理法方药，取而用之，实乃周全方便的实用之书。

四、学习要点——熟读运用与领悟创新

《医学心悟》强调"学者，心学之也；悟者，心悟之也"，只有用心学习和领悟，方能抓住特色，汲取精要，为我所用，推陈出新，收获新知，在传承的基础上有所发展。

1. 熟读原著是基础

熟读是打开《医学心悟》大门、领略程氏精髓的钥匙。一方面要熟读序言和凡例，从中可以理解程氏治学态度、德术修养、著书初

衷和特色要点；另一方面要抓住特色，执简驭繁，并与经典著作学习相结合，以简为纲，纲举目张，用程氏的理论创新和医理剖析去验证经典理论，指导临证实践。

2. 边学边用是关键

在熟读原著的基础上，要学以致用，勤于临床，做到边学习边实践。程氏的理论观点鲜明，说理清楚，临证经验丰富，简洁明了，若能用之得当，反复验证，当疗效彰显。其关键在用，要做到勤于用，反复用，大胆用，细心用，在应用中得其要义，不负程氏"存之心则为仁术，见之事则为慈祥"之初心和期望。

3. 善于领悟是秘诀

正是程氏不懈地潜心领悟，才有《医学心悟》的流芳百世，才有至今仍对临证有指导意义的八纲八法。我们不仅要学习程氏的知识和经验，更应学习其善于领悟的创新精神。笔者多年研习《医学心悟》感悟颇深，可以说得到了程氏心悟之真传，受程氏治咳嗽宜"解表而清肺火"之论启发，在止嗽散基础上发明了新药麻芩止咳糖浆；并深入分析程氏"医中百误歌"中的致误原因，探讨防止"医误"之道，与同道一起编撰出版了《医中百误歌浅说》，同时把自己学习和领悟中医药文化的专著取名《感悟中医》，是学习传承程氏精髓的成功探索。

马有度　吴朝华
2020 年 2 月

点评说明

一、本书点评旨在传承发掘、古为今用。在实现中华民族伟大复兴、不断增强文化自信的新时代，中医药作为中华文化的瑰宝，正迎来传承发展的历史机遇。如何重新认识中医典籍，让人们更好地学习、了解和运用中医药，是当代中医人的责任和义务。在汗牛充栋的中医典籍中，《医学心悟》以其自身特色而受到世人关注，特别是其在中医辨证思路上的创新归纳和临证经验总结，至今对中医临证辨治有指导作用。笔者在重新学习《医学心悟》过程中，有感于该书作者在研习中医方面的创新思维和学术成果，有感于其在临证中的独特经验和仁心德行，有感于其在写作中的高度精炼和简单实用，择其重要篇章加以点评，以期分享自己的所思所悟，从不同的角度帮助同道更好地学习和运用《医学心悟》之精髓，达到传承创新、古为今用的初衷。

二、本书点评以田代华整理，由人民卫生出版社出版的《医学心悟》为蓝本。因程国彭以其在中医辨证理论上的归纳创新和内科、妇科等临证经验见长，故本书重点对涉及上述内容的首卷至第五卷进行了点评。附录所记载的《外科十法》现今已很少运用，《外科证治方药》相对简单，且该书初始版本（程树滋堂原刻本）亦未载入《外科十法》等相关内容，为节省全书篇幅，故未纳入本书点评。

三、本书点评力求突出重点亮点，做到有详有略。《医学心悟》

全书共5卷，其最具特色和价值的当属首卷和第二卷。首卷共有22篇，涉及中医辨证规律和部分伤寒辨证的医论，观点鲜明，论述精辟，其中不乏创新思维，精彩精炼；第二卷着重论述程氏研习《伤寒论》的心得，其归纳的伤寒辨证纲领和经腑辨治思路，极富特色，有助于人们学习理解伤寒病证辨治。对这两部分内容基本做到每篇点评。第三卷至第五卷为临证辨治部分，根据程氏的辨治特色和经验方法做选择性点评。

四、本书点评遵循程氏简明平实、便于应用的风格。《医学心悟》除了在中医辨证理论和治法方药上有创新，在文字语言的叙述上更是高度概括，精练简洁，通俗易懂，便于掌握运用。本书点评时注意语言朴实，表达准确；在阐述时注重忠于原文原意，不随意扩展，不牵强附会，有话则长，无话则短，以便于读者理解应用。

五、本书点评后增设了附录三篇，分别是"《医学心悟》悟伤寒""《医学心悟》的四大特色"和"《医学心悟》的文化底蕴"，由马有度教授撰写。文中感悟真切，收获良多，与本书总点评前后呼应。

饶序 ◉

昔人云：不为良相，即为良医。诚以济人为急。相之良则安天下，医之良则自乡而国，罔不获济。虽隐与显有殊，而名闻于一时，眼前收效，是亦君子之所用心而不敢忽也。第操是术者，非探其奥窈，有以洞见肺腑，讵可轻为尝试！此予少时曾读《灵兰》，惊深渊浮云之喻，遽为却步望洋之叹，有不类河伯初时之涊涊也哉！程君钟龄，原字山龄，资分高，搜讨富，攻举子业，有声庠序。乃以家贫善养为务，间取岐黄书，寻绎往复。又于张、刘、李、朱四大家，贯穿融会，一编入手，必有所折中，不从门面语掩饰时人之耳目。由是出而问世，踵门者无虚日，经年累月每为远地作信宿客，凡有来者，多叩门而返，自憾无广长舌、化百千身，以应人之求也。爰著《医学心悟》一书，授之生徒，所言悉有根柢，而笔又足以达之，故四方从游者日益进。尝语门弟子曰：一壶冰，三斛火，只在用之适其宜耳。然而上工治未病，中工治已病。昔医缓兄弟三人，其二兄治病治于未形，虽名不闻于诸侯，而所学益大。书中《百误歌》以及《人参果》等篇，是又在医方之外，弭患于未萌而兼为保生计，非迂谈也。一日所获之钱，多合膏散，任人取携，投之辄效，穷乡得此，有一服而两人分饮取验者。膏去风毒及百病，凡有患处，贴肤而消除者啧啧有言，此岂虚声动人之听闻哉！频年以来，钱到即散，总为此事着力，视昔之崔世明、李庆嗣不少让。诊视之际，不论贫富贵贱，咸细心处治，审证必详，用药必当。眼光所到，四面流通，无非实地济人之心。所著方书，抄阅者众，君虞其不广及也，乃付之剞劂，以公同志。宁不与调和燮理者，均称其职而无憾也乎！君曰：书成之后，一担稍释，我无复内顾矣。予犹以为不然，古之仁圣高贤尽属救世，实地工夫尽有着落，当前利益非为空言，由亲及疏，由近及远，君有以自见矣，无事他适也。至其书之精意，愧非越人难窥底里，亦不过从旁觇君之用心，与观其所行而质言之，以俟世之识者共相鉴赏而已。是为序。

时雍正壬子上春 同学姻弟饶兆熊拜手书于天宁禅院

【点评】饶兆熊对程国彭了解至深，敬佩之至。在饶氏看来，医业崇高而深奥，若不能深入探究，得其奥妙，不可轻易学医，开业诊病。在饶序里，我们可以看到以下几点：

一是程氏天资聪颖，喜欢学习，尤其热衷研读岐黄医书，广泛涉猎金元四大家医著，善于融会贯通，汲取各派医家之长，成就精湛医术，开业临诊，病患盈门。

二是程氏所著《医学心悟》不仅有临证辨治的理论和经验，还有养生防病的方式方法，体现了其既重视治已病，又主张治未病的思想理念。

三是程氏具备心怀仁慈、广济世人的大医精诚之德。其对待病患，无论"贫富贵贱，咸细心处治，审证必详，用药必当"。

他常自制药散，任人取用，以至"频年以来，钱到即散"。他还将所著方书刻印成册，供人阅读。

从中，我们看到了一个自幼聪慧、善于学习、精于岐黄、无私救人的大医形象。

自序 ⊛

古人有言：病卧于床，委之庸医，比于不慈不孝，是以为人父子者，不可以不知医。虽然，医岂易知乎哉！知其浅而不知其深，犹未知也；知其偏而不知其全，犹未知也。以卑鄙管窥之见而自称神良，其差误殆有甚焉。予少多病，每遘疾则缠绵难愈，因尔酷嗜医学，潜心玩索者有年，而四方求治者日益繁，四方从游者日益众。然此衷常栗栗危惧，凡书理有未贯彻者，则昼夜追思，恍然有悟即援笔而识之，历今三十载，殊觉此道精微，思贵专一，不容浅尝者问津；学贵沉潜，不容浮躁者涉猎。盖以上奉君亲，中及僚友，下逮卑幼，性命攸关。其操术不可不工，其处心不可不慈，其读书明理，不至于豁然大悟不止。爰作是书，以教吾徒，而名之曰"医学心悟"，盖警之也。然心悟者，上述之机；言传者，下学之要。二三子读是书，而更加博览群言，沉思力索，以造诣于精微之域，则心如明镜，笔发春花，于以拯救苍生，而药无虚发，方必有功。仰体天帝好生之心，修证菩提普救之念，俾闾阎昌炽，比户安和，永杜夭札之伤，咸登仁寿之域，岂非业医者所深快乎！况为父者，知此可以言慈；为子者，知此可以言孝。以之保身而裕如，以之利人而各足，存之心则为仁术，见之事则为慈祥，尤吾道中所当景慕也。二三子识之，予日望之。

时雍正十年孟春月吉旦

天都普明子程国彭钟龄自序

【点评】《自序》为程国彭所撰，篇幅简短，直抒胸臆，是其习医心声最真切最直接的表达，主要表明了两层意思：一是"知医"很重要，二是"知医"有难度。

程国彭开篇以古人语"病卧于床，委之庸医，比于不慈不孝"引出"知医"的重要性，指出"为人父子者，不可以不知医"，并在文中进一步阐述道：知医者"盖以上奉君亲，中及僚友，下逮卑幼，性命攸关"，习好医业方能"俾同闾昌炽，比户安和，永杜天札之伤，咸登仁寿之域"，无论为父为子，"知医"才可"言慈言孝"，"以之保身而裕如，以之利人而各足，存之心则为仁术，见之事则为慈祥"。由此可见，在程国彭心中，知医习医是何等重要。

"知医"重要，但"医岂易知乎哉"！程国彭认为，医道精微，"思贵专一，不容浅尝者问津；学贵沉潜，不容浮躁者涉猎"，要求习医者"其操术不可不工，其处心不可不慈，其读书明理，不至于豁然大悟不止"。对浅尝辄止、以偏概全者，程氏明确指出，"知其浅而不知其深，犹未知也；知其偏而不知其全，犹未知也。以卑鄙管窥之见而自称神良，其差误殆有甚焉"。

为此，程国彭"爰作是书，以教吾徒，而名之曰'医学心悟'，盖警之也"，旨在警醒习医者潜心钻研，深刻领悟，要求"更加博览群言，沉思力索，以造诣于精微之域，则心如明镜，笔发春花，于以拯救苍生，而药无虚发，方必有功"。程氏认为只有切实掌握医理医术，才能"仰体天帝好生之心，修正菩提普救之念"，为病者解除疾苦，堪为一方良医。

程国彭历经30载，"凡书理有未贯彻者，则昼夜追思，恍然有悟即援笔而识之"，遂得中医之精髓，而济人无数，屡获奇效，故"四方求治者日益繁，四方从游者日益众"。不难看出其治学之勤奋，学识之高深，医术之精良。

吴序 |

　　至哉！医之为道也。天地赖以立心，民生赖以立命，自非由博览而得其精详，由精详而得其会通，鲜不以活人之术而反为天下毒。吾师钟龄程先生，博极群书，自《灵》《素》《难经》而下，于先贤四大家之旨，无不融会贯通，以故病者虽极危笃，而有一线之可生，先生犹能起之。是岂不与上天之好生，如来之普济，心心相印也哉！岁己酉，余负笈从先生游。自愧固陋，无以窥先生之奥，而朝而诵读，昼而见证，夜而辩论，如是者有年，殆稍稍有得焉。先生学弥精、心弥下，年来备极攻苦，常彻夜不寐，天未曙，辄剪烛搦管，举平日所心得者，一一笔之于书，间有未缜细者，必绳削之，至于尽善而后已。其中条分缕析，因证定方，不肯稍留余憾，以误后来学者。大抵方药一衷诸古，而又能神而明之，以补昔人智力之所不逮。盖昔人之论分，分则偏；先生之论合，合则全。昔人有引而不发之旨，得先生之剖抉，而灿如日星；昔人有反复不尽之论，得先生之辩晰，而悉归易简。其书似平淡无奇，而千变万化总不出其范围。至其命是编也，曰《医学心悟》，诚以学非精详，不可以云学，学必会通，乃可以言悟。悟不先之以学，则无师而所悟亦非；学不要之以悟，则固执而所学亦浅。而其原总操之一心。学者，心学之也；悟者，心悟之也。心学之而心悟之，夫而后其心即上天好生之心、如来普济之心也。书既峻，将付诸剞劂，余自愧固陋，终无以尽先生之奥，惟是抄录成编，校考点画，俾睹是书者叹先生之学能精详又能会通，而天地民生之咸有赖也。虽然，先生之为是编也，不求炫世，只期信心，既堪信心，爰以授徒。余幸得为先生徒，敢不以先生之心为心，而博极群书，益知先生之学为有本，渐以融会贯通，得希先生之悟于万一也哉！

休宁石岭受业门人吴体仁百拜谨识

【点评】《吴序》系程国彭弟子吴体仁所撰。吴体仁跟师游学、临证接诊、抄录校考、朝读夜论，对恩师的德行修养耳濡目染，感慨至深。在他心里，其师学识渊博，"博极群书，自《灵》《素》《难经》而下，于先贤四大家之旨，无不融会贯通"；其师医术高超，"病者虽极危笃，而有一线之可生，先生犹能起之"；其师治学精勤，"备极攻苦，常彻夜不寐，天未曙光，辄剪烛搦管，举平日所心得者，一一笔之于书，间有未缜细者，必绳削之，至于尽善而后已……不肯稍留余憾，以误后来学者"；其师灵活汇通，"大抵方药一衷诸古，而又能神而明之，以补昔人智力之所不逮。盖昔人之论分，分则偏；先生之论合，合则全。昔人有引而不发之旨，得先生之剖抉，而灿如日星；昔人有反复不尽之论，得先生之辩晰，而悉归易简"；其师心系苍生，视医道为"天地赖以立心，民生赖以立命"，"非精详不可以云学，学必会通乃可以言悟……心学之而心悟之，夫而后其心即上天好生之心、如来普济之心也";其师著书立说,"不求炫世,只期信心,既堪信心,爰以授徒"。由是,程国彭仁爱仁术、精勤博学、达济苍生的学识、修养和情怀已然明了,令人崇敬。

凡例 | ◉

——医道自《灵》《素》《难经》而下，首推仲景，以其为制方之祖也。然仲景论伤寒，而温热、温疫之旨有未畅。河间论温热及温疫，而于内伤有未备。东垣详论内伤，发补中、枳术等论，卓识千古，而于阴虚之内伤尚有缺焉。朱丹溪从而广之，发阳常有余、阴常不足之论，以补前贤所未及，而医道亦大全矣。夫复何言？不知四子之书，合之则见其全，分之即见其偏。兹集兼总四家，而会通其微意，以各适于用，则庶乎其不偏耳。

——虚火、实火之别，相隔霄壤。虚火可补，实火可泻，若误治之，祸如反掌。兹以内出者为子火，外至者为贼火，分别虚实，以定补泻。似千古晦义，一旦昭然，而于对证用药之间，有画沙印泥之趣。

——凡病不外寒热、虚实、表里、阴阳。兹特著为辨论，约之则在指掌之中，推之可应无穷之变，学者宜究心焉。

——医门论治，本有八法，而方书或言五法，或言六法，时医更执偏见，各用一二法，自以为是，遂至治不如法，轻病转重，重病转危，而终则至于无法，大可伤也。予故著为医门八法，反复详论，俾业医者，沉酣于八法之中，将以扶危定倾，庶几其有活法矣。

——伤寒门，古称三百九十七法、一百一十三方，尚不能尽其变。遂谓仲景《伤寒论》非全书，而予独以四字论括之，何其简也！不思伤寒只此表、里、寒、热四字，由四字而敷为八句，伤寒实无余蕴。夫伤寒有表寒，有里寒，有表热，有里热，有表里皆热，有表里皆寒，有表寒里热，有表热里寒。精乎此，非惟三百九十七法、一百一十三方可坐而得，即千变万化亦皆范围其中。予读仲景书数十年，颇有心得，因著《伤寒四字论》，以为后学津梁云。

——伤寒有经病，有腑病，有合病、并病，有直中证，有两感证，有伤寒兼证。兹集分析清楚，纲举目张，辨论详明，毫无蒙混，治伤寒者，取则乎此，可渐登仲景之堂而入其室矣。

——中风寒热之别，实因乎人之脏腑为转移。从此勘破，则清凉温热之剂，各当其可，而古今之疑团以释。

——风、寒、暑、湿、燥、火，天之六气也。六气相杂，互相为病，最宜细辨。若概指为伤寒，投以散剂，为害实甚，不可不慎于其初。

——杂症各有内伤、外感之不同，须从此分别，则治法不至混淆，而取效神速。

——女人之病，多于男子，因其有行经、胎产等事也。且性情多郁，尤易生病，故治法另有变通。兹特详著于后，其与男子同病者不载，特载不同者而已。非缺也。

【点评】《凡例》共有10条，以简洁的语言，提纲挈领地概括了程国彭在中医理论、辨证思路和治法方面的学术特色。

第一条指出，张仲景及金元四大家在中医学术方面各有所长，亦各有不足。程氏全面研习，发现"四子之书，合之则见其全，分之即见其偏"，于是"兼总四家，而会通其微意，以各适于用，则庶乎其不偏耳"，以帮助习医者客观全面地吸纳前人的特长，不至管窥一隅，有失偏颇；第二条以子火贼火阐述虚火实火，别出心裁，形象而生动，易于理解；第三条指出"病不外寒热、虚实、表里、阴阳"，旗帜鲜明地提出八纲辨证；第四条针对"方书"治法不统一，而"时医更执偏见，各用一二法，自以为是，遂至治不如法"，乃归纳倡导医门八法；第五条以四字八句概述《伤寒论》，由繁至简，纲举目张，非得伤寒之精髓而难有此超人之领悟；第六条详论伤寒经病、腑病、合病、并病、直中、两感及兼证，以助"治伤寒者，取则乎此，可渐登仲景之堂而入其室矣"；第七条强调中风当辨寒热，"实因乎人之脏腑为转移"，应根据人体脏腑寒热禀赋而辨证；第八条指出六淫邪气"互相为病，最宜细辨"，不可"概指为伤寒，投以散剂"；第九条明示内伤与伤寒应辨证分明，"则治法不至混淆，而取效神速"；第十条说明列妇科疾病专篇，主要针对妇女行经、胎产等疾病，与男性相同的疾病未记载，只详记不同于男性的疾病。

医中百误歌

医中之误有百端，漫说肘后尽金丹，先将医误从头数，指点分明见一斑。

医家误，辨证难，三因分证似三山，内因、外因、不内外因，此名三因。三山别出千条脉，病有根源仔细看。治病必求其本，须从起根处看明。

医家误，脉不真，浮沉迟数不分清，却到分清浑又变，如热极脉涩细，寒极反鼓指之类。胸中了了指难明。扁鹊云：持脉之道，如临深渊，而望浮云，胸中了了，指下难明。

医家误，失时宜，寒热温凉要相时，时中消息团团转，惟在沉潜观化机。寒暑相推者，时之常；寒暑不齐者，时之变。务在静观而自得之，正非五运六气所能拘也。

医家误，不明经，十二经中好问因，经中不辨循环理，管教阳证入三阴。六淫之邪，善治三阳，则无传阴之患。

医家误，药不中，攻补寒温不对证，实实虚虚误匪轻，举手须知严且慎。用药相反，厥祸最大。

医家误，伐无过，伐无过，谓攻伐无病处也。药有专司切莫错，引经报使本殊途，投剂差讹事辄复。药味虽不相反，而举用非其经，犹为未合，如芩连知柏同一苦寒，姜桂椒萸同一辛热，用各有当，况其他乎！

医家误，药不称，重病药轻轻反重，轻重不均皆误人，此道微乎危亦甚。药虽对证，而轻重之间，与病不相称，犹难骤效。

医家误，药过剂，疗寒未已热又至，疗热未已寒更生，劝君举笔须留意。药虽与病相称，而用之过当，则仍不称矣，可见医贵三折肱也。

医家误，失标本，缓急得宜方是稳，先病为本后为标，纤悉几微要中肯。病证错乱，当分标本，相其缓急而施治法。

医家误，舍正路，治病不识求其属，壮水益火究根源，太仆之言须诵读。王太仆云：热之不热，是无火也；寒之不寒，是无水也。无水者，壮水之主以镇阳光；无火者，益火之源以消阴翳。此谓求其属也。

医家误，昧阴阳，阴阳极处没抓拿，亢则害兮承乃制，灵兰秘旨最神良。亢则害其物，承乃制其极，此五行四时迭相为制之理。

医家误，昧寒热，显然寒热易分别，寒中有热热中寒，须得长沙真秘诀。长沙用药寒因热用，热因寒用，或先寒后热，或先热后寒，或寒热并举，精妙入神，良法具在，熟读精思，自然会通。然时移世易，读仲景书，按仲景法，不必拘泥仲景方，而通变用药，尤为得当。

医家误，昧虚实，显然虚实何难治，虚中有实实中虚，用药东垣有次第。《脾胃论》《内外伤辨》补中、枳术等方，开万世无穷之利。

医家误，药姑息，证属外邪须克治，痞满燥实病坚牢，茶果汤丸何所济。

医家误，药轻试，攻病不知顾元气，病若祛时元气伤，似此何劳君算计。轻剂误事，峻剂偾事，二者交讥。

医家误，不知几，脉动证变只几希，病在未形先着力，明察秋毫乃得之。病至思治，末也。见微知著，弭患于未萌，是为上工。

医家误，鲜定见，见理真时莫改变，恍似乘舟破浪涛，把舵良工却不眩。病轻药应易也，定见定守，历险阻而不移，起人于垂危之际，足征学识。

医家误，强识病，病不识时莫强认，谦躬退位让贤能，务俾他人全性命。不知为不知，亦良医也。

医家误，在刀针，针有时宜并浅深。脓熟不针则内溃，未熟早针则气泄不成脓，脓浅针深则伤好肉，脓深针浅则毒不出而内败。百毒总应先艾灸，隔蒜灸法，胜于刀针。《外科正宗》云：不痛灸至痛，痛灸不疼时。头面之上用神灯。头面不宜灸，宜用神灯照法。《外科正宗》云：内服蟾蜍丸一服，外将神火照三支，此法不止施于头面，而头面为更要。

医家误，薄愚蒙，先王矜恤是孤穷，病笃必施真救济，好生之念合苍穹。当尽心力，施良药以济之。

医家误，不克己，见人开口便不喜，岂知刍荛有一能，何况同人说道理。

医家误未已，病者误方兴，与君还细数，请君为我听。

病家误，早失计，初时抱恙不介意，人日虚兮病日增，纵有良工也费气。病须早治。

病家误，不直说，讳疾试医工与拙，所伤所作只君知，纵有名家猜不出。大苏云：我有疾必尽告医者，然后诊脉，虽中医亦可治疗，我但求愈疾耳，岂以困医为事哉。

病家误，性躁急，病有回机药须吃，药既相宜病自除，朝夕更医也不必。即效不可屡更。

病家误，不相势，病势沉沉急变计，若再蹉跎时日深，恐怕回春无妙剂。不效则当速更。

病家误，在服药，服药之中有窍妙，或冷或热要分明，食后食前皆有道。

病家误，最善怒，气逆冲胸仍不悟，岂知肝木克脾元，愿君养性须回护。

病家误，苦忧思，忧思抑郁欲何之？常将不如己者比，知得雄来且守雌。

病家误，好多言，多言伤气最难痊，劝君默口存神坐，好将真气养真元。

病家误，染风寒，风寒散去又复还，譬如城郭未完固，那堪盗贼更摧残。

病家误，不戒口，口腹伤人处处有，食饮相宜中气和，鼓腹含哺天地久。

病家误，不戒慎，闺房衽席不知命，命有颠危可若何，愿将好色人为镜。

病家误，救绝气。病人昏眩时，以手闭口而救之也。救气闭口莫闭鼻，若连鼻子一齐扪，譬如入井复下石。鼻主呼吸，闭紧则呼吸绝，世人多蹈此弊，故切言之。

两者有误误未歇，又恐旁人误重迭，还须屈指与君陈，好把旁人观一切。

旁人误，代惊惶，不知理路乱忙忙，用药之时偏作主，平时可是学岐黄？

旁人误，引邪路，妄把师巫当仙佛，有病之家易着魔，到底昏迷永不悟。

更有大误药中寻，与君细说好留神。

药中误，药不真，药材真致力方深，有名无实何能效，徒使医家枉用心。郡邑大镇易于觅药，若荒僻处须加细辨。

药中误，失炮制，炮制不工非善剂，市中之药未蒸炒，劝君审度才堪试。洗、炙、蒸、煮、去心、皮、壳、油、尖，一一皆不可苟。

药中误，丑人参，或用粗枝枯小参，蒸过取汤兼灌饧，方中用下却无功。参以原枝干结为美，蒸过取汤则参无实色，饧条可当人参否？

药中误，秤不均，贱药多分贵药轻，君臣佐使交相失，偾事由来最恼人。

仍有药中误，好向水中寻，劝君煎药务得人。

煎药误，水不洁，油汤入药必呕哕_{日，入声。}呕哕之时病转增，任是名医审不决。

煎药误，水频添，药炉沸起又加些，气轻力减何能效，枉怪医家主见偏。

此系医中百种误，说与君家记得熟，记得熟时病易瘳，与君共享大春秋。

【点评】"医中百误歌"是程氏针对疾病诊治过程中存在的错误做法进行归纳提炼，以歌诀的形式告诫世人的警示之作。因内容丰富、简洁明了、重点突出、朗朗上口、切合实际而广为流传。歌诀内容包括医家误、病家误、旁人误、药中误、煎药误等5个方面，其中涉及医者21条，涉及患者12条，涉及旁人2条，涉及中药4条，涉及煎药2条，合计41条。疾病诊治是一项复杂的系统工程，涉及医者技艺修养、患者认知习惯、旁人干扰及药品质量、真伪和煎药方法等方面，所列41个误区仅仅是影响疗效诸多因素中具有代表性的而已。以"百误歌"命之，乃指疾病诊治过程中的影响因素较多，当高度重视，而非定指有100个误区。

程氏所列41条误区中，医者临证辨治中的难点、误区和德行修养占篇幅的一半以上，是疾病诊治过程中应该注意的重点和难点。其中"辨证难""脉不真""失时宜""不明经"当属医者临证难点，"药不中""伐无过""药不称""药过剂""药姑息""药轻试"当属临证用药之机窍，"失标本""舍正路""昧阴阳""昧寒热""昧虚实"当属临证辨证之纲领，"不知几""鲜定见"当属临证辨证之功力，"在刀针"当属针刺的要领，"强识病""薄愚蒙""不克己"等当属临证医德之修养，行医之人应遵照研习和践行。"病家误"指患者常常存在对疾病诊治的错误认知和调养误区，其内容占篇幅的近三分之一，是影响疾病疗效的又一重要因素，程氏分别从就诊时机、就诊情势、服药方法、情绪影响及饮食起居等方面加以概述。"旁人误"重点指出了患者身边的人有两种不良倾向，一是不懂医理，擅作主张，错误引导患者用药；二是视巫祝为仙佛，误导患者拜佛求仙，执迷不悟，不重视医治，甚至放弃医治。"药中误"主要指药品的真伪优劣、炮制失当和称量不均等对疗效的影响，当属"理法方药"四大环节之第四环，假药、伪药、劣药和药量不准均会使"理法方药"前三环功亏一篑。"煎药误"指煎药用水不洁或方法不当，会使药效大打折扣甚至产生副作用，不仅贻误治疗，还会反增病情。

程氏所列医中之误确有针对性和代表性，任何一误都会导致疗效不佳，病家受损。程氏把"医中百误歌"放在全书之首，足见其对诊治疾病全过程中医者、患者、旁人、药物、煎药等各个方面和环节存在的难点、误区和注意事项高度重视，更是其追求疗效、一心为民之德行修养的体现，吾辈当谨记之，慎行之！

保生四要

一曰：节饮食。

人身之贵，父母遗体，食饮非宜，疾病蜂起。外邪乘此，缠绵靡已，浸淫经络，凝寒腠理，变证百端，不可胜纪。唯有纵酒，厥祸尤烈，酒毒上攻，虚炎灼肺，变为阴虚，只缘酷醉。虚羸之体，全赖脾胃，莫嗜膏粱，淡食为最，口腹无讥，真真可贵。

二曰：慎风寒。

人身之中，曰荣与卫。寒则伤荣，风则伤卫，百病之长，以风为最，七十二候，伤寒传变，贼风偏枯，歪斜痿痹，寒邪相乘，经络难明，初在三阳，次及三阴。更有中寒，肢冷如冰，急施温补，乃可回春。君子持躬，战战兢兢，方其汗浴，切莫当风。四时俱谨，尤慎三冬，非徒衣厚，惟在藏精。

三曰：惜精神。

人之有生，惟精与神。精神不敝，四体长春。嗟彼昧者，不爱其身，多言损气，喜事劳心。或因名利，朝夕热中，神出于舍，舍则已空。两肾之中，名曰命门，阴阳相抱，互为其根，根本无亏，可以长生。午未两月，金水俱伤，隔房独宿，体质轻强。亥子丑月，阳气潜藏，君子固密，以养微阳，金石热药，切不可尝。积精全神，寿考弥长。

四曰：戒嗔怒。

东方木位，其名曰肝。肝气未平，虚火发焉，诸风内动，火性上炎。无恚无嗔，涵养心田，心田宁静，天君泰然。善动肝气，多至呕血，血积于中，渐次发咳。凡人举事，务期有得，偶尔失意，省躬自克。戒尔嗔怒，变化气质，和气迎人，其仪不忒。

【点评】程氏将"保生四要""治阴虚无上妙方""人参果"及"医中百误歌"（其中"病家误"有调摄养生的相应条款）4篇论文放在一起，并在"人参果"后总结说："以上数篇，发明医中之误，细详调摄之方，盖弭患于未萌，治未病之意也"，是其治养结合、以养为先之治未病思想的集中体现。将其置于全书首卷，足见程氏对养生调摄的高度重视。

"保生四要"一文，标题醒目，文字简明。全篇以四言句式论述，精练规整，朗朗上口，言简意赅。其推行的节饮食、慎风寒、惜精神、戒嗔怒养生观点，与世界卫生组织倡导的"合理饮食，适量运动，戒烟限酒，心理平衡"健康四大基石有异曲同工之妙。

笔者在阐述中医四大特色时，将"治未病，重预防"列为中医第二大特色，全力倡导以"心胸有量，动静有度，饮食有节，起居有常"为核心的中医"四有"养生原则，与程氏之养生调摄治未病思想更是同宗同源，高度契合，在倡导健康中国的当下具有十分重要的指导意义。

治阴虚无上妙方

天一生水，命曰真阴。真阴亏则不能制火，以致心火炎上而克肺金。于是发热、咳嗽、吐痰诸症生焉。盖发热者，阳烁阴也；咳嗽者，火刑金也；吐痰者，肾火虚泛而为痰，如锅中之水，热甚则腾沸也。当此时势，岂徒区区草木之功所能济哉！必须取华池之水，频频吞咽，以静治于无形，然后以汤丸佐之，庶几水升火降，而成天地交泰之象耳。主方在吞泽液。华池之水，人身之金液也，敷布五脏，洒陈六腑，然后注之于肾而为精。肾中阴亏，则真水上泛而为痰，将并华池之水，一拥俱出，痰愈多而肌愈瘦，病诚可畏。今立一法，二六时中，常以舌抵上腭，令华池之水充满口中，乃正体舒气，以意目力送至丹田，口复一口，数十乃止。此所谓以真水补真阴，同气相求，必然之理也。每见今之治虚者，专主六味地黄等药，以为滋阴壮水之法，未为不善，而独不于本原之水，取其点滴以自相灌溉，是舍真求假，不得为保生十全之计，此予所以谆谆而为是言也。卫生君子，尚明听之哉！

【点评】程氏认为，真阴亏虚不能制火，心火克肺则会出现发热、咳嗽、吐痰诸症，当频吞华池之水，佐以汤丸，以助水升火降、天地交泰，故视吞咽华池泽液为治阴虚之"无上妙方"。

所谓华池之水，即口中分泌的唾液，中医称之为"津"，有"津血同源"之说。中医认为，津和血均源于精气，相互滋生，在人体的生命活动中发挥着重要作用。津液亏耗，可致血虚，气血不足，亦可致津液无源，以至阴阳失衡而导致疾病，故有"留得一分津液，便有一分生机"之说。

医学研究证实，唾液是以血浆为原料生成，含有溶菌酶、淀粉酶等多种生物酶，具有消化、止血、杀菌、消炎、解毒等作用。因此，津血同源不仅为现代研究所证实，其诸多生理作用应当引起重视。

中医自古有"吞津养生之术"，程氏将吞咽华池泽液作为治疗阴虚的重要方法，并写专篇论述，无疑为我们治疗阴虚患者提供了一个良好思路，不仅可运用于临证，也为医者进一步研究和发掘唾液的生理功能和治病原理带来启示。

人参果

昔者纯阳吕祖师，出卖人参果，一文一枚，专治五劳七伤，诸虚百损。并能御外邪，消饮食，轻身不老，却病延年。真神丹妙药也！市人闻之，环聚争买者千余人。祖师大喝曰：此果人人皆有，但汝等不肯服食耳。众方醒悟。今之患虚者众矣，或归怨贫乏而无力服参，或归怨医家不早为用参，或归怨医家不应早用参，或归怨用参之太多，或归怨用参之太少，或归怨用参而不用桂、附以为佐，或归怨用参而不用芪、术以为援，或归怨用参而不用二地、二冬以为制。议论风生，全不反躬自省，以致屡效屡复，难收全功。不佞身肩是任，宁敢造次，博稽古训，百法追寻，每见历代良医，治法不过若此。于是睁开目力，取来参果一车，普送虚人服食。凡病危而复安者，不论有参无参，皆其肯服参果者也。凡病愈而复发者，不论有参无参，皆其不服参果者也。世人请自思维，定知此中消息。惟愿患者各怀其宝，必然服药有功，住世永年，无负我祖师垂救之至意，是恳是祷。

以上数篇，发明医中之误，细详调摄之方，盖弭患于未萌，治未病之意也。后此皆言治法。

【点评】"人参果"是程氏养生系列专论中的第4篇。程氏以人参果比喻养生之道，借吕祖师之口，以生动的故事和警世之"大喝"告诫人们：养生之道虽然像人参果一样珍贵，但只要遵循之，践行之，就会拥有"轻身不老，却病延年"的"人参果"。针对时下患虚之人纠结于用参不用参，早用参晚用参，用参多与少，用参是否佐以桂、附、芪、术或二地、二冬等迷茫乱象，程氏深刻地指出时人"全不反躬自省，以致屡效屡复，难收全功"，进而指出，"凡病危而复安者，不论有参无参，皆其肯服参果者也。凡病愈而复发者，不论有参无参，皆其不服参果者也"。意思就是只要遵循养生之道，即便病危也会康复，反之则病愈亦会复发。他诚恳地希望生病之人要把养生保健作为珍宝之术而践行，这样则"必然服药有功，住世永年，不负我祖师垂救之至意"，流露出程氏诚恳而真切的济世之责、仁爱之心。

医有彻始彻终之理

或问曰：医道至繁，何以得其要领，而执简以驭繁也？余曰：病不在人身之外，而在人身之中。子试静坐内观，从头面推想，自胸至足；从足跟推想，自背至头；从皮肉推想，内至筋骨脏腑。则全书之目录，在其中矣。凡病之来，不过内伤、外感与不内外伤三者而已。内伤者，气病、血病、伤食，以及喜、怒、忧、思、悲、恐、惊是也。外感者，风、寒、暑、湿、燥、火是也。不内外伤者，跌打损伤、五绝之类是也。病有三因，不外此矣。至于变证百端，不过寒、热、虚、实、表、里、阴、阳八字尽之，则变而不变矣。论治法，不过七方与十剂。七方者，大、小、缓、急、奇、偶、复。十剂者，宣、通、补、泻、轻、重、滑、涩、燥、湿也。精乎此，则投治得宜矣。又外感之邪，自外而入，宜泻不宜补。内伤之邪，自内而出，宜补不宜泻。然而泻之中有补，补之中有泻，此皆治法之权衡也。又有似证，如火似水，水似火，金似木，木似金，虚似实，实似虚，不可以不辨。明乎此，则病无遁情矣。学者读书之余，闭目凝神，时刻将此数语，细加领会，自应一旦豁然，融会贯通，彻始彻终，了无疑义，以之司命奚愧焉。

【点评】程氏治学的最大特点就在一个"简"字。去冗存精，方能得其要领，驾驭自如。故其在本篇之首即设问："医道至繁，何以得其要领，而执简以驭繁也?"然后从三因致病、八纲辨证和七方十剂论治勾勒出致病原因、辨证纲领和论治原则之总要；并进一步强调外感内伤疾病的补泻原则、五脏相似证候及虚实证候应予明辨；指出掌握了这些基本原理，则能明辨疾病，即所谓"明乎此，则病无遁情矣"。他还勉励习医之人，"时刻将此数语，细加领会，自应一旦豁然，融会贯通，彻始彻终，了无疑义，以之司命奚愧焉"。如此宏大浩瀚的中医理论体系经程氏提炼点拨，使人读之确有豁然开朗、洞开顿悟之感。程氏实乃治学诲人之良师高人。

内伤外感致病十九字

人身之病，不离乎内伤外感，而内伤外感中，只一十九字尽之矣。如风、寒、暑、湿、燥、火，外感也。喜、怒、忧、思、悲、恐、惊，与夫阳虚、阴虚、伤食，内伤也。总计之，共一十九字，而千变万化之病于以出焉。然病即变化，而总不离乎一十九字，一十九字总之一内伤外感而已。所谓知其要者，一言而终，不知其要，流散无穷。此道中必须提纲挈领，然后拯救有方也。

【点评】本篇可视为"医有彻始彻终之理"的姊妹篇。标题"内伤外感致病十九字"，简洁明了，直奔主题，着重强调内伤和外感疾病的致病因素，程氏用"风、寒、暑、湿、燥、火""喜、怒、忧、思、悲、恐、惊""阳虚、阴虚、伤食"十九个字将其做了高度概括。而疾病的发生和变化"总不离乎一十九字"，从致病途径分类不外乎"内伤外感而已"。程氏如此精炼，善抓本质，可谓深悟《内经》"知其要者，一言而终，不知其要，流散无穷"要义。在内伤疾病病因的描述上，本篇有阳虚、阴虚，而"医有彻始彻终之理"为气病、血病，气属阳、血属阴，故其本意相同，不必拘于文字表述之不同。

火字解

从来火字，《内经》有壮火、少火之名，后人则曰天火、人火、君火、相火、龙火、雷火，种种不一，而朱丹溪复以虚实二字括之，可谓善言火矣。乃人人宗其说，而于治火，卒无定见，何也？是殆辨之犹未确欤？予因易数字以解之。夫实火者，六淫之邪，饮食之伤，自外而入，势犹贼也；虚火者，七情色欲，劳役耗神，自内而发，势犹子也。贼至则驱之，如消散、清凉、攻伐等药，皆可按法取用。盖刀枪剑戟，原为驱贼设也。子逆则安之，如补气、滋水、理脾等药，皆可按法施治。盖饮食器用，原为养子设也。夫子者，奉身之本也，若以驱贼者驱其子，则无以为养身生命之本矣。人固不可认贼作子，更不可认子作贼。病机一十九条言火者十之八，言寒者十之二。若不明辨精切，恐后学卒至模糊，余故反复详言，以立施治之法。

外火：风、寒、暑、湿、燥、火及伤热饮食，贼火也。贼可驱而不可留。

内火：七情色欲，劳役耗神，子火也。子可养而不可害。

驱贼火有四法：一曰发。风寒壅闭，火邪内郁，宜升发之，如升阳散火汤之类是也。二曰清。内热极盛，宜用寒凉，如黄连解毒汤之类是也。三曰攻。火气郁结，大便不通，法当攻下，此釜底抽薪之法，如承气汤之类是也。四曰制。热气拂郁，清之不去，攻之不可，此本来真水有亏，不能制火，所谓寒之不寒，是无水也。当滋其肾，如地黄汤之类可用也。

养子火有四法：一曰达。肝经气结，五郁相因，当顺其性而升之，所谓木郁则达之，如逍遥散之类是也。此以一方治木郁而诸郁皆解也。二曰滋。虚火上炎，必滋其水，所谓壮水之主以镇阳光，如六味汤之类是也。三曰温。劳役神疲，元气受伤，阴火乘其土位。《经》曰：劳者温之。又曰：甘温能除大热。如补中益气之类是也。四曰引。肾气虚寒，逼其无根失守之火，浮游于上，当以辛热杂于壮水药中，导之下行，所谓导龙入海，引火归元。如八味汤之类是也。

以上治火法中，贼则宜攻，子则宜养，固已。然有邪盛正虚之时，而用攻补兼行之法，或滋水制火之法，往往取效。是知养子之法，可借为驱贼之方，断无以驱贼之法，而为养子之理。盖养正则邪自除，理之所有，伐正而能保身，理之所无也。世人妄用温补以养贼者固多，而恣行攻伐以驱子者，更复不少。此皆不得火字真诠，而贻祸斯民也。可不慎欤！

【点评】中医认为，火是人体的一种生理病理状态。《内经》中有少火与壮火之言，后世引申为生理之火与病理之火。少火即生理之火，指平和之阳气；壮火即病理之火，指亢盛之阳气。本篇着重论述病理之火。

程氏认为，朱丹溪以"虚实"二字论火，为后人所遵从，可谓"善言火矣"，这里所言之"火"，实乃病理之火。程氏发现，虽然"人人宗其说，而于治火，卒无定见"。为了帮助人们正确理解和辨治虚火实火，程氏用"贼火""子火"加以阐释，可谓独出心裁，形象生动，便于理解，足见程氏对"火"之为病及辨治机要颇有见地。

程氏认为，实火乃"六淫之邪，饮食之伤，自外而入，势犹贼也"，故以贼火喻之；虚火乃"七情色欲，劳役耗神，自内而发，势犹子也"，故以子火喻之。"贼至则驱之"，当用发、清、攻、制之法；"子逆则安之"，当用达、滋、温、引之法，程氏在对各法简要阐述之后，均举例方药，便于取用。

"贼则宜攻，子则宜养"是贼火子火的基本治法，但不可机械套用、一成不变，当"邪盛正虚之时，而用攻补兼行之法，或滋水制火之法，往往取效"。程氏特别强调，"养子之法，可借为驱贼之方，断无以驱贼之法，而为养子之理"，指出"养正则邪自除"符合医理，"伐正而能保身"则违背医理。世人当审慎辨之。

脉法金针

脉有要诀，胃、神、根三字而已。人与天地相参，脉必应乎四时，而四时之中，均以胃气为本。如春弦、夏洪、秋毛、冬石，而其中必兼有和缓悠扬之意，乃为胃气，谓之平人。若弦多胃少，曰肝病。洪多胃少，曰心病。毛多胃少，曰肺病。石多胃少，曰肾病。如但见弦、洪、毛、石，而胃气全无者，则危矣。夫天有四时，而弦、洪、毛、石四脉应之。四时之中，土旺各十八日，而缓脉应之。共成五脉，五脏分主之。如肝应春，其脉弦。心应夏，其脉洪。肺应秋，其脉毛。冬应肾，其脉石。脾土应长夏，其脉缓也。然而心、肝、脾、肺、肾虽各主一脉，而和缓之象必寓乎其中，乃为平脉，否则即为病脉。若但见弦、洪、毛、石，而胃气全无者，即为真象脉见矣。凡诊脉之要，有胃气曰生，胃气少曰病，胃气尽曰不治，乃一定之诊法，自古良工，莫能易也。

夫胃气全亏，则大可危。胃气稍乖，犹为可治。即当于中候求其神气。中候者，浮、中、沉之中也。如六数、七极，热也，中候有力，则有神矣。三迟、二败，寒也，中候有力，则有神矣。脉中有神，则清之而热即退，温之而寒即除。若寒热偏胜，中候不复有神，清温之剂将何所恃耶？

虽然，神气不足，犹当察其根气。根气者，沉候应指是也。三部九候，以沉分为根，而两尺又为根中之根也。《脉诀》云：寸关虽无，尺犹未绝，如此之流，何忧殒灭？历试之，洵非虚语。夫人之有脉，如树之有根，枝叶虽枯，根蒂未坏，则生意不息。是以诊脉之法，必求其根以为断。而总其要领，实不出胃、神、根三者而已。

如或胃、神、根三者稍有差忒，则病脉斯见。其偏于阳，则浮、芤、滑、实、洪、数、长、大、紧、革、牢、动、疾、促以应之；其偏于阴，则沉、迟、虚、细、微、涩、短、小、弦、濡、伏、弱、结、代、散以应之。惟有缓脉，一息四至，号曰平和，不得断为病脉耳。其他二十九字，皆为病脉。必细察其形象，而知其所主病。其曰浮，不沉也，主病在表。沉，不浮也，主病在里。迟，一息三至也，为寒。数，一息五至也，为热。滑，往来流利也，为痰为饮。涩，往来滞涩也，为血少气凝。虚，不实也，为劳倦。实，不虚也，为邪实。洪，大而有力也，为积热。大，虚而无力也，为体弱。微，细而隐也；小，细而显也，为气少。弦，端直之象也，为水饮。长，过乎本位也，为气旺。短，不及本位也，为气少。紧，如引绳转索也，为寒为痛。弱，微细之甚也，为气血两亏。濡，沉而细也，为真火不足。动，如豆粒动摇之象也，为气血不续。伏，脉不出也，为寒气凝结，又或因痛极而致。促，数时一止也，为热盛。结，缓时一止也，为寒盛。芤，边有中无也，为失血。代，动而中止，有至数也，亦为气血不续，又为跌打闷乱，以及有娠数月之兆。革，浮而坚急也，为精血少。牢，沉而坚硬也，为胃气不足。疾，数之甚也，为极热。散，涣而不聚也，为卫气散漫。惟有缓者，和之至也，为无病。其所主病，大略如此。如或数脉相参而互见，则合而断之，以知其病。

至于脉有真假，有隐伏，有反关，有怪脉，均宜一一推求，不可混淆。何谓真假？如热证脉涩细，寒证反鼓指之类。何谓隐伏？如中寒腹痛，脉不出。又外感风寒，将有正汗，亦脉不出。书云：一手无脉曰单伏，两手无脉曰双伏。何谓反关？正取无脉，反在关骨之上，或见于左，或见于右，诊法不可造次。何谓怪脉？两手之脉，如出两人，或乍大乍小，迟数不等，此为祟证。

又有老少之脉不同，地土方宜不同，人之长短肥瘦不同，诊法随时而斟酌。然而脉证相应者，常也。脉证不相应者，变也。知其常而通其变，诊家之要，庶不相远矣。然总其要领，总不出胃、神、根三字。三字无亏，则为平人。若一字乖违，则病见矣。若一字全失，则危殆矣。必须胃、神、根三者俱得，乃为指下祯祥之兆。此乃诊家之大法，偶为笔之于书，以备参考。

【点评】脉学是中医理论体系的重要组成部分，是中医临证辨治的有效手段，其理论深奥，临证玄妙，是中医理论和实践的重点和难点之一。

基于脉诊理论的繁杂和玄机，程氏在对诸多脉学著作进行深入研究的基础上，以敏锐的洞察力抓住脉象之本质，本篇开门见山地指出脉象之魂乃"胃、神、根"，所谓"脉有要诀，胃、神、根三字而已"。只要把握"胃、神、根"的变化及有无，就把握了疾病的深浅和转归，即"凡诊脉之要，有胃气曰生，胃气少曰病，胃气尽曰不治"。

程氏以简练的语言描述了"胃、神、根"的特征和重要性。胃气者，和缓悠扬之意也，四时脉象，均以胃气为本；神气者，中候有力也，"脉中有神，则清之而热即退，温之而寒即除"；"根气者，沉候应指是也"，"夫人之有脉，如树之有根，枝叶虽枯，根蒂未坏，则生意不息。是以诊脉之法，必求其根以为断"。

程氏善于以极简的语言突出病脉、常脉的特征和病性病机，对脉的真假、隐伏及反关脉、怪脉等加以解释，寥寥数语，直中要领。同时指出，脉象要根据年龄大小、高矮胖瘦及居住环境的不同而灵活运用，强调"脉证相应者，常也。脉证不相应者，变也。知其常而通其变，诊家之要，庶不相远矣"，是灵活运用脉诊的写照，更是对医者的期望。

寒热虚实表里阴阳辨

病有总要，寒、热、虚、实、表、里、阴、阳，八字而已。病情既不外此，则辨证之法亦不出此。

一病之寒热，全在口渴与不渴、渴而消水与不消水、饮食喜热与喜冷、烦躁与厥逆、溺之长短赤白、便之溏结、脉之迟数以分之。假如口渴而能消水，喜冷饮食，烦躁，溺短赤，便结，脉数，此热也。假如口不渴，或假渴而不能消水，喜饮热汤，手足厥冷，溺清长，便溏，脉迟，此寒也。

一病之虚实，全在有汗与无汗、胸腹胀痛与否、胀之减与不减、痛之拒按与喜按、病之新久、禀之厚薄、脉之虚实以分之。假如病中无汗，腹胀不减，痛而拒按，病新得，人禀厚，脉实有力，此实也。假如病中多汗，腹胀时减复如故，痛而喜按，按之则痛止，病久禀弱，脉虚无力，此虚也。

一病之表里，全在发热与潮热、恶寒与恶热、头痛与腹痛、鼻塞与口燥、舌苔之有无、脉之浮沉以分之。假如发热恶寒，头痛鼻塞，舌上无苔，脉息浮，此表也。假如潮热恶热，腹痛口燥，舌苔黄黑，脉息沉，此里也。

至于病之阴阳，统上六字而言，所包者广。热者为阳，实者为阳，在表者为阳；寒者为阴，虚者为阴，在里者为阴。寒邪客表，阳中之阴；热邪入里，阴中之阳。寒邪入里，阴中之阴；热邪达表，阳中之阳。而真阴真阳之别，则又不同。假如脉数无力，虚火时炎，口燥唇焦，内热便结，气逆上冲，此真阴不足也；假如脉大无力，四肢倦怠，唇淡口和，肌冷便溏，饮食不化，此真阳不足也。

寒热虚实表里阴阳之别，总不外此。然病中有热证而喜热饮者，同气相求也；有寒证而喜冷饮却不能饮者，假渴之象也。有热证而大便溏泻者，挟热下利也；有寒证而大便反硬者，名曰阴结也。有热证而手足厥冷者，所谓热深厥亦深，热微厥亦微是也；有寒证而反烦躁，欲坐卧泥水之中者，名曰阴躁也。有有汗而为实证者，热邪传里也；有无汗而为虚证者，津液不足也。有恶寒而为里证者，直中于寒也；有恶热口渴而为表证者，温热之病自里达表也。此乃阴阳变化之理，为治病之权衡，尤辨之不可不早也。

【点评】"寒、热、虚、实、表、里、阴、阳"实乃中医辨证之八大纲领，在历代中医经典和著作中不乏提及和运用。但以"寒热虚实表里阴阳辨"为标题，将之作专篇论述，观点鲜明、条理清晰，对后世医家产生较大影响者当属程氏。

程氏在文首直言"病有总要，寒、热、虚、实、表、里、阴、阳，八字而已。病情既不外此，则辨证之法亦不出此"，指出以上"八字"反映出病情之特点，辨证亦不出此"八字"。随后分述寒热、虚实、表里各自属性在疾病中对应的典型表现，为临证辨识疾病症状和体征提供了清晰的思路和方法。程氏又指出：阴阳反映了疾病整体的根本属性，当统领寒热、虚实、表里六字，即热、实、表为阳，寒、虚、里为阴；阴阳属性既有整体性又有相对性，在整体属性中表现出阳中之阴、阴中之阳、阴中之阴、阳中之阳的相对性；也指出了真阴真阳不足之不同表现。

程氏不仅对八纲的常态进行了阐释，而且对八纲辨证中的非常态加以论述，分别列举了同气相求、假渴之象、挟热下利、阴结、热深厥亦深、阴躁、热邪传里、津液不足、直中于寒、温热自里达表等10种症状与常规病理不相符合的情形，并特别告诫："此乃阴阳变化之理，为治病之权衡，尤辨之不可不早也。"提示医者在运用八纲理论进行辨证时，既要遵循八纲辨证的基本方法，更要灵活机动，透过现象看本质，善于甄别假象，抓住疾病之根本，治法方药才能对证，方不至贻误病患。

医门八法

论病之原，以内伤外感四字括之。论病之情，则以寒、热、虚、实、表、里、阴、阳八字统之。而论治病之方，则又以汗、和、下、消、吐、清、温、补八法尽之。盖一法之中，八法备焉，八法之中，百法备焉。病变虽多，而法归于一。此予数十年来，心领神会，历试不谬者，尽见于八篇中矣。学者诚熟读而精思之，于以救济苍生，亦未必无小补云。

【点评】程氏在《凡例》中指出，中医临证治疗方法不规范，先前之方书"或言五法，或言六法，时医更执偏见，各用一二法，自以为是，遂至治不如法，轻病转重，重病转危，而终则至于无法，大可伤也"。为了让业医者有法可循，他在深入研习中医经典的同时，结合临证体悟，归纳提炼出"汗、和、下、消、吐、清、温、补"八大治法,特著专篇"医门八法"详述之,以助医者"扶危定倾,庶几其有活法矣"。这是程氏推动中医辨证论治理论体系发展的又一重大建树,为后世广泛遵从。当代中医理论和典籍大家任应秋先生将"医门八法"全篇纳入全国高等中医药院校教材,足见后世医家对其主张之重视。

"医门八法"是程氏22篇论述中内容最丰富、论述最全面、临证最实用、思辨最精彩的部分,充分体现程氏在中医治法研究方面所下功夫之深,涉猎知识之广。程氏在论述开篇就强调指出:"论治病之方,则又以汗、和、下、消、吐、清、温、补八法尽之。盖一法之中,八法备焉,八法之中,百法备焉。病变虽多,而法归于一。此予数十年来,心领神会,历试不谬者,尽见于八篇中矣。"足见其对八法的珍视和推崇。

程氏对八法的论述颇有特点,概括起来有以下几点:

一是简要阐述八法的含义,并引经据典以证之。如论及汗法时,程氏释意道:"汗者,散也。《经》云'邪在皮毛者,汗而发之'是也,又云'体若燔炭,汗出而散'是也。"

二是对各法用之不当的情形进行了详细辨析。如对汗法的不当运用,列举了当汗不汗、不当汗而汗、当汗不可汗而妄汗、当汗不可汗又不可不汗而汗不得其道、当汗而汗之不中其经等五种情形,并逐一举证辨析。

三是对各法的运用技巧和注意事项加以论述。如在论述"病不可汗,而又不可以不汗"时,程氏总结说:"总而言之,凡一切阳虚者,皆宜补中发汗;一切阴虚者,皆宜养阴发汗;挟寒者,皆宜温经发汗;挟热者,皆宜清凉发汗;伤食者,则宜消导发汗。"

四是结合自己临证经验，举例说明恰当运用八法可取得良好治疗效果。如在论述温法之"温之贵量其证"时，程氏举例道："予遵其法，先用姜、桂温之，审其果虚，然后以参、术辅之，是以屡用屡验，无有差忒。"

五是对每一法的论述体例基本一致。既引证仲景、丹溪等诸多名家心法，又结合临证实践阐述自己独到的经验见解；既有理论阐释，又有方药举例，便于读者理解和运用。

总之，全篇观点鲜明，说理透彻，深入浅出，文笔流畅，切合实用，实乃临证辨治之法度也。

程氏对中医经典理论引用熟练、临证辨治灵活恰当、临床诊治效若桴鼓，充分展示出其对中医理论和临证疗效的高度自信，展示出其探索创新中医辨证施治理论的执着精神。不愧为中医发展史上的一代名家！

论汗法

汗者，散也。《经》云"邪在皮毛者，汗而发之"是也，又云"体若燔炭，汗出而散"是也。然有当汗不汗误人者；有不当汗而汗误人者；有当汗不可汗，而妄汗之误人者；有当汗不可汗，而又不可以不汗，汗之不得其道以误人者；有当汗而汗之不中其经，不辨其药，知发而不知敛以误人者。是不可以不审也。

何则？风寒初客于人也，头痛发热而恶寒，鼻塞声重而体痛，此皮毛受病，法当汗之，若失时不汗，或汗不如法，以致腠理闭塞，荣卫不通，病邪深入，流传经络者有之。此当汗不汗之过也。

亦有头痛发热与伤寒同，而其人倦怠无力，鼻不塞，声不重，脉来虚弱，此内伤元气不足之证。又有劳心好色，真阴亏损，内热、晡热、脉细数而无力者，又有伤食病，胸膈满闷、吞酸嗳腐、日晡潮热、气口脉紧者，又有寒痰厥逆，湿淫脚气，内痈、外痈，瘀血凝积，以及风温、湿温、中暑、自汗诸证，皆有寒热，与外感风寒似同而实异，若误汗之，变证百出矣。所谓不当汗而汗者此也。

若夫证在外感应汗之例，而其人脐之左右上下或有动气，则不可以汗。《经》云：动气在右，不可发汗，汗则衄而渴、心烦、饮水即吐。动气在左，不可发汗，汗则头眩、汗不止、筋惕肉瞤。动气在上，不可发汗，汗则气上冲，正在心中。动气在下，不可发汗，汗则无汗、心大烦、骨节疼、目运、食入则吐、舌不得前。又脉沉咽燥，病已入里，汗之则津液越出，大便难而谵语。又少阴证，但厥无汗，而强发之，则动血，未知从何道出。或从耳目，或从口鼻出者，此为下厥上竭，为难治。又少阴中寒，不可发汗，汗则厥逆蜷卧，不能自温也。又寸脉弱者，不可发汗，汗则亡阳。尺脉弱者，不可发汗，汗则亡阴也。又诸亡血家不可汗，汗则直视额上陷。淋家不可汗，汗则便血。疮家不可汗，汗则痉。又伤寒病在少阳，不可汗，汗则谵妄。又坏病、虚人及女人经水适来者，皆不可汗，若妄汗之，变证百出矣。所谓当汗不可汗，而妄汗误人者此也。

夫病不可汗，而又不可以不汗，则将听之乎？是有道焉？《伤寒赋》云：动气理中去白术。是即于理中汤去术而加汗药，保元气而除病气也。又热邪入里而表未解者，仲景有麻黄石膏之例，有葛根黄连黄芩之例，是清凉解表法也。又太阳证脉沉细，少阴证反发热者，有麻黄附子细辛之例，是温中解表法也。又少阳中风，用柴胡汤加桂枝，是和解中兼表法也。又阳虚者，东垣用补中汤加表药。阴虚者，丹溪用芎归汤加表药。其法精且密矣。总而言之，凡一切阳虚者，皆宜补中发汗；一切阴虚者，皆宜养阴发汗；挟寒者，皆宜温经发汗；挟热者，皆宜清凉发汗；伤食者，则宜消导发汗。感重而体实者，汗之宜重，麻黄汤。感轻而体虚者，汗之宜轻，香苏散。又东南之地，不比西北，隆冬开花，少霜雪，人禀常弱，腠理空疏，凡用汗药，只须对证，不必过重。予尝治伤寒初起，专用香苏散加荆、防、川芎、秦艽、蔓荆等药，一剂愈，甚则两服，无有不安。而麻黄峻剂，数十年来，不上两余。可见地土不同，用药迥别。其有阴虚、阳虚、挟寒、挟热、兼食而为病者，即按前法治之。但师古人用药之意，而未尝尽泥其方，随时随证，酌量处治，往往有验。此皆已试之成法，而与斯世共白之。所以拯灾救患者莫切乎此。此汗之之道也。且三阳之病，浅深不同，治有次第。假如证在太阳，而发散阳明，已隔一层。病在太阳、阳明，而和解少阳，则引贼入门矣。假如病在二经，而专治一经，已遗一经。病在三经，而偏治一经，即遗二经矣。假如病在一经，而兼治二经，或兼治三经，则邪过经矣。况太阳无汗，麻黄为最；太阳有汗，桂枝可先。葛根专主阳明，柴胡专主少阳，皆的当不易之药。至于九味羌活，乃两感热证，三阳三阴并治之法，初非为太阳一经设也。又柴葛解肌汤，乃治春温夏热之证，自里达表，其证不恶寒而口渴，若新感风寒，恶寒而口不渴者，非所宜也。又伤风自汗，用桂枝汤，伤暑自汗，则不可用，若误用之，热邪愈盛而病必增剧。若于暑证而妄行发散，复伤津液，名曰重暍，多致不救。古人设为白术、防风例以治风，设益元散、香薷饮以治暑，俾不犯三阳禁忌者，良有以也。

又人知发汗退热之法，而不知敛汗退热之法。汗不出则散之，汗出多则敛之。敛也者，非五味、酸枣之谓。其谓致病有因，出汗有由，治得其宜，汗自敛耳。譬如风伤卫自汗出者，以桂枝汤和荣卫、祛风邪而汗自止。若热邪传里，令人汗出者，乃热气熏蒸，如釜中炊煮，水气旁流，非虚也，急用白虎汤清之。若邪已结聚，不大便者，则用承气汤下之，热气退而汗自收矣。此与伤暑自汗略同。但暑伤气，为虚邪，只有清补并行之一法。寒伤形，为实邪，则清热之外，更有攻下止汗之法也。复有发散太过，遂至汗多亡阳，身𥆧动欲擗地者，宜用真武汤。此救逆之良药，与中寒冷汗自出者同类并称，又与热证汗出者大相径庭矣。其他少阳证头微汗，或盗汗者，小柴胡汤。水气证，头汗出者，小半夏加茯苓汤。至于虚人自汗、盗汗等证，则归脾、补中、八珍、十全按法而用，委曲寻绎，各尽其妙，而后即安。所谓汗之必中其经，必得其药，知发而知敛者此也。嗟嗟！百病起于风寒，风寒必先客表，汗得其法，何病不除！汗法一差，夭枉随之矣。吁！汗岂易言哉！

【点评】汗法是针对风寒外邪侵袭人体导致疾病而采取的祛邪外出的基本方法，被列为八法之首，足见其在外感疾病的治疗中占据着十分重要的地位。程氏首先解释了汗法定义："汗者，散也"，并以经文"邪在皮毛者，汗而发之""体若燔炭，汗出而散"加以阐释。随后列举了汗法用之不当的几种情形，并分别加以论述，指出了汗法的禁忌证，提出了汗法正确运用的原则和注意事项。

程氏认为，风寒初客于人，法当汗之，若失时不汗，或汗不如法，会导致病邪深入，所谓"当汗不汗之过也"，是汗法不当的一种情形。

某些疾病有头痛发热症状，与伤寒主症类似，而其病因实非风寒所致，"若误汗之，变证百出矣"，所谓"不当汗而汗者"。此类情况常见于内伤元气不足、真阴亏损、伤食、寒痰厥逆、湿淫脚气、内痈、外痈、瘀血凝积、风温、湿温、中暑、自汗诸证，临证当辨之。

又有感受外邪而当用汗法，但因体质、病位和兼证等不同，不可汗而妄用汗法者，所谓"当汗不可汗，而妄汗误人者"。诸如动气、病已入里、少阴证、少阴中寒、亡血家、淋家、疮家、坏病、虚者等，皆不可妄用汗法。

对于病情复杂不宜发汗而又不能不发汗的情况，如何解决？程氏引仲景、东垣、丹溪之法，举例说明汗法当根据患者体质和病情，补气、清凉、温中、和解、养阴等法合用。

程氏结合自己的经验，对汗法的运用有如下体会：一是视感邪轻重而遣方用药。感重而体实者，汗之宜重；感轻而体虚者，汗之宜轻。二是三因制宜，结合地理环境、季节气候、禀赋体质而适度发汗。如居住东南者，"人禀常弱，腠理空疏，凡用汗药，只须对证，不必过重"。三是有阴虚、阳虚、夹寒、夹热和兼食而感受风寒者，当与它法合用。如补中发汗、养阴发汗、温经发汗、清凉发汗、消导发汗等。四是三阳之病，浅深不同，治有次第，当仔细辨之，酌用麻黄汤、桂枝汤。

程氏还对外感发热的退热治法进行了论述，认为"致病有因，出汗有由，治得其宜，汗自敛耳"，指出发汗可退热，但病邪入里，热蒸汗出，则当清下敛汗而退热，所谓"敛汗退热"之所指；并为发汗太过及虚人自汗、盗汗等汗证如何处置提供了思路和方法，认为不可见汗就认为是外感发热，当审慎处置。

论和法

伤寒在表者可汗，在里者可下，其在半表半里者，惟有和之一法焉，仲景用小柴胡汤加减是已。然有当和不和误人者；有不当和而和以误人者；有当和而和，而不知寒热之多寡，禀质之虚实，脏腑之燥湿，邪气之兼并以误人者。是不可不辨也。

夫病当耳聋胁痛、寒热往来之际，应用柴胡汤和解之。而或以麻黄、桂枝发表，误矣。或以大黄、芒硝攻里，则尤误矣。又或因其胸满胁痛而吐之，则亦误矣。盖病在少阳，有三禁焉：汗、吐、下是也。且非惟汗、吐、下有所当禁，即舍此三法而妄用他药，均为无益而反有害。古人有言：少阳胆为清净之府，无出入之路，只有和解一法，柴胡一方最为切当。何其所见明确，而立法精微，亦至此乎？此所谓当和而和者也。

然亦有不当和而和者。如病邪在表，未入少阳，误用柴胡，谓之引贼入门，轻则为疟，重则传入心胞，渐变神昏不语之候。亦有邪已入里，燥渴谵语诸症丛集，而医者仅以柴胡汤治之，则病不解。至于内伤劳倦、内伤饮食、气虚血虚、痛肿瘀血诸证，皆令寒热往来，似疟非疟，均非柴胡汤所能去者。若不辨明证候，切实用药，而借此平稳之法，巧为藏拙，误人匪浅。所谓不当和而和者，此也。

然亦有当和而和，而不知寒热之多寡者何也？夫伤寒之邪，在表为寒，在里为热，在半表半里则为寒热交界之所。然有偏于表者则寒多，偏于里者则热多，而用药须与之相称，庶阴阳和平而邪气顿解。否则寒多而益其寒，热多而助其热，药既不平，病益增剧。此非不和也，和之而不得寒热多寡之宜者也。

然又有当和而和，而不知禀质之虚实者何也？夫客邪在表，譬如贼甫入门，岂敢遽登吾堂而入吾室，必窥其堂奥空虚，乃乘隙而进。是以小柴胡用人参者，所以补正气，使正气旺则邪无所容，自然得汗而解。盖由是门入，复由是门出也。亦有表邪失汗，腠理致密，贼无出路，由此而传入少阳，热气渐盛，此不关本气之虚，故有不用人参而和解自愈者，是知病有虚实，法在变通，不可误也。

然又有当和而和，而不知脏腑之燥湿者何也？如病在少阳而口不渴，大便如常，是津液未伤，清润之药不宜太过，而半夏、生姜皆可用也。若口大渴，大便渐结，是邪气将入于阳，津液渐少，则辛燥之药可除，而花粉、瓜蒌有必用矣。所谓脏腑有燥湿之不同者此也。

然又有当和而和，而不知邪之兼并者何也？假如邪在少阳，而太阳、阳明证未罢，是少阳兼表邪也。小柴胡中须加表药，仲景有柴胡加桂枝之例矣。又如邪在少阳而兼里热，则便闭、谵语、燥渴之症生，小柴胡中须兼里药，仲景有柴胡加芒硝之例矣。又三阳合病，阖目则汗，面垢、谵语、遗溺者，用白虎汤和解之。盖三阳同病，必连胃腑，故以辛凉之药，内清本腑，外彻肌肤，令三经之邪一同解散，是又专以清剂为和矣。所谓邪有兼并者此也。

由是推之，有清而和者，有温而和者，有消而和者，有补而和者，有燥而和者，有润而和者，有兼表而和者，有兼攻而和者。和之义则一，而和之法变化无穷焉。知斯意者，则温热之治，瘟疫之方，时行痎疟，皆从此推广之，不难应手而愈矣。世人漫曰和解，而不能尽其和之法，将有增气助邪，而益其争、坚其病者。和云乎哉！

【点评】和者，和解也。程氏认为，伤寒邪在半表半里者，"惟有和之一法焉"，遵从仲景用小柴胡汤加减。但如何把握和法的运用尺度，程氏结合自己的领悟，对和法的适应证、禁忌证和运用技巧详加论证。

伤寒邪在半表半里，症见耳聋胁痛、寒热往来者，乃和法之最宜适应证，此证除和法外，切忌用汗、吐、下三法，且妄用和法之外的其他方药，均有害无益。程氏强调和解法乃伤寒少阳证之最佳治法，切忌滥用它法，此所谓"当和而和者也"。

程氏认为，和法又有严格的禁忌证，应详加辨别，以免误用。诸如邪在表而未入少阳、邪已入里、内伤劳倦、内伤饮食、气虚血虚、痈肿瘀血等，均不宜用和法。此所谓"不当和而和者"。

如何用好和法？程氏指出，应详辨寒热之多寡、禀质之虚实、脏腑之燥湿和邪之兼并。根据寒热多寡，辨寒多或热多，"用药须与之相称，庶阴阳和平而邪气顿解"。根据体质不同，辨正气强弱，正气不足者，小柴胡汤当用人参；正气不虚者，可不用人参。根据脏腑燥湿，辨津液亏虚，若津液未伤，清润不宜太过，半夏、生姜可用；若津液渐少，则辛燥之药可除，当用天花粉、瓜蒌之类。根据邪之兼并，酌用解表或清里之法，若少阳兼太阳或兼阳明，是少阳兼表邪，宜小柴胡汤加表药，如仲景柴胡加桂枝汤之类；若少阳兼里热，宜小柴胡汤兼里药，如仲景柴胡加芒硝之类；若三阳合病，当用白虎汤和解之，以清剂为和，是和法之变法也。

程氏还归纳清而和、温而和、消而和、补而和、燥而和、润而和、兼表而和、兼攻而和等8种运用方法，论述透彻，具有一定的指导意义，值得学习和借鉴。

论下法

下者，攻也，攻其邪也。病在表，则汗之；在半表半里，则和之；病在里，则下之而已。然有当下不下误人者；有不当下而下误人者；有当下不可下，而妄下之误人者；有当下不可下，而又不可以不下，下之不得其法以误人者；有当下而下之不知浅深，不分便溺与蓄血，不论汤丸以误人者；又杂症中，不别寒热、积滞、痰水、虫血、痈脓以误人者，是不可不察也。

何谓当下不下？仲景云：少阴病，得之二三日，口燥咽干者，急下之；少阴病，六七日，腹满不大便者，急下之；下利，脉滑数，不欲食，按之心下硬者，有宿食也，急下之；阳明病，谵语，不能食，胃中有燥屎也，可下之；阳明病，发热汗多者，急下之；少阴病，下利清水，色纯青，心下必痛，口干燥者，急下之；伤寒六七日，目中不了了，睛不和，无表证，大便难者，急下之。此皆在当下之例，若失时不下，则津液枯竭，身如槁木，势难挽回矣。

然又有不当下而下者何也？如伤寒表证未罢，病在阳也，下之则成结胸。病邪虽已入里，而散漫于三阴经络之间，尚未结实，若遽下之，亦成痞气。况有阴结之证，大便反硬，得温则行，如开冰解冻之象。又杂证中，有高年血燥不行者，有新产血枯不行者，有病后亡津液者，有亡血者，有日久不更衣，腹无所苦，别无他症者。若误下之，变证蜂起矣。所谓不当下而下者此也。

然又有当下不可下者何也？病有热邪传里，已成可下之证，而其人脐之上下左右或有动气，则不可以下。《经》云：动气在右，不可下，下之则津液内竭，咽燥鼻干，头眩心悸也。动气在左，不可下，下之则腹内拘急，食不下，动气更剧，虽有身热，卧则欲蜷。动气在上，不可下，下之则掌中烦热，身浮汗泄，欲得水自灌。动气在下，不可下，下之则腹满头眩，食则清谷，心下痞也。又咽中闭塞者不可下，下之则下轻上重，水浆不入，蜷卧身疼，下利日数十行。又脉微弱者不可下，脉浮大按之无力者不可下，脉迟者不可下；喘而胸满者不可下，欲吐欲呕者不可下；病人阳气素微者不可下，下之则呃；病人平素胃弱，不能食者不可下；病中能食，胃无燥屎也，不可下；小便清者不可下；病人腹满时减，复如故者不可下。若误下之，变证百出矣。所谓当下不可下，而妄下误人者此也。

然有当下不可下，而又不得不下者何也？夫以羸弱之人，虚细之脉，一旦而热邪乘之，是为正虚邪盛，最难措手。古人有清法焉，有润法焉，有导法焉，有少少微和之法焉，有先补后攻、先攻后补之法焉，有攻补并行之法焉，不可不讲也。如三黄解毒，清之也。麻仁、梨汁，润之也。蜜煎、猪胆汁、土瓜根，导之也。凉膈散、大柴胡，少少和之也。更有脉虚体弱不能胜任者，则先补之而后攻之，或暂攻之而随补之，或以人参汤送下三黄枳术丸，又或以人参、瓜蒌、枳实，攻补并行而不相悖。盖峻剂一投，即以参、术、归、芍维持调护于其中，俾邪气潜消而正气安固，不愧为王者之师矣。又有杂证中，大便不通，其用药之法可相参者。如老人、久病人、新产妇人，每多大便闭结之症，丹溪用四物汤，东垣用通幽汤，予尝合而酌之，而加以苁蓉、枸杞、柏子仁、芝麻、松子仁、人乳、梨汁、蜂蜜之类，随手取效。又尝于四物加升麻及前滋润药，治老人血枯，数至圊而不能便者，往往有验，此皆委曲疏通之法。若果人虚，虽传经热邪，不妨借用。宁得猛然一往，败坏真元，至成洞泻，虽曰天命，岂非人事哉！所谓下之贵得其法者此也。

　　然又有当下而下，而不知浅深，不分便溺与蓄血，不论汤丸以误人者何也？如仲景大承气汤，必痞、满、燥、实兼全者乃可用之。若仅痞满而未燥实者，仲景只用泻心汤。痞满兼燥而未实者，仲景只用小承气汤，除去芒硝，恐伤下焦阴血也。燥实在下而痞满轻者，仲景只用调胃承气汤，除去枳、朴，恐伤上焦阳气也。又有太阳伤风证，误下而传太阴以致腹痛者，则用桂枝汤加芍药，大实痛者，桂枝汤加大黄，是解表之中兼攻里也。又有邪从少阳来，寒热未除，则用大柴胡汤，是和解之中兼攻里也。又结胸证，项背强，从胸至腹硬满而痛，手不可近者，仲景用大陷胸汤、丸。若不按不痛者，只用小陷胸汤。若寒食结胸，用三白散热药攻之。又水结胸，头出汗者，用小半夏加茯苓汤。水停胁下，痛不可忍者，则用十枣汤。凡结胸阴阳二证，服药罔效，《活人》俱用枳实理中丸，应手而愈。又《河间三书》云：郁热蓄甚，神昏厥逆，脉反滞涩，有微细欲绝之象，世俗未明造化之理，投以温药，则不可救。或者妄行攻下，致残阴暴绝，势大可危，不下亦危，宜用凉膈散合解毒汤，养阴退阳，积热藉以宣散，则心胸和畅，而脉渐以生。此皆用药浅深之次第也。又如太阳证未罢，口渴，小便短涩，大便如常，此为溺涩不通之证，治用五苓散。又太阳传本，热结膀胱，其人如狂，少腹硬满而痛，小便自利者，此为蓄血下焦，宜抵当汤、丸。若蓄血轻微，但少腹急结，未至硬满者，则用桃核承气汤。或用生地四物汤加酒洗大黄各半下之，尤为稳当。盖溺涩证大便如常，燥粪证小便不利；蓄血证小便自利、大便色黑也。此便溺、蓄血之所由分也。血结膀胱，病势最急，则用抵当汤，稍轻者，抵当丸。结胸恶证悉具，则用大陷胸汤，稍轻者，大陷胸丸。其他荡涤肠胃、推陈致新之法，则皆用汤。古人有言：凡用下药攻邪气，汤剂胜丸散。诚以热淫于内，用汤液涤除之，为清净耳。此汤、丸之别也。

然又有杂证中，不别寒热、积滞、痰水、虫血、痈脓以误人者何也？东垣治伤食证，腹痛、便闭、拒按者，因于冷食，用见睍丸；因于热食，用三黄枳术丸；若冷热互伤，则以二丸酌其所食之多寡而互用之，应手取效。又实热老痰，滚痰丸；水肿实证，神佑丸；虫积，剪红丸；血积，花蕊丹、失笑丸；肠痈，牡丹皮散。随证立方，各有攸宜。此杂证攻下之良法也。

近世庸家，不讲于法，每视下药为畏途，病者亦视下药为砒鸩，致令热证垂危，袖手旁观，委之天数，大可悲耳。昔张子和《儒门事亲》三法，即以下法为补，谓下去其邪而正气自复，谷肉果菜无往而非补养之物。虽其说未合时宜，而于治病攻邪之法正未可缺。吾愿学者仰而思之，平心而察之，得其要领，以施救济之方，将以跻斯民于寿域不难矣。

【点评】下法是临证中经常用到的一种治法，因其攻下之性有伤正之虞，故用攻下之法尤当慎之。程氏对下法的适应证、禁忌证及怎样合理运用进行了论述。

程氏遵仲景之说，认为伤寒外邪入里而无表证，症见口燥咽干，腹满不大便，下利而心下硬有宿食，谵语不能食、胃中有燥屎，发热汗多，下利清水心下必痛，目中不了了、睛不和而大便难等，皆宜急下之，当为下法之适应证。

伤寒表证未罢，或邪虽入里，尚未结实，当不可下。杂证中的年高血燥、新产血枯、病后亡津亡血致大便不行，或日久不便而腹无所苦，或阴结之证，亦不可下。此乃下法之禁忌证。

对于热邪传里，已成可下之证，因兼见症状、体质等不宜下者，不可用下法。如见动气、咽中闭塞、脉微弱、脉浮大按之无力、脉迟、喘而胸满、欲吐欲呕、阳气素微、平素胃弱、病中能食而无燥屎、小便清、腹满时减而复如故等情形者，均不可妄用下法。

但对于羸弱之人，热邪乘之，呈现为正虚邪盛者，程氏认为可遵古用清、润、导及"少少微和"之法，或先补后攻、先攻后补、攻补并行等，分别举方药论述。而杂证中见大便不通者，亦可参照以上诸法。程氏还综合丹溪、东垣治大便闭结之长，在临证中总结出自己的体验，供学者参考。

对于下法的使用，程氏还强调当辨病邪浅深、便溺与蓄血等，用药应酌情选用汤剂或丸剂。如在论及承气汤证时，程氏对大承气汤、小承气汤和调胃承气汤的用法和症状进行了辨析；对结胸证，根据症状和病机的不同，分别用大陷胸汤（丸）、小陷胸汤、三白散、小半夏加茯苓汤或十枣汤等。程氏还对便溺和蓄血加以辨别，指出结胸证和蓄血证之急重者宜用汤剂，稍轻者用丸剂，是遵古人"凡用下药攻邪气，汤剂胜丸散"之训。针对杂证中的痞满之证，程氏分别举例辨析，临证当随证遣用，不无裨益。

程氏还对时医畏用下法之现象加以批评，认为医家未掌握下法之要领，"视下药为畏途，病者亦视下药为砒鸩，致令热证垂危，袖手旁观，委之天数，大可悲耳"。希望习医者"仰而思之，平心而察之，得其要领，以施救济之方，将以跻斯民于寿域不难矣"。说明下法贵在辨证准确，用之得当方有佳效。

论消法

消者，去其壅也。脏腑筋络肌肉之间，本无此物而忽有之，必为消散，乃得其平。《经》云"坚者削之"是已。然有当消不消误人者，有不当消而消误人者，有当消而消之不得其法以误人者，有消之而不明部分以误人者，有消之而不辨夫积聚之原有气血、积食、停痰、蓄水、痈脓、虫蛊、痨瘵与夫疝癖、癥瘕、七疝、胞痹、肠覃、石瘕，以及前后二阴诸疾以误人者，是不可不审也。

凡人起居有常，饮食有节，和平恬淡，气血周流，谷神充畅，病安从来？惟夫一有不慎，则六淫外侵，七情内动，饮食停滞，邪气留止，则诸证生焉。法当及时消导，俾其速散，气行则愈耳。倘迁延日久，积气盘踞坚牢，日渐强大，有欲拔不能之势，虽有智者，亦难为力。此当消不消之过也。

然亦有不当消而消者何也？假如气虚中满，名之曰鼓，腹皮膨急，中空无物，取其形如鼓之状，而因以名之。此为败证，必须填实，庶乎可消，与蛊证之为虫为血，内实而有物者大相径庭。又如脾虚水肿，土衰不能制水也，非补土不可。真阳大亏，火衰不能生土者，非温暖命门不可。又有脾虚食不消者，气虚不能运化而生痰者，肾虚水泛为痰者，血枯而经水断绝者，皆非消导所可行，而或妄用之，误人多矣。所谓不当消而消者此也。

然又有当消而消之不得其法者何也？夫积聚、癥瘕之证，有初、中、末之三法焉。当其邪气初客，所积未坚，则先消之而后和之。及其所积日久，气郁渐深，湿热相生，块因渐大，法从中治，当祛湿热之邪，削之软之，以底于平。但邪气久客，正气必虚，须以补泻叠相为用，如薛立斋用归脾汤送下芦荟丸。予亦尝用五味异功散佐以和中丸，皆攻补并行，中治之道也。若夫块消及半，便从末治，不使攻击，但补其气，调其血，导达其经脉，俾荣卫流通而块自消矣。凡攻病之药，皆损气血，不可过也，此消之之法也。

然又有消之而不明部分者何也？心、肝、脾、肺、肾分布五方，胃、大肠、小肠、膀胱、三焦、胆与膻中皆附丽有常所，而皮毛、肌肉、筋骨各有浅深。凡用汤、膏、散，必须按其部分，而君、臣、佐、使驾驭有方，使不得移，则病处当之，不至诛伐无过矣。此医门第一义也，而于消法为尤要。不明乎此，而妄行克削，则病未消而元气已消，其害可胜言哉！

况乎积聚之原，有气血、食积、停痰、蓄水、痈脓、虫蛊、痨瘵，与夫疝癖、癥瘕、七疝、胞痹、肠覃、石瘕，以及前后二阴诸疾，各各不同，若不明辨，为害匪轻。予因约略而指数之。夫积者，成于五脏，推之不移者也。聚者，成于六腑，推之则移者也。其忽聚忽散者，气也。痛有定处而不散者，血也。得食则痛，嗳腐吞酸者，食积也。腹有块，按之而软者，痰也。先足肿，后及腹者，水也。先腹满，后及四肢者，胀也。痛引两胁，咳而吐涎者，停饮也。咳而胸痛，吐脓腥臭者，肺痈也。当胃而痛，呕而吐脓者，胃脘痈也。当脐而痛，小便如淋，转侧作水声者，肠痈也。憎寒壮热，饮食如常，身有痛，偏着一处者，外痈也。病人嗜食甘甜或异物，饥时则痛，唇之上下有白斑点者，虫也。虫有九，湿热所生，而为蛇、为鳖，则血之所成也。胡以知为蛇鳖？腹中如有物，动而痛不可忍，吃血故也。又岭南之地，以蛊害人，施于饮食。他方之蛊，多因近池饮冷，阴受蛇、虺之毒也。病人咳嗽痰红，抑抑不乐，畏见人，喉痒而咳剧者，痨瘵生虫也。疝如弓弦，筋病也。癖则隐癖，附骨之病也。癥则有块可征，积之类也。瘕者，或有或无，痞气之类也。少腹如汤沃，小便涩者，胞痹也。痛引睾丸，疝也。女人经水自行，而腹块渐大如怀子者，肠覃也。经水不行而腹块渐大，并非妊者，石瘕也。有妊无妊，可于脉之滑涩辨之也。至于湿热下坠，则为阴菌、阴蚀、阴挺下脱、阴茎肿烂之类。而虚火内烁庚金，则为痔漏、为悬痈、为脏毒，种种见证，不一而足，务在明辨证候，按法而消之也。

医者以一消字视为泛常，而不知其变化曲折，较他法为尤难，则奈何不详稽博考，以尽济时之仁术也耶。

【点评】程氏对消法的释义形象而简洁："消者，去其壅也。脏腑筋络肌肉之间，本无此物而忽有之，必为消散，乃得其平"。程氏认为，相较其他治法而言，消法看似简单，若不能灵活掌握消法运用的变化技巧实则难度更大，要求"务在明辨证候，按法而消之"。

对于"六淫外侵，七情内动，饮食停滞，邪气留止"而导致的积聚诸证，强调"及时消导，俾其速散"，否则，"迁延日久，积气盘踞坚牢，日渐强大 …… 虽有智者，亦难为力"。所以，运用消法应当及时准确，否则难以挽回，所谓"当消不消之过也"。

消法多用"攻病之药，皆损气血"，对气虚中满之鼓证、脾肾两虚之水肿，或痰浊、血枯经绝等证，皆"非消导所可行"，都是消法之禁忌证。

如何正确运用消法，程氏指出应从疾病演变时期和病变部位两个方面加以把握。一是根据病邪深浅分初、中、末三期论治，即"邪气初客，所积未坚，则先消之而后和之"；"所积日久，气郁渐深……当祛湿热之邪，削之软之"；"邪气久客，正气必虚，须以补泻叠相为用"。二是根据病在脏腑、皮毛、肌肉、筋骨等不同部位，准确辨证，精准施治，"不至诛伐无过"。

由于积聚类疾病病因复杂，表现各异，为便于辨别，程氏还对积聚等相关疾病的病机、证候特征进行了简要描述，足见其对疾病本质的深刻把握，更为习医者辨别疾病提供了一把钥匙。

论吐法

吐者，治上焦也。胸次之间，咽喉之地，或有痰食、痈脓，法当吐之。《经》曰"其高者，因而越之"是已。然有当吐不吐误人者，有不当吐而吐以误人者，有当吐不可吐而妄吐之以误人者，亦有当吐不可吐而又不可以不吐，吐之不得其法以误人者，是不可不辨也。

即如缠喉、锁喉诸证，皆风痰郁火壅塞其间，不急吐之，则胀闭难忍矣。又或食停胸膈，消化弗及，无由转输，胀满疼痛者，必须吐之，否则胸高满闷，变证莫测矣。又有停痰蓄饮，阻塞清道，日久生变，或妨碍饮食，或头眩心悸，或吞酸嗳腐，手足麻痹，种种不齐，宜用吐法导祛其痰，诸症如失。又有胃脘痛，呕吐脓血者，《经》云：呕家有脓不须治，呕脓尽自愈。凡此皆当吐而吐者也。

然亦有不当吐而吐者何也？如少阳中风，胸满而烦，此邪气而非有物，不可吐，吐则惊悸也。又少阴病，始得之，手足厥冷，饮食入口则吐，此膈上有寒饮，不可吐也。病在太阳，不可吐，吐之则不能食，反生内烦。虽曰吐中有散，然邪气不除，已为小逆也。此不当吐而吐者也。

然又有当吐不可吐者何也？盖凡病用吐，必察其病之虚实，因人取吐，先察其人之性情，不可误也。夫病在上焦，可吐之证，而其人病势危笃，或老弱气衰者，或体质素虚、脉息微弱者，妇人新产者，自吐不止者，诸亡血者，有动气者，四肢厥冷、冷汗自出者，皆不可吐，吐之则为逆候。此因其虚而禁吐也。若夫病久之人，宿积已深，一行吐法，心火自降，相火必强，设犯房劳，转生虚证，反难救药。更须戒怒凝神，调息静养，越三旬而出户，方为合法。若其人性气刚暴，好怒喜淫，不守禁忌，将何恃以无恐，此又因性情而禁吐也。所谓当吐不可吐者此也。

然有不可吐而又不得不吐者何也？病人脉滑大，胸膈停痰，胃脘积食，非吐不除。食用瓜蒂散与橘红淡盐汤，痰以二陈汤，用指探喉中而出之；体质极虚者，或以桔梗煎汤代之，斯为稳当。而予更有法焉。予尝治寒痰闭塞，厥逆昏沉者，用半夏、橘红各八钱，浓煎半杯，和姜汁成一杯，频频灌之，痰随药出则拭之，随灌随吐，随吐随灌，少顷痰开药下，其人即苏。如此者甚众。又尝治风邪中脏将脱之证，其人张口痰鸣，声如曳锯，溲便自遗者，更难任吐，而稀涎、皂角等药，既不可用，亦不暇用。因以大剂参、附、姜、夏，浓煎灌之，药随痰出则拭之，随灌随吐，随吐随灌，久之药力下咽，胸膈流通，参附大进，立至数两，其人渐苏。一月之间，参药数斤，遂至平复，如此者又众。又尝治风痰热闭之证，以牛黄丸，灌如前法。颈疽内攻，药不得入者，以苏合香丸，灌如前法。风热不语者，以解语丹，灌如前法。中暑不醒者，以消暑丸，灌如前法。中恶不醒者，以前项橘、半、姜汁，灌如前法。魇梦不醒者，以连须葱白煎酒，灌如前法。自缢不醒者，以肉桂三钱煎水，灌如前法。喉闭、喉风，以杜牛膝捣汁、雄黄丸等，灌如前法。俱获全安，如此者又众。更有牙关紧急，闭塞不通者，以搐鼻散吹鼻取嚏，嚏出牙开，或痰或食，随吐而出，其人遂苏，如此者尤众。盖因证用药，随药取吐，不吐之吐，其意更深，此皆古人之成法，而予稍为变通者也。昔仲景治胸痛不能食，按之反有涎吐，下利日数十行，吐之利则止，是以吐痰止利也。丹溪治妊女转胞，小便不通，用补中益气汤，随服而探吐之，往往有验，是以吐法通小便也。华佗以醋、蒜吐蛇，河间以狗油、雄黄同瓜蒂以吐虫而通膈，丹溪又以韭汁去瘀血以治前证。如此观之，证在危疑之际，古人恒以涌剂尽其神化莫测之用，况于显然易见者乎！则甚矣！吐法之宜讲也？

近世医者，每将此法置之高阁，亦似汗、下之外，并无吐法，以致病中常有自呕、自吐而为顺证者，见者惊，闻者骇，医家亦不论虚实而亟亟止之，反成坏病，害人多矣。吁！可不畏哉！

【点评】吐法是驱邪外出的一种方法，因其呕吐污秽之物而为医患所惧怕，故医者在临证之时，或弃之不用，或用而不当。然而程氏把吐法列为医门八法之一，足见其对吐法之重视。其应用心得令人深受启发。

程氏认为，吐法主治上焦之疾，凡病在"胸次之间，咽喉之地，或有痰食、痈脓"，均可用吐法。吐法的主要适应证：一是风痰郁火壅塞其间的缠喉、锁喉诸证；二是食停胸膈，消化弗及，无由转输的胀满疼痛；三是停痰蓄饮，阻塞清道所致的头眩心悸、吞酸嗳腐、手足麻痹等。程氏特别指出，对胃脘痛见呕吐脓血者，不须治疗，所谓"呕家有脓不须治，呕脓尽自愈"之意。

程氏将少阳中风、胸满而烦、少阴病膈上有寒而食入即吐和太阳病列为吐法的禁忌证。

如何运用吐法，程氏认为应辨察疾病之虚实、病人之性情，对病在上焦见可吐之证者，若见病势危笃、老弱气衰、体质素虚、妇人新产、自吐不止、亡血动气、厥冷自汗等，均不可用吐法，所谓"因其虚而禁吐也"。同时指出，病久之人、宿积已深或性气刚暴、好怒喜淫者，当慎用或禁用吐法。

程氏还列举了"不可吐而又不得不吐"的情形和涌吐方法，认为"病人脉滑大，胸膈停痰，胃脘积食，非吐不除"，可食瓜蒂散、橘红淡盐汤等探吐。

程氏对"自呕、自吐而为顺证者……医家亦不论虚实而亟亟止之"的做法加以批评，认为吐法"可不畏哉"。

虽然吐法现在已经很少运用，但食物中毒等急救时亦还是有催吐之法，更有洗胃机洗胃，可见吐法还是有用武之地的。

论清法

清者，清其热也。脏腑有热则清之。《经》云"热者寒之"是已。然有当清不清误人者，有不当清而清误人者，有当清而清之不分内伤外感以误人者，有当清而清之不量其人、不量其证以误人者，是不可不察也。

夫六淫之邪，除中寒、寒湿外，皆不免于病热。热气熏蒸，或见于口舌、唇齿之间，或见于口渴、便溺之际，灼知其热而不清，则斑黄狂乱，厥逆吐衄，诸证丛生，不一而足。此当清不清之误也。

然又有不当清而清者何也？有如劳力辛苦之人，中气大虚，发热倦怠，心烦溺赤，名曰虚火。盖春生之令不行，无阳以护其荣卫，与外感热证，相隔霄壤。又有阴虚劳瘵之证，日晡潮热，与夫产后血虚，发热烦躁，证象白虎，误服白虎者难救。更有命门火衰，浮阳上泛，有似于火者。又有阴盛格阳假热之证，其人面赤狂躁，欲坐卧泥水中，或数日不大便，或舌黑而润，或脉反洪大，峥峥然鼓击于指下，按之豁然而空者，或口渴欲得冷饮而不能下，或因下元虚冷，频饮热汤以自救，世俗不识，误投凉药，下咽即危矣。此不当清而清之误也。

然又有清之不分内伤外感者何也？盖风寒闭火，则散而清之。《经》云"火郁发之"是也。暑热伤气，则补而清之，东垣清暑益气汤是也。湿热之火，则或散，或渗，或下而清之。开鬼门，洁净府，除陈莝是也。燥热之火，则润而清之，通大便也。伤食积热，则消而清之，食去火自平也。惟夫伤寒传入胃腑，热势如蒸，自汗口渴，饮冷而能消水者，藉非白虎汤之类鲜克有济也。更有阳盛拒阴之证，清药不入，到口随吐，则以姜汁些少为引，或姜制黄连反佐以取之，所谓寒因热用是也。此外感实火之清法也。若夫七情气结，喜、怒、忧、思、悲、恐、惊，互相感触，火从内发，丹溪治以越鞠丸，开六郁也。立斋主以逍遥散，调肝气也，意以一方治木郁而诸郁皆解也。然《经》云：怒则气上，喜则气缓，悲则气消，恐则气下，惊则气乱，思则气结。逍遥一方，以之治气上、气结者，固为相宜，而于气缓、气消、气乱、气下之证，恐犹未合。盖气虚者，必补其气。血虚者，必滋其血。气旺血充而七情之火悠焉以平。至若真阴不足，而火上炎者，壮水之主，以制阳光；真阳不足而火上炎者，引火归原，以导龙入海。此内伤虚火之治法也。

或者曰：病因于火而以热药治之何也？不知外感之火，邪火也，人火也，有形之火，后天之火也，得水则灭，故可以水折。内伤之火，虚火也，龙雷之火也，无形之火，先天之火也，得水则炎，故不可以水折。譬如龙得水而愈奋飞，雷因雨而益震动，阴蒙沉晦之气，光焰烛天，必俟云收日出而龙雷各归其宅耳。是以虚火可补而不可泻也。其有专用参芪而不用八味者，因其穴宅无寒也。其有专用六味而不用桂附者，因其穴宅无水也。补则同，而引之者稍不同耳。盖外感之火，以凉为清，内伤之火，以补为清也。

然又有清之而不量其人者何也？夫以壮实之人，而患实热之病，清之稍重，尚为无碍。若本体素虚，脏腑本寒，饮食素少，肠胃虚滑，或产后、病后、房室之后，即有热证，亦宜少少用之。宁可不足，不使有余。或余热未清，即以轻药代之，庶几病去人安。倘清剂过多，则疗热未已而寒生矣。此清之贵量其人也。

然又有清之不量其证者何也？夫以大热之证，而清剂太微，则病不除。微热之证，而清剂太过，则寒证即至。但不及犹可再清，太过则难医药矣。且凡病清之而不去者，犹有法焉，壮水是也。王太仆云：大热而甚，寒之不寒，是无水也，当滋其肾。肾水者，天真之水也，取我天真之水以制外邪，何邪不服？何热不除？而又何必沾沾于寒凉以滋罪戾乎！由是观之，外感之火，尚当滋水以制之，而内伤者更可知矣。大抵清火之药，不可久恃，必归本于滋阴。滋阴之法，又不能开胃扶脾，以恢复元气，则参、苓、芪、术，亦当酌量而用。非曰清后必补，但元气无亏者，可以不补，元气有亏，必须补之。俟其饮食渐进，精神爽慧，然后止药可也。此清之贵量其证也。

总而言之，有外感之火，有内伤之火。外感为实，内伤为虚，来路不同，治法迥别。宁曰热者寒之，遂足以毕医家之能事也乎？

【点评】清法，即清热之法，乃用寒凉之方药清除邪热的一种治法。程氏以"清者，清其热也"简言概之，并引《内经》"热则寒之"以述其源。

程氏认为，六淫邪气，除中寒、寒湿外，均会导致邪热而致病，故邪热熏蒸所致口舌唇齿疾病或见口渴便溺之症者，均当用清法。若明知其病属热而不用清法，则会出现"斑黄狂乱，厥逆吐衄"诸症。

程氏同时指出，清法也有禁忌证。诸如气血亏虚、阴虚潮热、命门火衰而致虚阳上浮甚则阴盛格阳假热之证等，临证每见有发热之征，均不可滥用清法。如中气大虚之虚火证、阴虚劳瘵证、产后血虚发热证、虚阳上浮证、阴盛格阳证等均禁用清法，以免犯虚虚实实之戒。

对临证如何用好清法，程氏从3个方面加以论述：

一要辨外感内伤。程氏认为，对外感热证当"散而清之"，并应根据兼夹证的不同，而采取不同的兼治方法，如"暑热伤气，则补而清之""湿热之火，则或散，或渗，或下而清之""燥热之火，则润而清之""伤食积热，则消而清之"。对内伤发热者，若由七情气结、火从内发，程氏遵丹溪、立斋之意，以越鞠丸、逍遥散治之，认为逍遥散宜于治气上、气结，而于气缓、气消、气乱、气下等，"恐犹未合"；而对气虚、血虚、阴虚、阳虚所致虚热者，当分别以补气、滋血、壮水或引火归原分而治之，并强调"虚火可补而不可泻也"，以"外感之火，以凉为清，内伤之火，以补为清"一言以概之。这里的"清"可视为广义的清法，实为清外感或内伤发热之机要。

二要辨体质强弱。程氏认为，体质壮实而患热病者，可重用清法；而体质素虚而感受热病者，清凉之剂"宜少少用之"，所谓"宁可不足，不使有余"；余热未清者，宜"以轻药代之"，所谓"清之贵量其人也"。

三要辨热证轻重。程氏认为，应根据热证之轻重酌用清凉之剂，尽量药证相应，否则热重剂轻则病因难除，微热而清之太过则变生寒证，主张宁可清之不及，不可清之太过，"不及犹可再清，太过则难医药矣"。程氏还强调，对用清凉之剂而热难除者，还可用壮水之法。并可视正气有无亏损，亏者当补之。

总之，广义的热证包括外感之热和内伤之热，外感为实，内伤为虚。治外感之清法多用寒凉之药，易损阳气，更伤脾胃，不宜久服，临证当把握尺度。壮水之法在热之顽症亦可酌用，非独用于内伤发热。

论温法

温者，温其中也。脏受寒侵，必须温剂。《经》云"寒者热之"是已。然有当温不温误人者，即有不当温而温以误人者，有当温而温之不得其法以误人者，有当温而温之不量其人、不量其证与其时以误人者，是不可不审也。

天地杀厉之气，莫甚于伤寒，其自表而入者，初时即行温散，则病自除。若不由表入而直中阴经者，名曰中寒。其证恶寒厥逆，口鼻气冷，或冷汗自出，呕吐泻利，或腹中急痛，厥逆无脉，下利清谷，种种寒症并见，法当温之。又或寒湿侵淫，四肢拘急，发为痛痹，亦宜温散。此当温而温者也。

然又有不当温而温者何也？如伤寒热邪传里，口燥咽干，便闭谵语，以及斑黄、狂乱、衄、吐、便血诸证，其不可温，固无论矣。若乃病热已深，厥逆渐进，舌则干枯，反不知渴，又或挟热下利，神昏气弱，或脉来涩滞，反不应指，色似烟熏，形如槁木，近之无声，望之似脱，甚至血液衰耗，筋脉拘挛，但唇、口、齿、舌干燥而不可解者，此为真热假寒之候，世俗未明亢害承制之理，误投热剂，下咽即败矣。更有郁热内蓄，身反恶寒，湿热胀满，皮肤反冷，中暑烦心，脉虚自汗，燥气焚金，痿软无力者，皆不可温。又有阴虚脉细数，阳乘阴而吐血者，亦不可温，温之则为逆候，此所谓不当温而温者也。

然又有当温而温之不得其法者何也？假如冬令伤寒，则温而散之。冬令伤风，则温而解之。寒痰壅闭，则温而开之。冷食所伤，则温而消之。至若中寒暴痛，大便反硬，温药不止者，则以热剂下之。时当暑月，而纳凉饮冷，暴受寒侵者，亦当温之。体虚挟寒者，温而补之，寒客中焦，理中汤温之，寒客下焦，四逆汤温之。又有阴盛格阳于外，温药不效者，则以白通汤加人尿猪胆汁反佐以取之。《经》云"热因寒用"是已。复有真虚挟寒，命门火衰者，必须补其真阳，太仆有言：大寒而盛，热之不热，是无火也，当补其心。此心字，指命门而言，《仙经》所谓七节之旁，中有小心是也。书曰"益心之阳，寒亦通行，滋肾之阴，热之犹可"是也。然而医家有温热之温，有温存之温。参、芪、归、术，和平之性，温存之温也，春日煦煦是也。附子、姜、桂，辛辣之性，温热之温也，夏日烈烈是也。和煦之日，人人可近，燥烈之日，非积雪凝寒，开冰解冻，不可近也。更有表里皆寒之证，始用温药，里寒顿除，表邪未散，复传经络，以致始为寒中，而其后转变为热中者，容或有之。藉非斟酌时宜，对证投剂，是先以温药救之者，继以温药贼之矣。亦有三阴直中，初无表邪，而温剂太过，遂令寒退热生，初终异辙，是不可以不谨。所谓温之贵得其法者此也。

然又有温之不量其人者何也？夫以气虚无火之人，阳气素微，一旦客寒乘之，则温剂宜重，且多服亦可无伤。若其人平素火旺，不喜辛温，或曾有阴虚失血之证，不能用温者，即中新寒，温药不宜太过，病退则止，不必尽剂，斯为克当其人矣。

若论其证，寒之重者，微热不除，寒之轻者，过热则亢。且温之与补，有相兼者，有不必相兼者。虚而且寒，则兼用之，若寒而不虚，即专以温药主之。丹溪云：客寒暴痛，兼有积食者，可用桂附，不可遽用人参，盖温即是补。予遵其法，先用姜、桂温之，审其果虚，然后以参、术辅之，是以屡用屡验，无有差忒，此温之贵量其证也。

若论其时，盛夏之月，温剂宜轻，时值隆冬，温剂宜重。然亦有时当盛暑而得虚寒极重之证，曾用参、附煎膏而治愈者，此舍时从证法也。譬如霜降以后，禁用白虎，然亦有阳明证，蒸热自汗，谵语烦躁，口渴饮冷者，虽当雨雪飘摇之际，亦曾用白虎治之而痊安，但不宜太过耳。此温之贵量其时，而清剂可类推已。

迩时医者，群尚温补，痛戒寒凉，且曰：阳为君子，阴为小人。又曰：阳明君子，苟有过，人必知之，诚以知之而即为补救，犹可言也。不思药以疗病，及转而疗药，则病必增剧而成危险之候，又况桂枝下咽，阳盛则殆，承气入胃，阴盛以败。安危之机，祸如反掌，每多救援弗及之处，仁者鉴此，顾不痛欤！吾愿医者精思审处，晰理不差于毫厘，用药悉归于中正，俾偏阴偏阳之药，无往不底于中和，斯为善治。噫！可不勉哉。

【点评】温法，即温里法，是用温热药解除寒邪、鼓舞阳气的治疗方法，主要用于治疗里寒证，与清法相对。程氏以"温者，温其中也"释义，并以《内经》"寒者热之"证之。

程氏认为，寒邪是六淫外邪中最易侵袭人体的邪气，常由肌表而入，尚未入里者，当用温散之法，此温散乃辛温解表之意。

寒邪"若不由表入而直中阴经者"，"法当温之"，表明里寒证是温法的主要适应证，此乃温法之本义。

程氏同时指出温法不可滥用，若伤寒入里化热；或病热已深、厥逆渐进，挟热下利、神昏气弱，脉来涩滞、反不应指，血液衰耗、筋脉拘挛等真热假寒之候；或郁热内蓄，身反恶寒，湿热胀满，皮肤反冷，中暑烦心，脉虚自汗，燥气焚金，痿软无力；或阴虚阳乘而吐血等，皆为温法之禁忌证。

程氏认为，温法在运用的过程中有3个要点：

一是根据伤寒中寒、兼证体虚的不同而选用兼治之法。如伤寒则温而散之，中寒便秘则温而下之，兼有伤风则温而解之，兼有痰浊则温而开之，兼有伤食则温而消之，兼有体虚则温而补之。程氏特别强调，若表里皆寒，应表里双解，否则仅用温药，虽里寒解除但表邪未解，入里化热，转变为热证；而直中三阴之中寒，用温药亦不可太过，否则寒证虽退，但热证又生，以致治疗初衷与结果不同，贻害病家。

二是根据体质强弱、寒证轻重的不同而遣方用药。如阳气素微而感寒者，温剂宜重，多服无伤；平素火旺或阴虚失血而感寒者，温药不宜太过，病退则止，不必尽剂；若体虚感寒，则温而兼补；若寒而不虚，则专用温药，不必补之。若寒重，则温之宜重，否则微热不足以除寒；若寒轻，则温之宜轻，否则过热而致热生。

三是根据发病时节的不同而温之有别。如盛夏时节感受寒邪，则温剂宜轻；隆冬时节感受寒邪，则温剂宜重。这是时令不同而采取温法轻重不同的一般原则，但不可片面机械，应视寒邪之轻重而施治。如盛夏而得虚寒极重之证，当加大运用温药的力度，所谓"舍时从证"之法也。

程氏还针对时医好用温补而忌用寒凉之剂的现象规劝医者"精思审处"，仔细辨证，力求"晰理不差于毫厘，用药悉归于中正"，这样才能收到良好的疗效。

论补法

补者，补其虚也。《经》曰：不能治其虚，安问其余。又曰：邪之所凑，其气必虚。又曰：精气夺则虚。又曰：虚者补之。补之为义，大矣哉！然有当补不补误人者，有不当补而补误人者，亦有当补而不分气血，不辨寒热，不识开阖，不知缓急，不分五脏，不明根本，不深求调摄之方以误人者，是不可不讲也。

何谓当补不补？夫虚者，损之渐；损者，虚之积也。初时不觉，久则病成。假如阳虚不补，则气日消。阴虚不补，则血日耗。消且耗焉，则天真荣卫之气渐绝，而亏损成矣，虽欲补之，将何及矣。又有大虚之证，内实不足，外似有余，脉浮大而涩，面赤火炎，身浮头眩，烦躁不宁，此为出汗晕脱之机；更有精神浮散，彻夜不寐者，其祸尤速，法当养荣、归脾辈，加敛药以收摄元神，俾浮散之气退藏于密，庶几可救。复有阴虚火亢，气逆上冲，不得眠者，法当滋水以制之，切忌苦寒泻火之药，反伤真气，若误清之，去生远矣。古人有言：至虚有盛候。反泻含冤者此也。此当补不补之误也。

然亦有不当补而补者何也？病有脉实证实，不能任补者，固无论矣。即其人本体素虚，而客邪初至，病势方张，若骤补之，未免闭门留寇。更有大实之证，积热在中，脉反细涩，神昏体倦，甚至憎寒振栗，欲着覆衣，酷肖虚寒之象，而其人必有唇焦口燥，便闭溺赤诸症，与真虚者相隔天渊，倘不明辨精切，误投补剂，陋矣。古人有言：大实有羸状。误补益疾者此也。此不当补而补之之误也。

然亦有当补而补之不分气血、不辨寒热者何也？《经》曰：气主煦之，血主濡之。气用四君子汤，凡一切补气药，皆从此出也；血用四物汤，凡一切补血药，皆从此出也。然而少火者，生气之原；丹田者，出气之海，补气而不补火者非也。不思少火生气，而壮火即食气。譬如伤暑之人，四肢无力，湿热成痿，不能举动者，火伤气也。人知补火可以益气，而不知清火亦所以益气，补则同，而寒热不同也。又如血热之证，宜补血行血以清之，血寒之证，宜温经养血以和之。立斋治法，血热而吐者，谓之阳乘阴，热迫血而妄行也，治用四生丸、六味汤。血寒而吐者，谓之阴乘阳，如天寒地冻水凝成冰也，治用理中汤加当归。医家常须识此，勿令误也。更有去血过多，成升斗者，无分寒热，皆当补益，所谓血脱者益其气，乃阳生阴长之至理。盖有形之血不能速生，无形之气所当急固。以无形生有形，先天造化，本如是耳。此气血、寒热之分也。

然又有补之而不识开阖、不知缓急者何也？天地之理，有阖必有开；用药之机，有补必有泻。如补中汤用参芪，必用陈皮以开之；六味汤用熟地，即用泽泻以导之。古人用药，补正必兼泻邪，邪去则补自得力。又况虚中挟邪，正当开其一面，戢我人民，攻彼贼寇，或纵或擒，有收有放，庶几贼退民安，而国本坚固，更须酌其邪正之强弱，而用药多寡得宜，方为合法。是以古方中有补散并行者，参苏饮、益气汤是也。有消补并行者，枳术丸、理中丸是也。有攻补并行者，泻心汤、硝石丸是也。有温补并行者，治中汤、参附汤是也。有清补并行者，参连饮、人参白虎汤是也。更有当峻补者、有当缓补者、有当平补者，如极虚之人，垂危之病，非大剂汤液不能挽回。予尝用参附煎膏，日服数两，而救阳微将脱之证。又尝用参麦煎膏，服至数两，而救津液将枯之证。亦有无力服参，而以芪、术代之者，随时处治，往往有功。至于病邪未尽，元气虽虚，不任重补，则从容和缓以补之。相其机宜，循序渐进，脉证相安，渐为减药，谷肉果菜，食养尽之，以底于平康。其有体质素虚，别无大寒大热之证，欲服丸散以葆真元者，则用平和之药，调理气血，不敢妄使偏僻之方，久而争胜，反有伤也。此开阖缓急之意也。

　　然又有补之而不分五脏者何也？夫五脏有正补之法，有相生而补之之法。《难经》曰：损其肺者，益其气。损其心者，和其荣卫。损其脾者，调其饮食，适其寒温。损其肝者，缓其中。损其肾者，益其精。此正补也。又如肺虚者补脾，土生金也。脾虚者补命门，火生土也。心虚者补肝，木生火也。肝虚者补肾，水生木也。肾虚者补肺，金生水也。此相生而补之也。而予更有根本之说焉，胚胎始兆，形骸未成，先生两肾。肾者，先天之根本也。囡地一声，一事未知，先求乳食，是脾者，后天之根本也。然而先天之中，有水有火，水曰真阴，火曰真阳。名之曰真，则非气非血，而为气血之母，生身生命，全赖乎此。周子曰：无极之真，二五之精，妙合而凝，凝然不动，感而遂通。随吾神以往来者此也。古人深知此理，用六味滋水，八味补火，十补、斑龙，水火兼济。法非不善矣，然而以假补真，必其真者未曾尽丧，庶几有效。若先天祖气，荡然无存，虽有灵芝，亦难续命，而况庶草乎？至于后天根本，尤当培养，不可忽视。《经》曰：安谷则昌，绝谷则危。又云：粥浆入胃，则虚者活。古人诊脉，必曰胃气，制方则曰补中。又曰归脾、健脾者，良有以也。夫饮食入胃，分布五脏，灌溉周身，如兵家之粮饷，民间之烟火，一有不继，兵民离散矣。然而，因饿致病者固多，而因伤致病者，亦复不少。过嗜肥甘则痰生，过嗜醇酿则饮积，瓜果乳酥，湿从内受，发为肿满泻利。五味偏嗜，久而增气，皆令夭殃，可不慎哉！是知脾肾两脏，皆为根本，不可偏废。古人或谓补脾不如补肾者，以命门之火，可生脾土也。或谓补肾不如补脾者，以饮食之精，自能下注于肾也。须知脾弱而肾不虚者，则补脾为亟，肾弱而脾不虚者，则补肾为先，若脾肾两虚，则并补之。药既补矣，更加摄养有方，斯为善道。

谚有之曰：药补不如食补。我则曰：食补不如精补，精补不如神补。节饮食，惜精神，用药得宜，病有不痊焉者寡矣！

【点评】补法是一种临证中无论医者还是病家都喜欢使用和接受的治疗方法。程氏对补法的解释简单明了，以"补者，补其虚也"6字高度概括，并引《内经》"虚者补之"加以说明。

程氏非常重视补法，认为"天真荣卫之气渐绝，而亏损成矣，虽欲补之，将何及矣"，强调无论气虚、血虚、阴虚、阳虚，均应当补则补，不可贻误；更不能误将"大虚之证，内实不足，外似有余"或"阴虚火亢，气逆上冲"所表现出来的"脉浮大而涩，面赤火炎，身浮头眩，烦躁不宁"或"不得眠"等症视为实证之候，用苦寒泻火之类祛邪，而犯虚虚实实之戒，所谓"至虚有盛候。反泻含冤者"。

程氏同时指出，实证不能用补法，即便是本体素虚者，若"客邪初至，病势方张"，也不宜轻易用补法，"若骤补之，未免闭门留寇"；更要注意甄别"大实之证，积热在中"而表现出"脉反细涩，神昏体倦"等虚寒之象，以免"误投补剂"，同样犯虚虚实实之戒，所谓"大实有羸状。误补益疾者"是也。

程氏强调补法在运用时要注意三个要领：

一要分气血，辨寒热。气虚者用四君子汤，血虚者用四物汤。程氏认为，少火生气，壮火食气，主张补气时兼补火，以助气生；而湿热之邪，易耗伤正气，当清热除湿，湿热除则气不伤，正气得以顾护，亦为补气。血热之证宜补血行血以清之，用四生丸、六味汤；血寒之证宜温经养血以和之，用理中汤加当归。但对失血过多，病势急迫者，无论寒热，皆当急补。

二要识开阖，知缓急。程氏认为，"天地之理，有阖必有开；用药之机，有补必有泻"。主张在"补"的同时用行气导湿之药，畅通气机，祛邪外出，以避补益之品壅塞留邪之弊，此乃识开阖；根据病势之缓急、正邪之偏重、体质之虚实而分别采取峻补、缓补和平补之法，此乃知缓急。

三要视五脏属性施补。程氏把根据五脏属性的不同而采取相应的补法称为正补之法，如"损其肺者，益其气""损其心者，和其荣卫"等，即为正补；把根据五脏之生克而补其母的方法称为相生而补之法，如肺虚者补脾，是因为脾土生肺金，子虚则补其母，即为相生而补。在五脏之中，程氏特别重视补肾和补脾，强调"根本之说"。肾为先天之本，脾为后天之本。程氏认为，"若先天祖气，荡然无存，虽有灵芝，亦难续命"；脾作为后天之本，"尤当培养，不可忽视"，所谓"安谷则昌，绝谷则危""粥浆入胃，则虚者活"。程氏很看重补益脾肾，并指出"脾肾两脏，皆为根本，不可偏废"，应视二脏亏虚的不同，分别采取补脾、补肾或脾肾并补。

程氏是当今人们崇尚的医养结合之先行者和倡导者。其在文末还引谚语"药补不如食补"，提出"食补不如精补，精补不如神补"，是针对人们喜用补法的正确引导。在食、药的基础上，加上身心调摄，是更加全面的治养结合的养生之道。

伤寒纲领

　　凡看伤寒，以传经、直中四字为纲领。传经者，由太阳传阳明，由阳明传少阳，由少阳传太阴，由太阴传少阴，由少阴传厥阴，此名循经传也。亦有越经传者，如寒邪初客太阳，有不传阳明，而径传少阳者；有不传阳明经，而径入阳明腑者；亦有由阳明不传少阳，而径入本腑者；亦有少阳不传三阴，而径入胃腑者。亦有传一二经而止者，亦有始终只在一经者。虽所传各各不同，其为传经则一也。若夫直中者，谓不由阳经传入，而径中三阴者也。中太阴则病浅，中少阴则病深，中厥阴则愈深矣。此其所当急温也。夫传经之邪，在表为寒，入里即为热证。不比直中之邪，则但寒而无热也。先明传经、直中，庶寒热之剂，不至混投矣。仲景三阴条下，混同立言，而昧者不察，无怪其意乱心迷也乎？

　　【点评】"伤寒纲领"是程氏首卷论及《伤寒论》4篇论文中的第一篇，足见其对本篇论点的高度重视。他把伤寒的疾病传变规律概括为"传经、直中"4字，为我们学习和应用伤寒理论提供了良好思路，犹如浩瀚海洋中的灯塔，明亮而清晰。

　　程氏认为，"传经、直中"是伤寒传变之纲领，明辨了传变规律，就掌握了伤寒诊治的钥匙，就能分清寒热，使"寒热之剂，不至混投"。

　　所谓"传经"，指的是寒邪由表入里，循六经而传。"传经"分为循经传和越经传。依六经规律，由浅入深，依次传入者，为循经传；反之，寒邪侵犯太阳后，不按六经顺序传变者，为越经传。"直中"指寒邪不经三阳，而直接侵犯三阴者。

程氏还指出了传经与直中的寒热属性。传经者，邪在表则为寒，邪入里则为热；直中则"但寒无热"。从而为传经与直中提供了纲领性的鉴别要点，实乃研习伤寒之捷径。

伤寒主治四字论

伤寒主治四字者，表、里、寒、热也。太阳、阳明为表，太阴、少阴、厥阴为里，少阳居表里之间，谓之半表半里。凡伤寒，自阳经传入者，为热邪。不由阳经传入，而直入阴经者，谓之中寒，则为寒邪。此皆前人要旨也。而予更即表、里、寒、热四字，举八言以晰之，伤寒千变万化，总不出此。

夫伤寒证，有表寒、有里寒、有表热、有里热、有表里皆热、有表里皆寒、有表寒里热、有表热里寒。

何谓表寒？伤寒初客太阳，头痛、发热而恶寒者，名曰外感。《经》所谓"体若燔炭，汗出而散者"是也。阳明解肌，少阳和解，其理一也。

何谓里寒？凡伤寒，不由阳经传入，而直入阴经，手足厥冷，脉微细，下利清谷者，名曰中寒。仲景所谓"急温之，宜四逆汤"者是也。

何谓表热？凡人冬不藏精，微寒袭于肌肉之间，酝酿成热，至春感温气而发者曰温病，至夏感热气而发者曰热病。其证头痛发热，与正伤寒同，但不恶寒而口渴，与正伤寒异耳。《伤寒赋》云：温热发于春夏，务须柴、葛以解肌。言病邪在表，故用柴、葛，肌肉韫热，故用黄芩、知母以佐之，此活法也。

何谓里热？凡伤寒渐次传里，与夫春温、夏热之证热邪入里，皆为里热。其在太阴则津液少，少阴则咽干口燥，厥阴则消渴。仲景所谓急下之，而用大柴胡、三承气者是也。

何谓表里皆热？如伤寒阳明证，传于本腑，外而肌肉，内而胃腑，热气熏蒸，口渴谵语，此散漫之热，邪未结聚，治用白虎汤外透肌肤，内清腑脏，俾表里两解，不比邪热结实专在肠胃，可下而愈也。正伤寒有此，而温热之病更多有此，不可不察。

何谓表里皆寒？凡伤寒，表受寒邪，更兼直中于里，此为两感寒证。仲景用麻黄附子细辛汤是也。

何谓表寒里热？如两感热证，一日太阳与少阴同病，二日阳明与太阴同病，三日少阳与厥阴同病。三阳为寒，三阴已成热证，岂非表寒而里热乎？亦有火郁在内，而加以外感，亦为表寒里热之候。更有火亢已极，反兼水化，内热闭结，而外有恶寒之状者，其表似寒而里实热，误投热剂，下咽即败矣。

何谓表热里寒？如人本体虚寒，而外感温热之邪，此为标热本寒，清剂不宜太过。更有阴寒在下，逼其无根失守之火，发扬于上，肌肤大热，欲坐卧泥水之中，其表似热，其里实寒，误投寒剂，入胃即危矣。

伤寒变证，万有不齐，而总不外乎表、里、寒、热四字。其表里寒热，变化莫测，而总不出此八言为纲领。予寝食于兹者，三十年矣。得之于心，应之于手，今特指出而发明之，学者其可不尽心乎！

【点评】"伤寒主治四字论"是程氏熟读伤寒，精思慎悟，洞明医理的代表作，他把深厚繁复的《伤寒论》仔细研读，反复咀嚼，仅以"四字八言"概括之，可谓抓住了原著之精髓，掌握了辨证之本质。"伤寒主治四字论"充分体现了程氏善于领悟、高度概括、提纲挈领的学术特点。

程氏开篇即抛出论点"伤寒主治四字者，表、里、寒、热也"。他在遵仲景表、里、寒、热之意的基础上，归纳出表寒、里寒、表热、里热、表里皆热、表里皆寒、表寒里热、表热里寒8方面的病理特征，认为"伤寒千变万化，总不出此"。令人茅塞顿开，豁然开朗。

程氏对伤寒的8个病理特征、治法方药逐一进行了阐述，并对相应的病理演变进行了分析，对寒热错杂、真假寒热的辨证要点加以强调，读起来清晰明了，纲举目张，为临证辨治提供了良好的指南和捷径。

程氏在文末再次总结"其表里寒热，变化莫测，而总不出此八言为纲领"。这是程氏积30年潜心研究而悟出的心得，他在临证中"得之于心，应之于手"，并毫无保留地公之于众，以助后学。其拳拳之心，尽显无遗。

经腑论

夫经者，径也。行于皮之内、肉之中者也。腑者，器也，所以盛水谷者也。伤寒诸书，以经为腑，以腑为经，混同立言，惑人滋甚。吾特设"经腑论"而详辨之。

夫邪之在三阳也，有太阳之经，有阳明之经，有少阳之经。凡三阳在经之邪，未入腑者，可汗而已。邪之在三阴也，有太阴之经，有少阴之经，有厥阴之经。凡三阴之邪，已入腑者，可下而已。所谓入腑之腑，指阳明胃腑而言也。三阳、三阴之邪，一入胃腑，则无复传矣。胃者，土也。万物归土之义也。《伤寒论》云：有太阳阳明，有正阳阳明，有少阳阳明。此阳明即胃腑，非阳明之经也。假令邪在太阳，不传阳明经，而径入胃腑者，名曰太阳阳明。邪在阳明经，不传少阳，而自入本腑者，名曰正阳阳明。邪在少阳经，不传三阴，而径入胃腑者，名曰少阳阳明。凡三阳之邪已入胃腑，俱下之勿疑也。

虽然，三阳入腑，人所共知，三阴入腑，鲜或能识。夫三阳之经，去腑尚远，三阴之经，与腑为近，然既曰经，则犹在径路之间，而未尝归并于一处也。《伤寒论》云：太阴病，脉浮者，可发汗，宜桂枝汤。少阴中风，脉阳微阴浮者，为欲愈。厥阴中风，脉微浮为欲愈，不浮为未愈。俱言邪在于经，故有还表向汗之时，若既入腑则无外出之路，惟有通其大便，令邪从内出也。此大小承气、调胃承气所由设也。

然则以白虎汤治腑病何谓也？夫以白虎治腑病者，乃三阳之邪，初入胃腑，表里皆热，邪未结聚，热势散漫，而无胃实不大便之症，故用白虎汤内清胃腑，外透肌肤，令表里两解。若邪已结聚，如太阴之大实痛，少阴之咽干口燥，下利青黄水，心下硬，厥阴之烦满囊缩，白虎不中与也，亦惟下之而已矣。此无他，经腑既明，则施治不致差舛。

然则太阳之邪自入本腑何谓也？太阳之腑膀胱是也。膀胱主盛溺，太阳病盛，则遗邪于腑，而为口渴溺赤之症，外显太阳病而兼有此症者，名曰太阳传本。当用五苓散，以桂枝解外邪，以猪苓、泽泻等药通其小便而愈也。

或问：阳邪入阴，复有还表向汗之时，其信然乎？予曰：古人之言，岂欺我哉！夫经，径也，犹路径。然三阳之邪，既有路以达三阴，三阴之邪即有路以返三阳，此循环之至理，非若邪入腑中，更无外出之路也。尝见病人体质素厚，有传经尽而自愈者，皆由汗解也。《伤寒论》云：其不再传经，不加异气者，七日太阳病衰，头痛稍愈。八日阳明病衰，身热稍歇。九日少阳病衰，耳聋微闻。十日太阴病衰，腹减思食。十一日少阴病衰，渴止，舌干已而嚏也。十二日厥阴病衰，囊纵，小腹微下，大气皆去，病人精神爽慧也。由是观之，岂非经尽而愈，还表向汗之明验乎！

　　或曰：阴不得有汗，今太阴脉浮，用桂枝汤，然则三阴亦可汗解钦？桂枝汤将为太阳正药钦？余曰不然。读仲景书，举一隅当以三隅反，不可执一而论也。夫邪已入里，而复发其表，是增其热矣，故曰阴不得有汗。邪虽入里，而复返乎表，是邪外出矣，故曰还阳而向汗。夫桂枝汤，太阳伤风药也。今太阴用桂枝者，实由太阳伤风，为医误下而传入太阴者也。太阴脉当沉，今反浮，是证在太阴，脉在太阳，则太阳之邪未尽入于阴，太阴之邪大有还阳向汗之势，故用桂枝汤以彻散之。令其从太阳来者，仍自太阳出也。推而论之，若从太阳伤寒来，得伤寒脉，则桂枝可易麻黄，仲景麻黄石膏汤之意可推也。若从阳明来，得阳明脉，则桂枝可易葛根，仲景葛根黄连黄芩汤之意可推也。若从少阳来，得少阳脉，则桂枝可易柴胡，是以大柴胡汤为少阳传入太阴之的方也。然必腹中实痛，乃为脾邪干胃，甫用大黄下之，否则只于本方加芍药以和之而已。《伤寒论》云：本太阳证，为医下，传入太阴而腹痛者，桂枝汤加芍药；大实痛者，桂枝汤加大黄。亦此意也。

　　太阴如此，少阴、厥阴何独不然？仲景少阴篇内，以四逆散治阳厥，方用柴胡、黄芩、甘草、枳实者，人皆不得其解，岂少阴亦用柴胡散之欤？诚以热邪传里，游行于少阴经络之间，尚未结聚成实，内陷于胃腑之中，则用黄芩、甘草以清传经之热邪，用枳实以导胃中之宿滞，使邪气不得乘机而内合，以作胃实不大便之症，更用柴胡疏通三阳之路，俾其从此来者，仍从此出，不必扰动中宫，而病势已解。此仲景用药之微权，其用心亦良苦矣。愚不自揣，每遇阳邪入阴尚未结实之证，仿古人三黄解毒之意，而加以石膏、柴胡、丹皮之属，往往获效。盖三黄以除三阴之热邪，用石膏以守阳明之中路，加柴胡者，亦望其返之故道，而还阳向汗也。

大抵伤寒治法，急于解表，而缓于攻里，非惟三阳之邪务从表散，即三阴未结之邪，犹且徘徊观望，冀其还阳而之表，必俟邪气结实，乃用承气汤攻下之。且戒曰：欲行大承气汤，先与小承气，腹中转矢气者，方与大承气汤。若不转矢气，慎未可再攻，兢兢然不苟下也有如此。仲景又云：病发于阳，而反下之，热入因作结胸。病发于阴而下之，因作痞。热入者，言入胃也。三阴下早，虽不至成结胸，而已不免为痞气矣。噫嘻！经腑之间，焉可以不辨哉！

【点评】程氏在研习伤寒过程中，深感《伤寒论》及相关著述对经与腑的概念描述不清，易致迷糊，明确指出"伤寒诸书，以经为腑，以腑为经，混同立言，惑人滋甚"，于是立专篇阐述经腑概念，并对易于混淆的条文进行梳理辨析，以便于人们更加准确、清晰地掌握伤寒的辨治规律，其论述颇有特点。

程氏首先明确了经腑概念："夫经者，径也。行于皮之内、肉之中也。腑者，器也，所以盛水谷者也"。随即指出邪在三阳三阴的辨治原则，即"凡三阳在经之邪，未入腑者，可汗而已"

"凡三阴之邪，已入腑者，可下而已""凡三阳之邪，已入胃腑，俱下之勿疑也"。程氏还就邪在三阴论曰："犹在径路之间，而未尝归并于一处"者，"有还表向汗之时"，可用桂枝汤等汗之。由此不难看出，外邪是否入腑，是临证辨治的关键，无论邪在三阳还是三阴，未入腑结实者，用汗法；已入腑结实者，用下法。是知有无"入腑结实"之征乃临证辨治的分水岭。

程氏还对伤寒辨治的几个问题进行了辨析：

一是如何理解以白虎汤治腑病。程氏认为"三阳之邪，初入胃腑，表里皆热，邪未结聚，热势散漫，而无胃实不大便之症，故用白虎汤内清胃腑，外透肌肤，令表里两解"。其辨治的关键还是有无"胃实不大便之症"，即入腑结实之征。无者汗解，有者下之。

二是如何理解"太阳之邪自入本腑"。程氏认为此"本腑"乃膀胱也。太阳病若兼口渴溺赤之症，称为"太阳传本"，当用五苓散治之。

三是如何理解"阳邪入阴，复有还表向汗之时"。程氏形象地解释为邪气能从三阳经之路径传入三阴，就能从三阴经返回三阳，而不像"邪入腑中，更无外出之路"；并以自己的临证经验结合《伤寒论》中的相关叙述加以说明，即阳邪入阴无入腑结实者，复有还表向汗之时，可汗而解之。

四是如何理解"阴不得有汗，今太阴脉浮，用桂枝汤，然则三阴亦可汗解欤"。程氏认为，这是因为"邪虽入里，而复返乎表，是邪外出矣，故曰还阳而向汗"也。指出太阴病见脉浮者，是"证在太阴，脉在太阳，则太阳之邪未尽入于阴，太阴之邪大有还阳向汗之势"，体现了"阳邪入阴，复有还表向汗之时"的辨治理念。由此强调读书要举一反三，并推论出太阴病反见阳脉的辨治规律。程氏还进一步分析了少阴病"热邪传里，游行于少阴经络之间，尚未结聚成实，内陷于胃腑之中"的治法，解答了人们的临证之惑。

程氏还分享了自己临证时遵古人三黄解毒之意并创新加用石膏、柴胡、丹皮等治疗"阳邪入阴尚未结实之证"的个人经验，是其学用结合、善于创新的真实体现。

程氏最后再次对伤寒的治则进行了归纳：伤寒解表宜急，攻里宜缓。三阳之邪当从表散，三阴未结之邪"冀其还阳而之表"。对入腑结实而用下法者，程氏告诫世人宜先予小承气汤，待腹中转矢气者，方与大承气汤；同时指出，无论邪在三阳还是邪入三阴而腑未结实者，均不可用下法，否则变生结胸或痞证，故当认真辨析。

阴证有三说

世人论伤寒，辄曰阴证，而不知有三说也：有传经之阴证，阴中之热证也；有直中之阴证，阴中之寒证也；有房室之阴证，阴中之虚证也。既犯房室而得热证，则灼热极甚；犯房室而得寒证，则阴寒极甚。热之甚，清剂宜轻；寒之甚，温剂宜重，斯无弊耳。乃世人混称夹阴，而医者漫不加察，反从而和之。噫，陋矣！

【点评】程氏论伤寒之阴证是与伤寒之阳证相对而言，指邪在三阴之证，"阴"应是病位，而非病性。为助人辨析，程氏明确指出阴证有3种情形，即阴中之热证、阴中之寒证和阴中之虚证。此所谓热证、寒证和虚证乃指阴证之病性。明白了病位、病性，辨证即有章可循，而不至于含混不清，犯程氏所谓"漫不加察，反从而和之"之过。

论疫

时疫之证，来路两条，去路三条，治法五条尽矣。

何谓来路两条？疫有在天者，有在人者。如春应温而反寒，夏应热而反凉，秋应凉而反热，冬应寒而反温，非其时而有其气，自人受之，皆从经络而入，或为头痛、发热、咳嗽，或为颈肿、发颐、大头天行之类，斯在天之疫也。若夫一人之病，染及一室，一室之病，染及一乡，一乡之病，染及阖邑，此乃病气、秽气相传染，其气息俱从口鼻而入，其见症憎寒壮热、胸膈满闷、口吐黄涎，乃在人之疫，以气相感，与天无涉。所谓来路两条者，此也。

夫在天之疫，从经络而入，宜分寒热。用辛温、辛凉之药以散邪，如香苏散、普济消毒饮之类，俾其从经络入者仍从经络出也。在人之疫，从口鼻而入，宜用芳香之药以解秽，如神术散、藿香正气散之类，俾其从口鼻入者仍从口鼻出也。至于经络、口鼻所受之邪，传入脏腑，渐至潮热谵语，腹满胀痛，是为毒气归内，非疏通肠胃无由以解其毒，法当下之。其大便自行者，则清之。下后而余热不尽者，亦清之。须令脏腑之邪从大便出也。所谓去路三条者此也。

夫发散、解秽、清中、攻下，共四法耳，而谓治法有五，何也？大抵邪之所凑，其气必虚，体虚受邪，必须以补法驾驭其间，始能收效万全。如气虚补气、血虚补血，古人所用参苏饮、人参白虎汤、人参拔毒散、黄龙汤、四顺清凉饮，方内有人参、当归，其意可想而知矣。于前四法中加以补法，乃能左右咸宜，纵横如意，邪气退而元气安。所谓治法五条者此也。熟此五法而融会贯通，其于治疫也，何难之有？

【点评】"时疫之证，来路两条，去路三条，治法五条尽矣"。程氏用一句话就概括了疫病的感染途径、祛邪路径和治疗方法，可谓精炼之至。

所谓来路两条，即感染传播途径有两条：一在"天"，一在"人"。天者，感染非时之气；人者，人与人之间通过口鼻吸入而相互传染。

根据感染传播途径的不同，程氏将病邪的去路归纳为3条：从经络而入者，以散邪仍从经络而出；从口鼻而入者，以解秽仍从口鼻而出；邪入脏腑者，以下之，令邪从大便而出。

程氏根据3条祛邪途径推出发散、解秽、清中和攻下四法，并遵"邪之所凑，其气必虚"，以补法扶正祛邪，令"邪气退而元气安"，合为五法。若医者"熟此五法而融会贯通"，则治疗疫病，就不会犯难了。

六气相杂须辨论

世间之病，人皆曰伤寒最难，而非难也，难莫难于六气之相杂而互至耳。六气者，风、寒、暑、湿、燥、火是也。然冬月致病只三字，风、寒、火是也。春兼四字，风、寒、湿、火是也。夏兼五字，风、寒、暑、湿、火是也。秋只四字，风、寒、燥、火是也。其有非时之燥湿，则又天之变气也。大抵愈杂则其治愈难。吾姑即夏间之五气而明辨之。五气既明，则其少者不烦言而已解。

假如脉浮缓，自汗头痛，发热而恶风者，伤风也。脉浮紧，无汗头痛，发热而恶寒者，伤寒也。此随时感冒，虽在暑月，亦必有之。亦有纳凉饮冷，脏受寒侵，遂至呕吐痛泻，脉沉迟，手足厥冷，口鼻气冷，此乃夏月中寒之候，反因避暑太过而得之也。至于暑证，乃夏月之正病，然有伤暑、中暑、闭暑之殊。伤暑者，病之轻者也，其症汗出身热而口渴也。中暑者，病之重者也，其症汗大泄，昏闷不醒，蒸热齿燥，或烦心喘喝妄言也。闭暑者，内伏暑气，而外为风寒闭之也，其头痛身痛，发热恶寒者，风寒也；口渴烦心者，暑也。其有霍乱吐泻而转筋者，则又因暑而停食伏饮以致之也。然停食伏饮，湿气也，或身重体痛，腹满胀闷，泄利无度，皆湿也。风、寒、暑、湿，四气动而火随之，是为五气，所谓夏兼五字者以此。

然而各字分见，其为治也易，五字互见，其为治也难。假如风暑相搏，名曰暑风，其症多发搐搦。暑湿相搏，名曰湿温，其症头痛，自汗，谵语，身重，腹满，足胫寒。风热相搏，名曰风温，其症自汗，身重，多眠，鼻息鼾，语言难出。湿气兼风，名曰风湿；湿气兼寒，名曰寒湿，其症骨节烦疼，不能自转侧。复有风寒挟湿，发为刚柔二痉，其症口噤，身反张。更有湿热相攻，发为五痿，其症四肢痿废，不能自收持，此皆五气相兼而互见者也。又况冬月伤寒，伏藏于筋骨之间，至夏感热气而发者，名曰热病。天行不正之气，发作非时者，名曰疫气。更有病气相传染，沿门阖境皆病者，斯为在人之疫，为害尤多。夫此热病、疫病，传之脏腑，大便不通，则燥气随之，是五气之中复兼六气矣。更有体虚劳倦、疰夏等病，纷纭交错于其间，若不明辨亲切，孟浪投剂，伤生匪浅。奈何医者一见发热，不问是暑是湿，概行表散。散之不效，随用和解。解之不去，随用清凉。凉之不效，继以补益。其中有幸痊者，则引为己功，而倾危乍至，则委之天数。岂知致病之初，认证投药取效甚易，及其日久病深，败证悉具，虽有善者，亦莫如之何也已。

予不自揣，特著此论，先指夏间五气而发明之，庶纷纭错杂之证不至混淆，则触目洞然，施治如法，亦救世之一端耳。嗟乎！五气既明，多者已辨，则三气、四气之杂至者，不难辨矣。况伤寒一证，表里可分，传中可别，上中下三焦可凭，而又何难乎？我故曰：伤寒非难，而难于六气之相杂而互至也。

【点评】本篇是程氏对六淫外邪及非时之邪夹杂致病的辨证经验和要领，为医者临证辨治外感疾病提供了独到的思路和方法。

程氏阐述了春夏秋冬四季六淫邪气致病的一般规律，提出外邪致病，单一邪气致病易于辨治，邪气兼杂致病则辨治困难，且夹杂的邪气越多，其辨证治疗难度越大。为说明其观点，程氏以夏季五气致病为例，逐一分析了夏季常见风、寒、暑、湿、火等外邪单一致病或夹杂致病的证候特点。从中不难看出，程氏对六淫致病的病机、证候特点把握熟练，对疾病的认识有自己的特点。

程氏特别强调辨证准确，认为"若不明辨亲切，孟浪投剂，伤生匪浅"。他指出了"医者一见发热，不问是暑是湿，即行表散。散之不效，随用和解。解之不去，随用寒凉。凉之不效，继以补益"等以法试证的错误做法，对"有幸痊者，则引为己功，而倾危乍至，则委之天数"的做法，予以批评。

　　程氏通过对夏季五气辨治的分析，为医界同仁把握疾病特点、提升辨治能力打开了一扇窗户，对临证医者举一反三、推而广之不无裨益。

论中风

　　中风之证，有中腑、中脏、中血脉之殊。中腑者，中在表也，即仲景所谓太阳中风，桂枝汤之类是也。外显六经之形证，即如伤寒三阳三阴传变之证也。其见证既与伤寒同，则其治法亦与伤寒传变无异矣。中脏者，中在里也。如不语中心，唇缓中脾，鼻塞中肺，目瞀中肝，耳聋中肾。此乃风邪直入于里，而有闭与脱之分焉。闭者，牙关紧急，两手握固，药宜疏通开窍。热闭牛黄丸，冷闭橘半姜汁汤。其热闭极甚，胸满便结者，或用三化汤以攻之。脱者，口张心绝，眼合肝绝，手撒脾绝，声如鼾肺绝，遗尿肾绝，更有发直、摇头、上撺、面赤如妆、汗出如珠，皆为脱绝之证。此际须用理中汤加参两余，以温补元气。若寒痰阻塞，或用三生饮加人参以灌之，庶救十中之二三。中血脉者，中在半表半里也，如口眼喎斜、半身不遂之属是也。药宜和解，用大秦艽汤加竹沥、姜汁、钩藤主之，而有气与血之分。气虚者，偏于右，佐以四君子汤。血虚者，偏于左，倍用四物汤。气血俱虚者，左右并病，佐以八珍汤。此治中风之大法也。

　　【点评】中医的中风概念有广义和狭义之分。广义之中风包括感受风寒的外感病症及以神昏不语、喎僻不遂等为特征的内伤病症；狭义之中风仅指广义中风的内伤病症，即现代中医疾病分类中的脑卒中，包括出血性脑卒中和缺血性脑卒中。

程氏在"论中风"里论述的就是广义之中风，与后面的"中风寒热辨""中风不语辨"和"中风类中辨证法"形成一个系列，对中风的分类、辨证难点等进行了归纳提炼，对后世医者认识和鉴别中风诸证产生了一定影响。

程氏把中风分为中腑、中脏和中血脉三类。其所谓中腑者，即感受外邪之外感病症；中脏者，即以神志昏蒙为主要表现的内伤病症，分为闭证和脱证，当属脑卒中之重症；中血脉者，即以口眼㖞斜、半身不遂为主要表现，当属脑卒中之轻症。

程氏对中腑、中脏及中血脉的临证特征和治法方药加以归纳，明确治疗中风之大法，可视为中风辨治之纲领。

程氏对中风的论述是对历代医家关于中风不同定义的归纳总结，对人们认识中风定义的演变和辨治具有一定的指导意义，但与现代中风的定义已有较大差异，临证不可混淆。

中风寒热辨

或谓寒邪中脏，一于寒也；风邪中脏，而有寒有热。何也？愚谓寒，阴邪也。阴主静，故其中人特为寒中而已矣。风，阳邪也。阳主动，善行而数变，故其中人或为寒中，或为热中，初无定体也。然其所以无定体者，亦因乎人之脏腑为转移耳。何者？其人脏腑素有郁热，则风乘火热，火借风威，热气拂郁，不得宣通，而风为热风矣。其人脏腑本属虚寒，则风水相遭，寒气冷冽，水冻冰凝，真阳衰败，而风为寒风矣。为热风，多见闭证，理宜疏导为先。为寒风，多见脱证，理宜温补为急。夫同一中脏，而寒热之别相隔千里，其中所以为热为寒之故，举世皆不求解，则三化汤之寒、三生饮之热，何以同出于书而屹然并立？是以医道贵精思审处而自得之，有非语言所能尽也。

【点评】程氏在"中风寒热辨"里主要对中脏的寒热属性进行了辨别。程氏认为，中脏之寒中、热中与其人素体之偏寒、偏热有关。"其人脏腑素有郁热……而风为热风矣"，反之，则为寒风。热风多见闭证，宜疏导为先；寒风多见脱证，宜温补为急。由是知中脏之寒热表现与人体禀赋之寒热体质密切相关，与饮食起居偏嗜有关。这为临证辨治理清思路提供了一把钥匙，亦为针对体质的偏颇而采取相应的摄生调养、预防疾病手段提供了依据。

中风不语辨

或问：不语有心、脾、肾三经之异，又风寒客于会厌，亦令不语。何以辨之？愚谓心者，君主之官，神明出焉。若心经不语，必昏冒，全不知人，或兼直视、摇头等症，盖心不受邪，受邪则殆，此败证也。若胞络受邪，则时昏时醒，或时自喜笑。若脾经不语，则人事明白，或唇缓，口角流涎，语言謇涩。若肾经不语，则腰足痿痹，或耳聋遗尿，以此为辨。至若风寒客于会厌，不过感风声哑之属，口能收，舌能转，枢机皆利，但不发音耳，可用辛散而安。

【点评】不语是中风的常见症状之一。程氏认为不语既可见于内风引起的脏腑功能紊乱，又可见于风寒外邪导致的咽喉病变。内风不语多与心、脾、肾三经相关，不语兼见昏冒不知人者，病属心经；不语而神清、唇缓流涎者，病属脾经；不语见腰足痿痹、耳聋遗尿者，病属肾经，是临证辨治的重要参考。而风寒外邪所致声哑不语，则当以辛散从外治之。程氏对疾病的个性特征和一般规律的全面把握展示出其深厚的理论基础和丰富的临证经验。

中风类中辨证法

中风者，真中风也。类中风者，似中风而非中风也。然真中有兼类中者，类中有兼真中者，临证最难分别，不可无法以处之。大法中风之证，有中腑、中脏、中血脉之分，前论已详言矣。惟类中与真中，最宜分别，不可不审。真中风者，中于太阳，则与伤寒外感传经相符。若中血脉，必有偏枯喎斜之证。中脏虽为在里，亦必兼有经络偏枯之证。若类中者，寒则厥冷呕泻而暴痛也；暑则赤日中行而卒倒也；湿则痰涎壅盛而闭塞也；火则面赤、烦渴、唇燥而便闭也；食则因于过饱而胸胀满闷也；气则因于盛怒而闭塞无音也；恶则因登冢入庙、冷屋栖迟而卒然头面青黯也；虚则面色㿠白、鼻息轻微也。见症各殊，与真中之偏枯喎斜自是不同。其间或有相同者，乃真中、类中相兼也。证既相兼，必须一一辨明，察其多寡兼并之处，辨其标本缓急之情，审度得宜，用古人经验良方，随手而起矣。

【点评】中风与类中风是两类不同的中医病症。历代医家、不同时期对中风和类中风有不同的界定，后世习医者在学习时极易混淆。

程氏对中风与类中风的定义很清晰："中风者，真中风也。类中风者，似中风而非中风也"。其真中风即中医广义之中风，包括了风寒外感及以神昏不语、喝僻不遂等为特征的内伤病症。类中风者，是由寒、暑、湿、火、食、气、恶、虚等所致的以发病突然、证见神识异常而无"偏枯喝斜"的一类病症，因发病急、神志异常与真中风之内伤病症相似，故曰类中风。而"偏枯喝斜"是内伤中风与类中风鉴别的关键。程氏指出，真中风与类中风可相兼致病，其症状"或有相同"，"必须一一辨明，察其多寡兼并之处，辨其标本缓急之情，审度得宜"，方能辨别真伪主次，正确遣方用药，"随手而起"，确保疗效。

程氏的真中风与类中风的概念与后世习用的概念有较大不同。后世医家大多认为真中风乃感受风邪之病症，而内生风邪所致病症则为类中风。是不可以不辨。

杂证主治四字论

杂证主治四字者，气、血、痰、郁也。丹溪治法，气用四君子汤，血用四物汤，痰用二陈汤，郁用越鞠丸，参差互用，各尽其妙。薛立斋从而广之，气用补中，而参以八味，益气之源也。血或四物，而参以六味，壮水之主也。痰用二陈，而兼以六君，补脾土以胜湿，治痰之本也。郁用越鞠，而兼以逍遥，所谓以一方治木郁，而诸郁皆解也。用药之妙，愈见精微，以愚论之：气虚者，宜四君辈，而气实者，则香苏、平胃之类可用也。血虚者，宜四物辈，而血实者，则手拈、失笑之类可用也。寻常之痰，可用二陈辈，而顽痰胶固，致生怪证者，自非滚痰丸之类不济也。些小之郁，可用越鞠、逍遥辈，而五郁相混，以致腹膨肿满，二便不通者，自非神佑、承气之类弗济也。大抵寻常治法，取其平善，病势坚强，必须峻剂以攻之。若一味退缩，则病不除，而不察脉气，不识形情，浪施攻击，为害尤烈。务在平时，将此气、血、痰、郁四字反复讨论，曲尽其情，辨明虚实寒热、轻重缓急，一毫不爽，则临证灼然，而于治疗杂证之法，思过半矣。

【点评】中医把内科疾病分为外感时病和内科杂病两大类。内科杂病的病因复杂，多系内伤，其病理变化多端，临证辨治易杂乱迷茫。程氏善于从复杂的病理因素中抓住主要矛盾，在吸纳朱丹溪、薛立斋等辨证经验的基础上，确立了自己的杂证辨治观念，归纳起来为"气、血、痰、郁"四字。何其精妙！

丹溪治气用四君，治血用四物，治痰用二陈，治郁用越鞠；薛己在此基础上分别对方药加以扩充。程氏则在前人的基础上，结合自己的临证思考，提出自己的辨证思路，即治气血宜分虚实，治痰郁宜分轻重。气虚宜四君辈，气实宜香苏、平胃之类；血虚宜四物辈，血实宜手拈、失笑之类；寻常之痰宜二陈辈，胶固顽痰宜滚痰丸之类；郁之轻证，可用越鞠、逍遥辈，郁之重证用神佑、承气之类。并强调，习医者在平时要反复研习琢磨气、血、痰、郁的病理变化，"曲尽其情，辨明虚实寒热、轻重缓急，一毫不爽，则临证灼然"，疗效自当卓著。

由是可见，程氏对前人的经验既有继承，又有创新，看似简单的辨治方法，经其分析点拨，则玄机大开，于临证医者辨治、学习和思考大有裨益。

入门辨证诀

凡看证之法，先辨内伤外感，次辨表里，得其大概，然后切脉问症，与我心中符合，斯用药无有不当。

口鼻之气，可以察内伤外感。身体动静，可以观表里。口鼻者，气之门户也。外感则为邪气有余。邪有余，则口鼻之气粗，疾出疾入。内伤则为正气虚弱。正气虚，则口鼻之气微，徐出徐入。此决内外之大法也。

动静者，表里之分也。凡发热，静而默默者，此邪在表也。若动而躁，及谵语者，此邪在里也。而里证之中，复有阴阳之分。凡病人卧，须看其向里向外睡，仰睡覆睡，伸脚蜷脚睡。向里者阴也，向外者阳也；仰者多热，覆者多寒；伸脚者为热，蜷脚者为寒。又观其能受衣被与否。其人衣被全覆，手脚不露，身必恶寒。既恶寒，非表证，即直中矣。若揭去衣被，扬手露脚，身必恶热。既恶热，邪必入腑矣。此以身体动静并占其寒热也。然又有阳极似阴，其人衣被全覆，昏昏而睡。复有阴极似阳，假渴烦躁，欲坐卧泥水中。此乃真热假寒、真寒假热之象，尤不可以不辨。

【点评】若说程氏在"寒热虚实表里阴阳辨"里为临证辨治梳理了大纲，那么"入门辨证诀"则为医者辨证提供了具体方法和技巧。学习和领悟这些辨证技巧，是习医者临证入门、提高辨治能力的捷径之一。

程氏认为，临证辨治首先要辨内伤外感，其次辨表里寒热，然后合参问诊、脉诊，才能做到辨证有方，"斯用药无有不当"。

如何辨证？程氏提出"口鼻之气，可以察内伤外感。身体动静，可以观表里"，并对口鼻之气的粗细疾徐、身体动静的特征加以描述，更提示详辨真热假寒、真寒假热之象是为临证辨治之要点。

程氏随后对面、鼻、唇口、耳、目、舌、身、胸、腹、小腹等不同部位之色泽、动态等病态特征进行了阐释，既有对疾病症状征象的描述，又有引经据典的辨析。医者若能熟知，临证当不至惑，疗效当无差忒。

色

《内经》曰：脉以应月，色以应日。色者，视之易见者也。如伤风，阙庭必光泽。伤寒，阙庭必暗晦。面青黑为寒，为直中阴证，紫赤为热，为传经里证。若已发汗后，面赤色盛，此表邪出不彻也，当重表之。又阴盛格阳，阖面赤色，是为戴阳之候，宜急温之，以通阳气。大抵黑色见者多凶，为病最重；黄色见者多吉，病虽重可治。《经》云：面黄目青，面黄目赤，面黄目白，面黄目黑者，皆吉。盖黄属土，今恶症虽见，犹未绝，故可救。若面青目赤，面赤目白，面青目黑，面黑目白，面赤目青，皆难治也。言无土色，则胃气已绝。凡天庭、印堂、年寿等处，黑色枯槁者凶，黄色明润者吉。然人有五色，不能齐等。《经》云：五色者，气之华也。赤欲如白裹朱，不欲如赭。白欲如鹅羽，不欲如盐。青欲如苍璧之泽，不欲如蓝。黄欲如罗裹雄黄，不欲如黄土。黑欲如重漆色，不欲如地苍。五色之欲者，皆取其润泽，五色之不欲者，皆恶其枯槁也。《经》又云：五色精微象见矣，其寿不久也。言五色固不宜枯槁，若五色之精华尽发越于外，而中无所蓄，亦非宜也。大抵五色之中，须以明润为主，而明润之中，须有蕴蓄。若一概发华于外，亦凶兆也。察色之妙，不过是矣。

鼻

《经》曰：五色决于明堂。明堂者，鼻也。故鼻头色青者，腹中痛。微黑者，有痰饮。黄色者，为湿热。白色者，为气虚。赤色者，为肺热。明亮者，为无病也。若伤寒鼻孔干燥者，乃邪热在阳明肌肉之中，久之必将衄血也。病人欲嚏而不能者，寒也。鼻塞浊涕者，风热也。鼻息鼾睡者，风温也。鼻孔干燥，黑如烟煤者，阳毒热深也。鼻孔出冷气，滑而黑者，阴毒冷极也。凡病中鼻黑如煤，乃大凶之兆。若见鼻孔煽张，为肺气将绝之证也。凡产妇鼻起黑气，或鼻衄者，为胃败肺绝之危候，古方用二味参苏饮加附子以救之，多有得生者。

唇口

唇者，肌肉之本，脾之华也。故视其唇之色泽，可以知病之深浅。干而焦者，为邪在肌肉，焦而红者吉，焦而黑者凶。唇口俱赤肿者，肌肉热甚也。唇口俱青黑者，冷极也。口苦者，胆热也。口甜者，脾热也。口燥咽干者，肾热也。口噤难言者，或为痉，为痰厥，为中寒，不相等也。又狐惑证，上唇有疮，为惑，虫食其脏；下唇有疮，为狐，虫食其肛也。若病中见唇舌卷，唇吻反青，环口黧黑，口张气直，或如鱼口，或气出不返，或口唇颤摇不止，皆难治也。

耳

耳者，肾之窍。察耳之枯润，知肾之强弱。故耳轮红润者生，枯槁者难治。薄而白，薄而黑，薄而青，或焦如炭色者，皆为肾败。若耳聋及耳中痛，皆属少阳，此邪在半表半里，当和解之。若耳聋、舌卷、唇青，此属厥阴，为最重也。

目

目者，五脏精华之所注，能照物者，肾水之精也。热则昏暗，水足则明察秋毫。如常而了然者，邪未传里也。若赤、若黄，邪已入里矣。若昏暗不明，乃邪热在内，消灼肾水，肾水枯竭，故目不能朗照，急用大承气汤下之。盖寒则目清，未有寒甚而目不见者也。凡开目欲见人者，阳证也。闭目不欲见人者，阴证也。目瞑者，将衄血也。目睛黄者，将发黄也。至于目反上视，横目斜视，瞪目直视，及眼胞忽然陷下者，为五脏已绝之证也。凡杂病，忽然双目不明者，此气脱也。《经》云：气脱者目不明。此气虚也，丹溪用人参膏主之。《经》又云：脱阴者目盲。此血脱也，邪热则下之，血虚则补之，以救肾水也，然此证已为危险之候。

舌

舌者，心之窍。凡伤寒证，津液如常，此邪在表而未传里也。见白苔而滑，邪在少阳半表半里之间也。见黄苔而干燥，邪已入里，胃腑热甚也，宜下之。见黑苔芒刺，破裂干枯，邪热盛极，肾水枯涸，至重之候也，宜急下之。若舌黑津润，不破裂干燥，此直中寒证也，宜急温之。夫寒证舌黑，本色也。而热证反赤为黄，反黄为黑者，何也？盖热极反兼水化，若燔柴燃火变成炭，至危之候也。凡舌肿胀，或重舌、木舌、舌生芒刺、舌苔黄燥，皆热甚也。凡舌硬、舌强、舌短缩、舌卷、神气昏乱、语言不清者，皆危证也。又阴阳易病，吐舌数寸者，危恶已甚也。

身

大抵病人身轻，自能转侧者，为轻。若身体沉重，不能转侧者，为重。然中湿、风湿、感寒，皆主身重疼痛，须以兼症辨之。若阴证身重，必厥冷而蜷卧，无热恶寒，闭目不欲向明，懒见人也。又阴毒身痛如被杖，身重如山而不能转侧也。大抵热则流通，身轻无痛。寒则凝塞，故身重而痛也。若手足抽搐，角弓反张者，痉也。若头重视身，此天柱骨倒而元气败也。若头摇而不止，发直，如妆，头上窜，皆绝证也。凡病中循衣摸床，两手撮空，此神去而魂乱也。凡病人皮肤润泽者生，枯槁者危。若大肉尽脱，九候虽调，犹难治也。

胸

凡看伤寒，欲知邪之传与不传，先看目、舌，次问病人胸前痛胀否，若不痛满，知邪气在表。若胀满未经下者，即半表半里证也。已下过而痛甚者，恐成结胸也。故胸者，可以知邪之传与不传也。

腹

腹者，至阴也，乃里证之中，可以辨邪之实与不实也。既问胸前明白，次则以手按其腹，若未痛胀者，知邪未曾入里，入里必胀痛。若邪在表及半表半里，腹焉得痛胀乎？若腹胀不减及里痛不止，此里证之实，方可攻之。若腹胀时减，痛则绵绵，此里证犹未实也，但可清之。故腹者，可以知邪之实与不实也。若直中腹痛，则不由阳经传来，此为冷气在内，脉必沉迟，急当温之。

小腹

小腹者，阴中之阴，里证之里，可以知邪之必结实也。既问胸腹，后以手按其小腹。盖小腹藏糟粕之处，邪至此，必结实。若小腹未硬痛者，知非里实也。若邪已入里，小腹必硬痛，硬痛而小便自利，大便黑色，蓄血证也，宜桃仁承气攻之。若小腹绕脐硬痛，小便数而短者，燥粪证也，当以大承气攻之。若小腹胀满，大便如常，恐属溺涩而不通，宜利其小便。

凡看病先观形色，次及耳、目、口、鼻、唇、舌、身体，次问胸、腹及小腹，则病证病情了然矣。

第二卷

伤寒门

【点评】程氏以精通经典理论、善于领悟创新而著称医界。《医学心悟》不仅在第二卷立专卷阐述其学用《伤寒论》的心得，在首卷中还有4篇关于《伤寒论》的论文，涉及伤寒的著述约占全书的1/4，且在全书各章节论述常常引用仲景的学术理论和观点，足见程氏对仲景学说的重视和喜爱。程氏研究参悟《伤寒论》的特点和心得主要有以下几个方面：

1. 钟情伤寒，深钻精思。程氏对仲景学说推崇备至，在《医学心悟》之《凡例》中，开篇即说"医道自《灵》《素》《难经》而下，首推仲景，以其为制方之祖也"，足见仲景学说在其心中的重要地位。程氏治学严谨，深研伤寒，"凡书理有未贯彻者，则昼夜追思""读书明理不至于豁然大悟不止"。他常年研读伤寒诸书，自述"读仲景书数十年，颇有心得"，又曰"予寝食于兹者，三十年矣。得之于心，应之于手，今特指出而发明之"，其收获成效著述于有关伤寒的诸篇论述之中。如在论及仲景寒热病症治疗特色时，程氏认为："长沙用药寒因热用，热因寒用，或先寒后热，或先热后寒，或寒热并举，精妙如神，良法具在"。能获得如此心悟，非熟读精研、孜孜不倦、融会贯通，莫能领悟仲景治法之精妙。

2. 善于总结，高度概括。程氏研习中医经典以善于总结、概括精练见长，其论文著述常常有提纲挈领、执简驭繁的特点，有关《伤寒论》的论文著述尤其如此。如在论述伤寒的辨证纲领时，程氏提出"凡看伤寒，以传经、直中四字为纲领"，把伤寒致病的途径和演变规律一分为二，可谓思路清晰，纲举目张；程氏主张"伤寒主治四字论"，曰"予更即表、里、寒、热四字，举八言以晰之，伤寒千变万化，总不出此"，由"表里寒热"四字推衍出"表寒、里寒、表热、里热、表里皆热、表里皆寒、表寒里热、表热里寒"八言，给医者临证辨治伤寒提供了简洁明了的思路；针对"伤寒诸书，以经为腑，以腑为经，混同立言，惑人滋甚"的状况，程氏"特设'经腑论'而详辨之"；其倡导的"伤寒六经见证法"及"阴证有三说"同样以寥寥数语即归纳出伤寒辨证之要领，实乃精练之至。

3. 遵循仲景，长于活用。程氏是仲景学说的忠实拥护者，他深入研习《伤寒论》数十年，深得伤寒辨证要领，在遵循仲景理法方药的同时，更强调灵活运用，倡导师承其法，不泥其方，并在临证中结合自己的体验，每每有创新发明。在理论方面，有"伤寒主治四字论""传经直中纲领论"及"经腑论"等独到见解；在临证中，更有诸多经验探索，并以良好的临床疗效为后人所认可和广泛应用。如太阳经证，程氏遵循仲景，伤寒用麻黄汤，伤风用桂枝汤。由于二方均有较严格的适应证，程氏遂结合天时、地理和体质等综合因素，自拟加味香苏散用于四时感冒，"不论冬月正伤寒，及春、夏、秋三时感冒，皆可取效"，并对临证加减予以详细说明，对医者临证有良好的指导作用。"然时移世易，读仲景书，按仲景法，不必拘泥仲景方"是程氏活用创新的具体体现。

4. 伤寒专卷，自成特色。程氏在首卷中明确了伤寒辨证纲领，提出了伤寒主治四字论和经腑论，更立《伤寒门》专卷，系统阐述自己的伤寒辨证心悟。在伤寒专卷各论中，程氏以经腑和传经直中为纲，按经证、腑病、合病、直中证、两感证及伤寒兼证次序论述。程氏在专卷中的辨析主题明确，论据充分，具有鲜明的特色：一是善于采用设问自答的方式，从多角度、多层次加以分析，具有很强的目的性和针对性；二是注重引经据典，既引用仲景原意分析说明，又引用《内经》条文加以论证，并适时引述历代医家观点予以佐证；三是辨析论述简明扼要，条理清晰，说理透彻，主动参入其个人的临证辨治心得，对关键性的鉴别要点强调说明，对后来习医者颇有启迪。

总之，程氏对伤寒的研究独具特色，自成一体，可用"深、简、细、验、活"五字概括。深者，反复研读，昼夜追思，力求心悟，"不至于豁然大悟不止"；简者，善抓本质，观点精准，语言简练，重在得其精义，绝不节外生枝；细者，善抓主症，对比分析，细辨详明，避免主次不分；验者，边学边用，反复实践，反复验证，积累丰富经验，临证得心应手；活者，遵仲景之理法，活用其方药，善于领悟，长于变通，临证辨治每获良效。

伤寒类伤寒辨

伤寒者，冬令感寒之正病也。类伤寒者，与伤寒相似而实不同也。世人一见发热，辄曰伤寒，率尔发表，表之不去，则以和解、清凉诸法继之。其间有对证而即愈者，有不对证而不愈者，有幸愈而垂危复生者，皆由施治之初，辨证未明也。夫有一病，即有一证，初时错治，则轻者转重，重者转危，即幸安全，性命已如悬缕，大可惧耳。予因著"六气相杂须辨论"，提醒斯世。兹更反复叮咛，条列于下，俾入门诊视，先取而明辨之。初剂不差，胜于救逆良多矣。学者其致思焉。

霜降以后，天令严寒，感之而既病者，正伤寒也。其证发热恶寒，头项痛，腰脊强，身体痛。但脉浮紧、无汗为伤寒，脉浮缓、有汗为伤风。寒用麻黄汤，风用桂枝汤。予以加味香苏散代之。随手而愈。

冬时感寒不即发，伏藏于肌肤，至春因温气感触而发者，曰温病。春犹不发，至夏因热气感触而后发者，曰热病。其证头痛发热，与正伤寒同，但不恶寒而口渴，与正伤寒异尔，柴葛解肌汤主之。

四时之中，有不头痛发热，卒然恶寒厥冷，口鼻气冷，呕吐痛泻，面青、脉迟者，中寒也，姜附汤主之。

冬时当寒不寒，乃更温暖，因而衣被单薄，以致感寒而病者，冬温也。冬温之证，表寒内热，香苏散加清药主之。

夏秋之间，天时暴寒，人感之而即病者，时行寒疫也。亦有时非寒疫，而其人乘风取冷，遂至头痛发热者，名曰感冒。其见证与正伤寒略同，但较轻尔，香苏散主之。

夏月有病头痛身热，自汗烦渴者，伤暑也，加减香薷饮主之。暑证与热病相似，但热病初起无汗，暑病初起自汗，热病脉盛，暑病脉虚，此为异尔。然有伤暑、中暑、闭暑之别，治法详本门。

夏月有病头痛发热，身重腹满，谵语自汗，两胫逆冷者，湿温也。其人常伤于湿，因而中暑，暑湿相搏，名曰湿温。切忌发汗，汗之名重暍，为难治，苍术白虎汤主之。按伤寒发厥，胫冷臂亦冷；湿温发厥，胫冷臂不冷，以此为别。

头痛身热与伤寒同，而其人身重，默默但欲眠，鼻息鼾，语言难出，四肢不收者，风温也。不可发汗，加减葳蕤汤主之。

发热恶寒似伤寒，而脉细身重，不能自转侧，或头汗出者，风湿也。不呕不渴，桂枝加附子汤主之。

病人呕吐而利，或头痛腹痛，恶寒发热者，霍乱也，藿香正气散主之。

病人身热面赤，目脉赤，项强，独头摇，卒然口噤，背反僵者，痉也。无汗为刚痉，有汗为柔痉，加减续命汤主之。痉病有外感、内伤之异，有三阳、三阴之别，详见本门。

发热似伤寒，但身不痛，右手气口脉紧，中脘痞闷，嗳腐吞酸者，此伤食也，保和汤主之。

病人烦热似伤寒，而脉来虚软无力，头痛时止时作，肢体倦怠，语言懒怯者，虚烦也，补中益气汤主之。

病痰喘似伤寒，但胸满气急，脉弦滑者，痰也，二陈汤主之。痰亦有挟风寒而发者，宜加散剂。

恶寒发热与伤寒相似，而病起自脚，两胫肿满者，脚气也。脚气不离乎湿，槟榔散主之。然亦有两足忽然枯细者，俗名干脚气，此为风燥之证，四物加牛膝、木瓜主之。

病人脉浮数，发热恶寒，痛偏着一处，饮食如常者，蓄积有脓也。外痈、内痈皆见此候。何谓内痈？大抵口内咳，胸中隐隐而痛，吐唾腥臭者，肺痈也。腹皮膨急，按之则痛，便数如淋，转侧作水声者，肠痈也。胃脘隐隐而痛，手不可近，时吐脓者，胃脘痈也。书云：呕家有脓不须治，呕尽脓自愈。不可误也。

发热似伤寒，而其人或从高坠下，跌扑损伤，或盛怒叫呼，七情过度，或过于作劳，以致胸、腹、胁间有痛处，着而不移，手不可按者，蓄血也，泽兰汤主之。此与痈肿有别也。

以上诸证，有与伤寒相类而治法不同者，有与伤寒相似而实不同类者，亦有伤寒与杂证相兼而互至者，务在临病之初，辨明投剂，庶一匕回春，实实虚虚之祸可免矣。

【点评】针对"世人一见发热，辄曰伤寒"的迷糊乱象，程氏在《伤寒门》专卷之首以"伤寒类伤寒辨"对伤寒之本义及类证进行了鉴别，为医者临证提供了良好的辨治依据。

程氏首先明确了伤寒的本义乃"冬令感寒之正病也"，类伤寒则指疾病的症状与正伤寒相似而并非冬令时节感受风寒致病。伤寒之正病以发热恶寒、头身疼痛为主症，而这些症状亦可见于其他外感时邪或内伤疾病中，故常易混淆。程氏遂列专篇加以辨析，以"俾入门诊视，先取而明辨之"，从而达到"初剂不差，胜于救逆良多矣"之初衷。

程氏的辨析紧紧围绕发热恶寒、头身疼痛等主症，按正伤寒、四时外感病及内伤疾病顺序展开。在具体阐述中，程氏在重申了正伤寒的主症、脉象、方药后，逐一论述了类伤寒的鉴别诊治。在分论中，程氏首先提出类伤寒的主症，然后描述有别于正伤寒的本病特征性症状或体征，以兹鉴别，随后给出方药，可谓一线贯通，清晰明了，于习医者临证鉴别大有裨益。

程氏特别善于抓住疾病的本质特征，对类伤寒的特征性症状、脉象描述准确，涉及四时外感疾病11个、内伤疾病8个，突显出其深厚的理论根基和丰富的临证经验。

全篇论述呈现出紧扣主题、思路清晰、善抓特色、简单明了的特点，若能认真领会，灵活运用，当不负程氏的良苦用心，以实现其"在临病之初，辨明投剂，庶一匕回春，实实虚虚之祸可免矣"之期望。

伤寒六经见证法

六经者，太阳、阳明、少阳、太阴、少阴、厥阴也。三阳有经、有腑，三阴有传、有中。有太阳之经，即有太阳之腑，膀胱是也。有阳明之经，即有阳明之腑，胃是也。有少阳之经，即有少阳之腑，胆是也。然胆为清净之腑，无出入之路，故治法如经也。三阴有传经者，由三阳而传入三阴，此热邪也。有直中者，初起不由阳经传入，而直中三阴，此寒邪也。兹数者，乃伤寒见证之纲领也。

【点评】程氏在分述六经辨证之前，用最简洁的语言对伤寒论六经辨证理论做了概括。特别提出三阳有经、有腑，三阴有传、有中。三阳之腑，即膀胱、胃、胆；三阴传经者，由三阳传入三阴，属热邪；三阴直中者，外邪不经三阳而直中阴经，属寒邪。伤寒辨证之纲领一目了然。

太阳经证

太阳经病，头痛、发热、项脊强、身体痛，鼻鸣、干呕、恶风、自汗、脉浮缓者，名曰中风，宜解肌，桂枝汤主之。若前症悉具，恶寒、无汗、脉浮紧，或喘嗽者，名曰伤寒，宜发表，麻黄汤主之。

桂枝汤方

桂枝一钱五分，去皮　芍药一钱五分　甘草一钱，炙　生姜一钱五分　大枣四枚，去核

上五味㕮咀，以水四大钟，微火煮取二钟半，去滓，温服。服已，须臾啜稀粥数升以助药力。温覆，令一时许，遍身漐漐微似有汗者益佳，不可令如水流漓，病必不除。若一服汗出病瘥，停后服。若不汗，更服，依前法。若病重者，一日一夜周时观之，若病证犹在者，乃服至二三剂。禁生冷、黏滑、肉面、五辛、酒、酪等物。

麻黄汤方

此方不宜于东南，多宜于西北。西北禀厚，风气刚劲，必须此药开发，乃可疏通，实为冬令正伤寒之的剂，若东南则不可轻用，体虚脉弱者受之，恐有汗多亡阳之虑。

麻黄四钱，去节　桂枝二钱，去皮　甘草一钱，炙　杏仁十二枚，泡，去皮尖

上四味，以水四大钟，先煮麻黄减一钟，去上沫，纳诸药，煮取二钟，去滓温服，覆取微似汗，不须啜粥，余如桂枝汤法。

加味香苏散

有汗不得服麻黄，无汗不得服桂枝。今用此方以代前二方之用，

药稳而效，亦医门之良法也。不论冬月正伤寒，及春、夏、秋三时感冒，皆可取效。

其麻黄汤，若在温热之时，则不可妄用，又体虚气弱，腠理空疏者，亦不可用。其桂枝汤，乃治太阳经中风自汗之证。若里热自汗者，误用之，则危殆立至。又暑风证，有用白虎汤加桂枝者，桂枝微，石膏重，不相妨也。更有春温、夏热之证，自里达表，其证不恶寒而口渴，则不可用桂，宜另用柴葛解肌之类，或以本方加柴、葛及清凉之味。

大凡一切用药，必须相天时，审地利，观风气，看体质，辨经络，问旧疾，的确对证，方为良剂。

紫苏叶_{一钱五分}　陈皮　香附_{各一钱二分}　甘草_{七分，炙}　荆芥　秦艽　防风　蔓荆子_{各一钱}　川芎_{五分}　生姜_{三片}

上锉一剂，水煎温服，微覆似汗。

前证若头脑痛甚者，加羌活八分，葱白二根。自汗恶风者，加桂枝、白芍各一钱。若在春夏之交，惟恐夹杂温暑之邪，不便用桂，加白术一钱五分。若兼停食，胸膈痞闷，加山楂、麦芽、卜子各一钱五分。若太阳本证未罢，更兼口渴、溺涩者，此为膀胱腑证，加茯苓、木通各一钱五分。喘嗽加桔梗、前胡一钱五分，杏仁七枚。鼻衄，或吐血，本方去生姜，加生地、赤芍、丹参、丹皮各一钱五分。咽喉肿痛，加桔梗、蒡子各一钱五分，薄荷五分。便秘，加卜子、枳壳。若兼四肢厥冷，口鼻气冷，是兼中寒也，加干姜、肉桂之类，虽有表证，其散药只用一二味，不必尽方。若挟暑气，加入知母、黄芩之类。干呕、发热而咳，为表有水气，加半夏、茯苓各一钱五分。时行疫疠，加苍术四分。梅核气证，喉中如有物，吞不入，吐不出者，加桔梗、苏梗各八分。妇人经水适来，加当归、丹参。产后受风寒，加黑姜、当归，其散剂减去大半。若禀质极虚，不任发散者，更用补中兼散之法。

柴葛解肌汤

治春温、夏热之病，其证发热头痛，与正伤寒同，但不恶寒而口渴，与正伤寒异耳。本方主之。

柴胡一钱二分　葛根一钱五分　赤芍一钱　甘草五分　黄芩一钱五分　知母一钱　贝母一钱　生地二钱　丹皮一钱五分

水煎服。心烦加淡竹叶十片，谵语加石膏三钱。

头痛

问曰：头痛何以是太阳证？答曰：三阳经上至于头，皆有头痛。惟太阳经脉最长，其痛居多，故头痛为表证。又问曰：三阳头痛有别乎？答曰：太阳之脉，从巅入络脑，还出别下项，循肩膊内，夹脊抵腰中。故太阳头痛，头脑痛而连项脊也。阳明之脉，起于鼻，络于目，交额中。凡阳明头痛，头额痛而连面目也。少阳之脉，起于目锐眦，下耳后。凡少阳头痛，耳前后痛而上连头角也。以此为别。

又问曰：三阴本无头痛，今见直中证，亦有头痛，何也？答曰：此直中而兼外感也。

又问曰：伤寒传经至厥阴，亦有头痛，何也？答曰：厥阴证，头痛脉浮，是里邪达表，欲得汗解也，宜微表之。

又问曰：阳明腑病，口渴便闭，亦有头痛，何也？答曰：阳明之经络于头目，因其腑热熏蒸，上攻于头目之间，以致头痛。夫经病可以传腑，腑病亦可以连经，此相因之至理。然必其实有腑证，方可用白虎清之。若在恶寒发热初起之时，则为外感风寒，不得与阳明腑病同类混称也。

项脊强

问曰：项脊强何以是太阳证？答曰：项脊者，太阳经所过之地。太阳病则项脊强也。

又问曰：仲景云：结胸证，项脊强，如柔痉状，何谓也？答曰：本太阳病，为医误下而成结胸，胸中胀痛，俯仰不舒，有似于项强，非真项强也。盖太阳项强，强在项后，经脉拘挛而疼痛，胸无病也。结胸项强，强在项前，胸中俯仰不舒，项无病也。且结胸证，误下而后成；太阳病，初起而即见，自不同耳。

身痛

问曰：身痛何以是太阳证？答曰：人身之中，气为卫，血为荣，风则伤卫，寒则伤荣，风寒客之，则荣卫不通，故身痛。《经》云：寒甚则痛，热甚则肉消咽破。凡《内经·举痛》诸证，皆以寒名，未有以热而曰痛者也。故见身痛，即宜用辛甘发散，令气血流通而痛愈耳。

又问曰：身痛既为表证，诸书言里证亦有身痛，何也？答曰：里证身痛，属直中而不属传经也。寒邪直侵脏腑，阳气衰微，气血凝滞，致有身痛，宜急温之。若传经里证，则属热，热主血行，则无身痛。总之，外有头痛发热，而身痛如绳束者，太阳表证也。无头痛发热，而身痛如受杖者，直中寒证也。一发散，一温中，若误投之，终难取效，可不辨乎？

四肢拘急

问曰：四肢拘急，何以是太阳证？答曰：寒主收引，热主舒伸，天道之常。秋冬则万物敛藏，春夏则万物发舒，此定理也。《内经》曰：寒则筋挛骨痛，热则筋弛肉缓。故拘急为太阳感寒证。

又问曰：里证亦有拘急，何也？答曰：直中阴证，脏受寒侵，经脉因而敛束。若传经入里，则为热，热则体舒，又焉得拘急乎？总之，发热头痛而拘急者，太阳证也。无发热头痛而拘急者，直中证也。仲景治法，太阳表证及风湿相搏而见挛急者，皆处以桂枝加附子汤、甘草附子汤之类，矧三阴直中者乎？亦有汗、吐、下后，四肢拘急者，此津液内竭，血不能荣润筋骨，或补或温，相机而行也。

又问曰：拘急属寒，固无疑矣。常见内热极甚，身如枯柴，四肢僵硬，不能屈伸者，何也？答曰：此热甚血枯，肝脏将绝之候，名曰搐搦，非拘急也。仲景云：四肢漐习，唇吻反青，为肝绝。此之谓也。

发热

问曰：发热何以是表证？答曰：风寒郁于腠理，则闭塞而为热。翕翕然作，摸之烙手，此热即发于皮肤之外，而脏腑无热，名曰表病里和。试以《内经》诸论证之，曰：风寒客于人，使人毫毛毕直，皮肤闭而为热，可汗而已。又曰：因于寒，体若燔炭，汗出而散。又曰：人之伤于寒也，则不免于病热，大汗热自解也。由是观之，热之属表明矣。故一见发热，即属表邪未解，虽一月、半月之久，还当发散。

又问曰：发热固为表邪，倘谵语发狂，里证复急者，治从表乎？从里乎？答曰：《经》云解表不开，切勿攻里，攻之为大逆。若里证甚急，须用清中兼表之法，加芩、连、知母之类以清里，而用荆、防、葛根之类以发表。大便闭结，里热极甚者，先用清散之法，然后用大柴胡汤下之。攻散并行，不相妨也。

又问曰：温热病亦发热，不用麻黄、桂枝而用柴葛以解之，何也？对曰：温热病者，寒邪伏于肌肤之间，酝酿成热，一旦自里达表，其证但发热、不恶寒而口渴，故用柴葛解肌汤辛凉以散之，不用麻黄、桂枝之辛温以助热邪也。然既曰解肌，即为表证设，亦未尝以发热为里证也。

又问曰：据子之言，凡发热皆在阳经而不在阴经。仲景云：少阴证，反发热者，当用麻黄附子细辛汤。何以故？对曰：少阴发热者，表里皆寒，是直中而兼外感，非传经少阴也。故用麻黄、细辛、附子温中发散，令表里两解。夫直中少阴，本无发热，而曰反发热者，盖兼太阳表证也。

总之，传经入里而发热，清药中必兼发散；直中入里而发热，温药中必兼发散。可见，发热属表证，无可疑惑。故曰：三阴无头痛，无身热。

恶寒

或曰：恶寒何以是表证？答曰：人身外为阳为表。寒邪属阴，由表虚为寒所乘，名曰阴盛阳虚也。阳虚不能温其肤卫，致表空虚，虽在密室，亦引衣盖覆，谓之恶寒。《经》云：阴盛阳虚，汗之则愈。故恶寒属表证。

又问曰：诸书言里证亦恶寒，何也？答曰：里证恶寒，直中也，非传经也。传经入里则为热邪，必然恶热，岂有恶寒之理。然太阳恶寒与直中恶寒，何以别之？病人头痛发热而恶寒者，表证也。无头痛发热而恶寒者，直中里证也。《经》曰：发热恶寒，发于阳。无热恶寒，发于阴也。

又问曰：阳明腑病，口燥渴而背微恶寒者，岂非传经里证乎？答曰：恶寒者，表未尽也，因其燥渴之甚，故用白虎加人参汤，此活法也。仲景云：发热无汗，表未解者，不可与白虎汤。渴欲饮水，无表证者，白虎加人参汤主之。此证微恶寒，则表邪将解，口燥渴，则里热已炽，故用此方。设口不燥渴，亦安得而用之乎？

又问曰：误下而成结胸，胀痛甚急，倘恶寒者，何以治之？答曰：结胸为医误下而成，今恶寒者，是表邪未尽结于胸中，必先解表，方服陷胸汤、丸。若误攻之，表邪又结于胸，则更危矣。故结胸证，有一毫恶寒，必先散之，而后攻之。可见恶寒属太阳表证也。

喘

问曰：喘何以是太阳证？答曰：肺主皮毛，司气之升降。寒邪侵于皮毛，肺气不得升降，故喘。试以麻黄汤论之，内有杏仁，为定喘设也。又云：喘家作桂枝汤，加厚朴、杏子佳。明言喘属表邪也。

又问曰：喘既为肺为表，《指掌赋》云喘满而不恶寒者，当下而痊。何也？答曰：传经里证，内热闭结，大便不通，热气上冲，致肺金清肃之令不得下行，因而喘急。此因胃热攻肺，故可下之，俾其热气流通而喘定矣。然或有恶寒等症，则不可遽攻，恐成逆候。

又问曰：阴证喘促者，何以治之？答曰：阴证喘者，乃少阴中寒，真阳衰微，肾不纳气，以致四肢厥冷，脉沉细，气促而喘急，宜理中、四逆以温之，八味以佐之。若汗出发润，喘不休者，为难治也。

脉浮

或问曰：脉浮何以是太阳表证？答曰：按之不足，举之有余，故曰浮。《内经》曰：寸口脉浮，主病在外。浮而紧者为伤寒，浮而缓者为伤风。皆主表邪也。设若邪气入里，则脉必沉，又焉得浮？故浮脉为太阳表证。

又问曰：脉浮固属表证，倘里证见而脉尚浮者，治当何如？答曰：里证脉浮，恐表邪未尽也，必先解表而后攻里。书云：解表不开，切勿攻里。仲景云：结胸证，脉浮者不可下。可见脉浮为在表矣。然有表证已罢，便闭谵语，腹痛口渴，而脉尚浮者，又当从权下之。仲景云：脉浮而大，有热，属脏者，攻之，不令发汗。此之谓也。此取证不取脉也。

脉伏

问曰：脉不出，何以是表证？答曰：脉者血之府，热则血行，岂有脉伏之理。惟表受寒深，故脉伏。一手无脉曰单伏，两手无脉曰双伏。外显太阳证，而脉伏不出者，寒气闭塞也。然此实将汗之机，欲愈之候也。书云：天气燠蒸，必有大雨。雨过而天气清，犹汗出而精神爽也。

又问曰：里证脉伏者何也？答曰：里证脉伏，惟直中有之，亦寒气闭塞也。宜用四逆汤加猪胆汁、葱白以温之。若传经里证则属热，热则血行，何得脉伏！

又问曰：亦有阳证脉伏者，何也？答曰：阳证脉伏者，乃郁热极深，反见假寒之象。脉涩滞之甚，似伏而非伏也。然必有唇焦口燥、饮冷便闭诸症，与阴寒脉伏者相隔霄壤。又或有痛处，痛极则脉伏，痛止则脉出也。至于寻常脉伏，非表证即直中矣。

【点评】程氏对《伤寒论》六经辨证各论的辨析很有特色，分述伤寒经腑证候的主症和主方，阐述个人经验和感悟，逐一分析各证候的成因与鉴别等，层次分明，易于理解应用。其中太阳经证的辨析就充分体现了这一特色，具体分析如下：

1. 主症与主方叙述明确简洁。头痛、发热、项脊强、身体痛乃伤寒太阳经证的主症，兼见恶风、自汗、脉浮缓为中风，方用桂枝汤；兼见恶寒、无汗、脉浮紧为伤寒，方用麻黄汤。

2. 临证遣方用药有创新发展。程氏在研习仲景方药过程中，遵循仲景"有汗不得服麻黄，无汗不得服桂枝"之训，根据患者居住地理环境和体质强弱的不同，结合自己的临证经验，创制加味香苏散，作为四时感冒之通用方，体现其"按仲景法，不必拘泥仲景方"之主张。

3. 症状辨析与鉴别深入周全。程氏在《伤寒门》各论中对伤寒症状的辨析很有特点：

一是通过设问，逐一回答症状产生的原因和特点。如太阳头痛，"惟太阳经脉最长，其痛居多，故头痛为表证"，根据其经络循行，太阳头痛多连项脊。

二是对相同或相似症状提出鉴别要点。如三阴本无头痛，若三阴直中见头痛者，是"直中而兼外感也"，与太阳头痛不同，应无发热等症。

三是论述中常常熟练地引经据典。如在阐述身痛病机时，引《内经》"寒甚则痛"，指出"凡《内经·举痛》诸证，皆以寒名，未有以热而曰痛者也"，风寒客之、荣卫不通即为太阳伤寒身痛的病因病机。

四是临证辨治用药经验丰富。如程氏在临证运用加味香苏散时，强调"大凡一切用药，必须相天时，审地利，观风气，看体质，辨经络，问旧疾"，临证针对疾病的不同程度、发病时令、兼证体质等，对疾病辨治用药给出了 17 个加减方案，展示了其坚实的理论功底和丰富的临证经验，对医者临证有极大的指导作用。

阳 明 经 证

阳明经病，目痛、鼻干、唇焦、漱水不欲咽、脉长，此阳明本经证。其经去太阳不远，亦有头痛发热，宜用葛根汤解肌，不可误认为腑病，而用清凉攻下之法。

葛根汤

葛根二钱　升麻　秦艽　荆芥　赤芍各一钱　苏叶　白芷各八分　甘

草五分　生姜二片

上水煎服。若无汗而口渴者，加知母。自汗而口渴者，加石膏、人参。凡阳明证，口渴之甚，即为入腑，故加入清凉之药。若自汗而口不渴者，乃阳明经中风，去苏叶，加桂枝。若春夏之交，惟恐夹杂温暑之邪，不便用桂，加白术一钱五分。

目痛鼻干

问曰：目痛鼻干，何以知邪在阳明经也？答曰：目鼻者，足阳明胃所布之经络也。《经》云：阳明之脉，起于鼻，交额中，旁纳太阳之脉，连目眦，下循鼻外，入上齿中，挟口环唇。邪气传之，则目痛鼻干。至于他经，各行其道，何目痛鼻干之有？

唇焦漱水不欲咽

问曰：唇焦，漱水不欲咽，何以知邪在阳明经也？答曰：唇者，阳明经所过之地也。今唇焦思漱水以润之，是知邪在阳明经络中，然不欲咽者，则知本腑无热，表病而里和也。

又问曰：表证既除，里证已见，或亦有漱水而不咽者，治法从表乎？从里乎？答曰：既无表证，里必有热，热则能消水，漱当咽下，若不咽者，是内有瘀血也。何以知之？外无表证，小腹硬满而痛，小便自利，大便黑色是也。当用桃仁承气汤攻之。总之，腹满而痛，小便不利，是燥粪也。大便自如，小便不利，此溺涩也。今小便自利，腹中硬痛，其为瘀血明矣。

脉长

问曰：尺寸俱长，何以知邪在阳明经也？答曰：长者，泛溢也，言脉过于本位也。阳明为气血俱多之经，邪一传之，则血气淖溢，故尺寸俱长。

又问曰：脉长者，邪在阳明，而用药有葛根、承气、白虎不等者，何也？答曰：阳明用葛根者，治阳明经病也；阳明用承气者，治阳明腑病，邪气结实也；不用葛根、承气而用白虎者，治阳明经病初传于腑，邪未结实也。阳明经病，目痛鼻干，漱水不欲咽，而无便闭、谵语、燥渴之症，是为表病里和，则用葛根汤散之。假如邪已入腑，发热转为潮热，致有谵语、燥渴、便闭、腹胀等症，是为邪气结聚，则用承气汤下之。假如阳明经病初传于腑，蒸热自汗，燥渴谵语，而无便闭、腹胀之症，是为散漫之热，邪未结实，则用白虎汤清中达表而和解之。此治阳明三法也。倘经腑不明，临证差忒，误人匪浅。

因知仲景用攻者，攻阳明之腑，不攻阳明之经。用表者，表阳明之经，非表阳明之腑。辛凉和解者，治腑病散漫之邪，大便未结，腹无所苦也。此阳明经腑之说，所宜急讲也。

【点评】程氏把阳明经证的主症归纳为目痛、鼻干、唇焦、漱水不欲咽、脉长，可兼头痛发热之症，主方葛根汤，可视为伤寒阳明经证之辨证纲领。

程氏对阳明经证主症之一"唇焦，漱水不欲咽"的辨析有特色，认为其病机是阳明"本腑无热，表病而里和也"。但应与"小便自利，腹中硬痛"之内有瘀血进行鉴别。

程氏强调，邪在阳明当分清在经在腑，提出"治阳明三法"：阳明经病用葛根汤；阳明腑病，邪气结实，用承气汤；阳明经病初传于腑，邪未结实，用白虎汤。为医者临证指出了清晰的辨治路径。

少阳经证

少阳经病，目眩、口苦、耳聋、胸满胁痛、寒热往来、呕吐、头汗、盗汗、舌滑、脉弦，此少阳经受病，宜用小柴胡汤和解之。仲景云：少阳证，但见一二症即是，不必悉具。此经有三禁，吐、汗、下是也。然少阳有兼表、兼里者，务在随时变通，不得以三禁之说而拘泥也。

小柴胡汤

柴胡二钱　赤芍一钱五分　甘草　半夏各一钱　黄芩一钱五分　人参五分　生姜二片　大枣三个，去核

水四钟，煎二钟半，温服。

若胸中烦而不呕，是热气结聚，去半夏、人参，加瓜蒌实以泻热。若渴者，是津液少，去半夏加栝楼根，倍人参以生津液。若腹中痛，是邪气壅，去黄芩，加白芍药以通壅。若胁下痞硬，去大枣，加牡蛎以软坚。若心下悸，小便不利，是水气，去黄芩，加茯苓以渗泄。若不渴，外有微热，是表邪未解，去人参，加桂枝以解肌。若咳

者，为肺寒气逆，去人参、大枣、黄芩，加前胡、橘皮、干姜以散寒降气。

耳聋

问曰：耳聋何以是少阳证？答曰：足少阳胆经，上络于耳，邪在少阳，则耳聋也。

又问曰：厥阴亦耳聋，何也？答曰：肝胆相为表里。肝病连胆，故亦耳聋也。但少阳耳聋，必往来寒热，厥阴耳聋，则舌卷囊缩，自有别耳。

胸满

问曰：胸满何以是半表半里证？答曰：胸半以上，乃清阳之分，正在半表半里，邪至此，将入里而未深入于里也。故胸满而腹未满者，乃邪气而非有物也。若腹中胀满，则为有物矣。

又问曰：痞气亦胸前胀满，何以别之？答曰：邪入三阴经，而未结聚成实，医遽下之，致成痞气。必须问其曾经下否？若经下而后胸满者，痞气也。若未经下而胸前胀满，即属少阳也。陶氏治法：少阳证兼胸满者，小柴胡加枳桔，如未效，本方对小陷胸汤一服，如神为妙。是知用药，亦自有相通者。

胁痛

问曰：胁痛何以是半表半里证？答曰：足少阳胆经，布之胁下，故有胁痛。至于他经，或出于巅背，或布于面目，则无此症。

又问曰：水气亦有胁痛，何也？答曰：水气胁痛，必见干呕，咳引胁下痛，小半夏加茯苓汤主之。极重者，十枣汤攻之。若半表半里胁痛，外必兼见少阳证。

目眩、口苦

问曰：目眩、口苦，何以是半表半里证？答曰：目者，肝之窍也，胆附于肝，今少阳胆病，故目眩。口苦者，胆之汁也，热泄胆汁，故口苦。凡目眩、口苦者，即是少阳半表半里证，当和解之。

呕吐

问曰：呕吐何以是半表半里证？答曰：邪气将入里，里气上冲，邪正分争，故呕吐。仲景云：伤寒三日，三阳为尽，三阴当受邪，其人反能食而不呕，此为三阴不受邪也。由此观之，是知呕吐者，邪气入阴之机，然犹在将入未入之间，故和解可愈也。然亦有胃热而呕者，有胃寒而呕者，有停饮而呕者，有食积而呕者。病人口燥渴，呕吐黄水者，胃热也。呕吐清涎沫，口鼻气冷，手足厥冷者，胃寒也。渴饮水而复呕，咳引胁下痛者，停饮也。呕吐饮食，胸膈胀痛，吞酸嗳腐者，食积也。以此为别。

往来寒热

问曰：寒热往来，何以是半表半里证？答曰：人身外阳内阴，足少阳胆经，正阴阳交界之所，邪传至此，阴阳相争，故寒热往来。

又问曰：阳明亦有寒热往来，何也？答曰：阳明经病，邪在肌肉中，则身发热，焉得有往来寒热。由少阳传入阳明之腑，表证未除，里热已结，故兼见往来寒热，当用大柴胡汤攻之。书曰：阳明内实，则为寒热往来。此说非也，盖由少阳邪气未除，故见寒热，并非阳明正病也。

头汗

问曰：头汗何以是半表半里证？答曰：诸阳经上至于头，则有头汗。若诸阴经，皆至颈而还，则头无汗。故见头汗出，即半表半里证。

又问曰：诸阳脉上至于头，今头汗出，当是表证，何以为半表半里也？答曰：若是表证，尚有寒邪闭塞，焉得有汗。今既有汗，是寒邪化为热也。但名曰里证，则头与身皆出汗；但名曰表证，则头无汗。故曰半表半里也。

又问曰：瘀血、发黄、水气，皆有头汗出，何也？答曰：瘀血头汗出，小便自利，小腹满痛，大便黑色。发黄头汗出，小便不利，目珠黄。水气头汗出，胸胁痞满，咳引胁下痛。若少阳证头汗出，必见往来寒热诸症，以此为别。

盗汗

问曰：盗汗何以是半表半里证？答曰：热邪熏灼，腠理开，令人自汗；寒则腠理闭塞而无汗。今汗睡而出，觉而收，是邪将盛于阴，而未深入于阴，故曰半表半里也。

又问曰：杂证盗汗，何也？答曰：杂证盗汗，乃阴虚之证。伤寒盗汗，乃外感之邪，自不同类。

舌苔滑

问曰：舌苔滑何以是半表半里证？答曰：舌司肠胃寒热之变，在表则津液如常，在里则苔燥黄黑。今舌苔滑，尚有津液，但不如常，是邪将入腑，而未深入于腑也。既不在表，亦不在里。故曰半表半里证。

脉弦

问曰：脉弦何以是半表半里证？答曰：弦者，肝之本脉也。肝胆相为表里，且胆为甲木，木主风，于时为春，故脉弦也。太阳脉浮，阳明脉长，少阳脉弦，此三阳诊候之法也。

【点评】程氏将少阳经证的主症概括为目眩、口苦、耳聋、胸满、胁痛、寒热往来、呕吐、头汗、盗汗、舌苔滑、脉弦，主方为小柴胡汤。并遵仲景言"少阳证，但见一二症即是，不必悉具"。对少阳禁吐、汗、下之说，程氏认为"少阳有兼表、兼里者，务在随时变通，不得以三禁之说而拘泥也"，体现出其遵法度而不拘泥、临证灵活变通的特点。

程氏对少阳经证主症辨析详尽，有自己的独到见解。如少阳呕吐，乃邪"在将入未入之间"，用和解法可治愈。但呕吐非仅见于少阳，胃热、胃寒、停饮和食积等均可见呕吐，程氏以极简的语言概括出不同病机呕吐的症状特征，有助于临证辨治。

对于少阳和阳明均见寒热往来之症，程氏认为阳明见寒热往来是由于"少阳传入阳明之腑，表证未除，里热已结，故兼见往来寒热"，主张用大柴胡汤攻下。并对书中"阳明内实，则为寒热往来"的说法质疑否定，明确指出："此说非也，盖由少阳邪气未除，故见寒热，并非阳明正病也。"为医者理解和辨治寒热往来提供了不同思路。

太阴经证

太阴经病，自古混同立言，故方药多错乱，今细按之，有三法焉。夫太阴有传经之邪，有直中之邪，有误下内陷之邪，不可不辨也。如《经》所谓腹满嗌干者，此传经之阳邪也，法当用小柴胡去人参加芍药以和之。不已，则下之。《经》又谓腹满而吐，食不下，自利益甚，时腹自痛者，此直中之寒邪也，法当理中汤以温之。又谓太阳证，医反下之，因尔腹满时痛者，此误下内陷之邪也，法当用桂枝加芍药；大实痛者，桂枝加大黄汤。以是知传经之邪，宜用大小柴胡辈；直中之邪，宜理中；误下内陷之邪，宜用桂枝汤加减法。

今先举传入太阴者言之。其见症也，腹满痛、嗌干、脉沉实，大柴胡汤主之。若自利，去大黄，加黄连以清之。

大柴胡汤

柴胡一钱五分　半夏洗，七分　黄芩　芍药各二钱　枳实一钱　大黄

二钱

水煎服。若兼寒热往来，加生姜五分，大枣三个。

腹满痛

问曰：腹满痛何以是太阴证？答曰：脾为坤土，坤为腹，阴中之至阴也。邪气传之，则腹满而痛。

又问曰：腹痛既为里证，当投大黄，而先用柴胡、芍药者，何也？答曰：此少阳传入太阴者也。少阳之邪，传入太阴，肝木乘脾，致成腹痛，故用大柴胡加芍药以和之。痛甚者，加大黄以下之。又如太阳证，为医误下，以致邪气内陷而成腹痛，用桂枝汤加芍药。大实痛者，桂枝汤加大黄。意正相等。然腹痛虽属太阴，又有传经、直中之分，大抵传经之邪，由三阳传入；直中之邪，猝然骤至也。传经之邪，则脉沉实；直中之邪，则脉沉细也。传经之邪，则嗌干口燥；直中之邪，则口鼻气冷也。以此为别。

下利

问曰：自下利何以是太阴证？答曰：下利出于肠胃，热传脾脏，熏灼肠胃，故有下利。

又问曰：三阳合病，以及少阳阳明合病，俱有下利，何也？答曰：三阳合病有下利者，外合三阳之经，内合阳明之腑也。少阳阳明合病自下利者，亦合阳明之腑也。阳明内主胃腑，故有下利，若不入腑，必无下利。今少阳之邪，传入太阴，太阴为脏，与腑相连，故有下利也。但宜分传经、直中，传经则下利肠垢，直中则下利清谷。寒热之药，由此而分，不可不谨。

脉沉实

问曰：脉沉实何以是太阴热证？答曰：沉者，病脉也，主病在里。实者，有力也，主病为热。今脉沉实，故知太阴经有实热也。

【点评】程氏在论述太阴经证时，开篇即指出太阴病的论治"自古混同立言，故方药多错乱"，其详细分析，将太阳病论治归纳为"三法"：一是由少阳传入太阴者，方选大小柴胡汤之类；二是寒邪直中太阴者，方选理中汤之类；三是由太阳证误下者，方选桂枝汤加减。可视为太阴经病的证治纲领。

程氏着重分析了邪传太阴的辨治。其主症为腹满痛、嗌干、脉沉实，主方为大柴胡汤；若见大便自利，则去大黄而加黄连以清之。

程氏在辨析腹满痛、下利证候时，特别对传经和直中的证候表现进行了对比，指出：传经者，其邪由三阳而入，所见腹痛病势当缓，兼见嗌干口燥，其脉沉实，若见下利，则多为肠垢；直中者，腹痛猝然骤至，病势当急，兼见口鼻气冷，其脉沉细，下利则多为清谷。据此辨证，则不至误治。

少阴经证

少阴经病，有传、有中，今先举传经者言之。其见症也，口燥咽干而渴，或咽痛，或下利清水色纯青、心下硬，或下利肠垢、目不明，大小承气汤并主之。

小承气汤

治邪传少阴，口燥咽干而渴，或目不明，宜急下之。

大黄_{三钱，酒洗}　厚朴_{一钱}　枳实_{一钱五分}

水煎服。加芒硝三钱，即大承气汤。

甘桔汤

治少阴咽痛。

甘草_{三钱，炙}　桔梗_{三钱}

水煎服。按：本方加大力子三钱炒研，薄荷叶五分，更效。若不瘥，对前小承气汤服。

口燥咽干而渴

问曰：口燥咽干而渴，何以属传经少阴也？答曰：少阴之脉，循喉咙，挟舌本。热邪传入少阴，消烁肾水，则真水不得上注于华池，故干燥异常，而渴之甚也。须急下之，以救肾家将涸之水。

又问曰：肾气虚寒，而亦口渴者何也？答曰：肾者，水腑也，虚故引水自救，小便必色白。白者，因下焦虚有寒，不能制水，故令色白也。若传经热邪，则小便短涩而赤。且传经证，口燥咽干，舌燥唇焦而渴之甚。肾气虚寒，则无此等热证，惟见频饮热汤以自灌而已，又或思饮冷而不能下咽，此内真寒而外假热之候，与口燥咽干而渴相隔霄壤。

咽痛

问曰：咽痛何以属传经少阴证？答曰：咽者，少阴经脉所过之地也，热邪攻之则咽痛。

又问曰：寒证亦有咽痛，何也？答曰：寒邪直中下焦，逼其无根失守之火发扬于上，亦令咽痛。然必有下利清谷，四肢厥冷等症，不若传经热邪，口燥咽干而渴之甚也。

下利清水

问曰：下利清水，何以是传经少阴证？答曰：邪传少阴，热气熏灼，结粪如磊石在内，所进汤水不能渗入，遂从结粪空中走出，按其腹，必硬痛，宜急下之。若直中证，下利清谷，俗名漏底伤寒。设误认此证为漏底而用热药，是抱薪救火矣！仲景云：少阴证，下利清水，色纯青，心下硬痛，急下之，宜大承气汤。正谓此也。

目不明

问曰：目不明，何以是少阴证？答曰：目能照物，全在瞳人。瞳人属水，邪气熏灼，则肾水枯涸，不能照物，故知目不明属少阴热邪。宜急下之，以救肾家将绝之水。

又问曰：虚证亦有目不明，何也？答曰：虚证目不明者，气弱也，血枯也。丹溪用人参膏补气也，六味地黄汤补血也。此皆内伤之治法。若伤寒目不明，实为热邪消烁肾水，急宜清凉攻下以救援也。如大便自利，腹无所苦，则用三黄解毒汤清之。大便不利，腹中硬痛，则用承气下之，不可缓也。

【点评】程氏将邪传少阴经病的主症归纳为口燥咽干而渴，或咽痛，或下利清水色纯青、心下硬，或下利肠垢、目不明，主方为大、小承气汤。

伤寒邪传少阴，入里化热，导致热灼津伤、燥热内结，表现出口燥咽干、咽痛、下利清水、目不明等症，但上述症状亦可见于其他疾病。程氏对类似诸证的典型症状进行了鉴别，如邪传少阴之下利清水，乃"热气熏灼，结粪如磊石在内，所进汤水不能渗入，遂从结粪空中走出，按其腹，必硬痛"；而直中证见下利清谷，是清稀中见谷物残渣，无腹硬痛。如此分析清晰明了，乃抓住了疾病的本质特征，掌握其要点，临证则不难辨治。

厥阴经证

厥阴经病，亦有传、有中，今先举传经者言之。其见症也，少腹满、舌卷囊缩、烦躁、厥逆、消渴，大承气汤主之。

大承气汤 见少阴证。

少腹满

问曰：少腹满何以是传经厥阴证？答曰：胸膈以上，乃清阳之分,为少阳之分野。胸膈以下,少腹以上,乃清浊交界之所,为太阴之分野。当脐者,少阴之分野。少腹者,厥阴之分野。伤寒传至厥阴,少腹胀满,乃浊阴凝聚,实为有物矣,宜急下之。

又问曰:瘀血与溺涩,亦少腹满,何也?答曰:瘀血者,太阳膀胱经蓄血也。溺涩者,太阳膀胱经蓄水也。膀胱系于脐下,故少腹满也。但蓄血证少腹满,小便自利,大便黑色。溺涩证少腹满,小便不利,大便如常。若邪传厥阴,则大便闭结,小便短赤,是为燥粪证也。且厥阴必有烦满、囊缩、厥逆、消渴诸症,与太阳膀胱经证迥然不同也。

舌卷囊缩

问曰:舌卷囊缩,何以是传经厥阴证?答曰:肝主周身之筋,热邪内灼,则津液枯,不能荣养于筋,故舌卷而囊缩,宜急下之。

又问曰:直中证亦舌卷囊缩,何也?答曰:直中于寒,阳气衰微而敛缩,此冬令万物闭藏之象。今内热消烁,此夏令津液干枯之象。然直中证,脉必沉迟,或见下利清谷,口鼻气冷诸寒证。邪传厥阴,必烦满消渴之极,或唇焦口燥,身如枯柴,形情大不相同。且直中证,舌虽短缩而润泽。邪传厥阴,则舌敛束如荔枝,必然焦燥,毫无津液。

又问曰:妇人之诊如何?答曰:妇人乳缩,男人囊缩,先验其舌,已自明白,不待细问矣。是以伤寒验舌之法不可不讲。

厥逆

问曰:厥逆何以属传经厥阴证?答曰:伤寒之邪,自表入里,邪在三阳，则手足热；传至太阴，则手足温；至少阴，则渐冷，至厥阴，则逆冷矣，所谓热深厥亦深是也。盖自热至温，自温至厥，自厥至逆冷，乃传经之邪由浅入深。是知厥逆属传经厥阴证。

又问曰：寒证厥逆者，何也？答曰：直中寒邪，初时即厥，不比传经之厥，以渐而至也。

又问曰：仲景云：发热四日，厥反三日，复热四日，厥少热多，其病当愈。厥四日，热反三日，复厥四日，厥多热少，其病当进，何谓也？答曰：此指热厥而言也。伤寒发热者，其热尚浅，伤寒发厥者，其热更深。所谓热深厥亦深，热微厥亦微者，此也。厥少热多，则热渐退；厥多热少，则热更进也。至于直中寒邪，初起即厥，不比传经热邪初时发热，而后至于厥，厥与热复相间互发，而进退无常也。

消渴

问曰：消渴何以属厥阴热证？答曰：消渴者，热甚能消水也。邪传太阴，则嗌干，未甚渴也。至少阴，则口燥舌干而渴。至厥阴，则消渴矣。消渴者，饮水多而小便少，不知消归何所也？可见厥阴热甚，则大渴而能消水也。

又问曰：三阳经亦口渴，何也？答曰：太阳证，本无渴，其小便不利而渴者，太阳腑病也。外显太阳证，而又兼口渴，故用五苓散以分利之，俾小便通而渴自止矣。阳明经病亦无渴，不过唇焦漱水尔。其有渴者，则阳明腑病也。邪未结聚，热势散漫而口渴者，白虎汤；邪已结实，腹胀便闭而口渴者，承气汤。此阳明腑病之治法也。至于少阳，乃表里交界之所，在表为寒，在里为热，兼有口渴者，骎骎乎欲入里矣，故于小柴胡中去半夏加栝楼根以清其热，倍人参以生津液。此少阳经之治法也。至于太阴，虽嗌干，而渴犹未甚也。少阴则燥渴，渴渐甚矣。厥阴则消渴，渴之至而无复加者也。

又问曰：阳明腑病，口大渴，与厥阴消渴，何以别之？答曰：阳明居中，土也，万物所归也。三阳三阴之邪，皆得传之。今厥阴经消渴者，阳明胃中消之也。夫饮与食，皆入胃者也，胃热则消，胃寒则不能消也。厥阴邪热极盛，攻入胃腑，则消渴之证生。非厥阴肝经，另有一口而能饮能消也。因其有囊缩、烦满、厥逆诸症，故名曰厥阴。因其由厥阴证而发消渴，故以消渴属厥阴也。

又问曰：热甚亦有不渴者，何也？答曰：此热极神昏，不知渴也。其始极渴，其后则不知渴，口燥唇焦，身如槁木，势亦危矣。

又问曰：直中寒证亦有渴者，何也？答曰：此阴盛隔阳于上，渴欲饮水而不能饮，名曰假渴。其人烦躁，欲坐卧泥水之中，此内真寒而外假热也。又或因汗、下重亡津液，胃中干燥，致令思水，所饮常少而喜温。又少阴证，肾经虚寒，频饮热汤以自救，乃同气相求之理，但小便色白，而外见清谷、厥逆诸寒症。

以上诸证，与厥阴囊缩而消渴者相隔千里，是不可以不辨。

【点评】程氏将邪传厥阴经证的主症归纳为少腹满、舌卷囊缩、烦躁、厥逆、消渴，主方为大承气汤。

伤寒邪传厥阴经证，其病机本质上仍为邪热内传、津亏肠燥。程氏在对主症产生的原因和类似症状、不同病机分析时，善于抓住疾病特征。如邪传厥阴之少腹满，其症状特征为大便闭结，小便短赤；而蓄血证之少腹满，当兼见小便自利，大便色黑；蓄水所致溺涩证之少腹满，则见小便不利，大便如常。程氏对消渴的辨析颇为详尽，认为邪传太阴、少阴和厥阴，均可见口渴，但程度由轻到重，分别为嗌干未甚渴、口燥舌干而渴、消渴。程氏还与三阳经腑证的口渴、热极不渴，直中寒证之假渴、汗下亡津之渴及肾阳虚寒之饮热自救等进行了鉴别，对不同证候的特征描述准确，简洁周全，临证当详辨。

太阳腑病

太阳腑者，足太阳膀胱是也。膀胱有经有腑，邪在于经，则头痛发热；邪在于腑，则口渴溺赤。外显太阳经病，而兼口渴溺赤者，此溺涩不通乃太阳腑病，与他脏无涉也，五苓散主之。若表证未罢，可与散剂同用。

五苓散

茯苓三钱　猪苓　泽泻各八分　桂枝一钱　白术一钱五分

水煎服，以利为度。愚按：前证自汗脉浮者，由中风入本腑，可用此方。无汗脉紧者，由伤寒入本腑，即于香苏散中加茯苓、泽泻，应手而效。

口渴溺赤

问曰：膀胱有水，何以反渴也？答曰：水有清浊，浊水不去，则津液不生，故渴也。且水停有湿，邪入则热，湿热相聚则渴。今分利之，俾湿热流通而渴自止矣。若病在经，而未入腑者，切不可用渗利药，反引邪气入本腑也。

【点评】程氏认为，太阳腑病是足太阳膀胱经邪传本腑而病，其主症为头痛发热而兼口渴溺赤，主方为五苓散。

太阳腑病临证辨析要注意辨别邪在经在腑。若病在经，未入腑者，不可用渗利药；若腑病兼见表证，可在主方中加入解表药。

程氏特别指出，口渴溺赤而见自汗脉浮者，系中风入本腑，方用五苓散；若见无汗脉紧者，系伤寒入本腑，宜香苏散中加茯苓、泽泻。这是程氏的经验总结，临证可借鉴。

阳明腑病

足阳明胃，有经有腑。经者，径也，犹路径然；腑者，器也，所以盛水谷者也。邪在于经，不过目痛、鼻干、唇焦漱水而已。邪既入腑，则潮热谵语、狂乱不得眠、烦渴、自汗、便闭诸症生焉，白虎汤、承气汤并主之。但阳明腑病，有由本经入本腑者，有由太阳、少阳入本腑者，有由三阴经入本腑者，来路不同，见证则一，治者详之。

白虎汤方

治阳明腑病，脉洪大，蒸热，潮热，谵语，燥渴，自汗，或胃热发斑，但腹中未坚硬，大便未闭结，此阳明散漫之热，邪未结聚，故用本方辛凉和解之剂。

石膏五钱　知母三钱　甘草二钱　粳米一撮

水煎服。若热甚者倍之。大法自汗多者，加人参，名人参白虎汤。挟湿者，加苍术，名苍术白虎汤，治湿温证。按：此方必燥渴、潮热、自汗、脉洪，有此八字，方可与之。若表证仍在而不燥渴者，切不可用也。

又太阳证，发热而渴，小便不利者，为膀胱腑病，不可与白虎汤。若直中阴寒，面赤烦热，似渴非渴，欲坐卧泥水中，此真寒假热之证，必须温补。又有血虚发热，证像白虎，宜用当归补血汤。若误投石膏、知母，则倾危可立而待矣。

调胃承气汤

治阳明腑病，潮热，谵语，便闭，绕脐硬痛，为有燥屎，此结聚之热，邪已坚实，宜下之。

大黄三钱　芒硝二钱　甘草五分

水煎服。

本方去甘草加枳实、厚朴，名大承气汤。窃按：枳实消痞，厚朴去满，芒硝润燥，大黄泻实。必痞、满、燥、实四症兼全者，方可用也。若痞满而未燥实者，宜用小承气汤，不用芒硝，恐伤下焦阴血也。燥实而未痞满者，即用本方，不用枳、朴，恐伤上焦阳气也。

论承气汤有八禁

一者表不解。恶寒未除，小便清长，知不在里，仍在表也，法当汗解。

二者心下硬满。心下满，则邪气尚浅，若误攻之，利遂不止，恐正气下脱也。

三者合面赤色。面赤色为邪在表，浮火聚于上，而未结于下，故未可攻也。又面赤为戴阳，尤宜细辨。

四者平素食少，或病中反能食。平素食少，则胃气虚，故不可攻。然病中有燥屎，即不能食，若反能食，则无燥屎，不过便硬耳，亦未可攻也。

五者呕多。呕吐属少阳，邪在上焦，故未可攻也。

六者脉迟。迟为寒，攻之则呃。

七者津液内竭。病人自汗出，小便自利，此为津液内竭，不可攻之，宜蜜煎导而通之。

八者小便少。病人平日小便日三四行，今日再行，知其不久即入大肠，宜姑待之，不可妄攻也。

潮热

问曰：潮热何以属阳明腑证？答曰：潮热者，如潮之汛，不失其时，今日午后发热，明日亦午后发热，故名潮热。若一日发至晚者，便是发热，而非潮热矣。若寒热相间，便是往来寒热矣。仲景云：其热不潮，不可与承气汤。可见潮热合用承气汤也。

又问曰：潮热固当下，设有表证，何以治之？答曰：潮热兼表，必先解表，然后攻里；若里证甚急，则用大柴胡法，表里并治可也。

谵语

问曰：谵语何以属阳明腑证？答曰：心者，胃之母。肺者，胃之子。心主藏神，精明者也。肺主出声，清肃者也。今胃中热盛，上乘心肺，故神气昏愦而语言错乱。轻则呢喃谬妄，重则喊叫骂詈，不避亲疏，由其热有轻重，故谵语亦有轻重也。

又问曰：《经》云谵语有虚有实者，何也？答曰：实则谵语，虚则郑声。谵语者，乱言无次，数数更端。郑声者，郑重其辞，重叠频言，不换他说也。盖气有余，则能机变而乱语。气不足，则无机变而只守一音也。

又问曰：妇人伤寒，昼则明了，夜则谵语者，何也？答曰：此热入血室证也。妇人经水适来，血海空虚，邪气乘之，致有此证。治法无犯胃气及上二焦，必自愈。宜用小柴胡汤去半夏，加红花、桃仁、生地、丹皮之属。

狂乱

问曰：狂乱何以属阳明腑病？答曰：重阴为癫，重阳为狂。诸经之狂，皆阳盛也。伤寒阳热极盛，至于发狂，势亦危矣。狂之发也，少卧不饥，妄语妄行，或登高而歌，弃衣而走，甚至逾垣上屋，皆阳热亢极使之，非下不除。又太阳病不解，热结膀胱，其人如狂，此乃下焦蓄血。少腹当硬满，小便自利，大便黑色，虽则如狂，初不若发狂之甚也。又有以火劫汗，遂至亡阳，发为惊狂，有慌乱恐惧之象，实非狂也。是知如狂者，膀胱蓄血。惊狂者，劫汗亡阳。发狂者，阳明胃腑实热也。

又问曰：寒证有发狂者，何也？答曰：此阴盛隔阳之证，其人烦躁，欲坐卧泥水中，是名阴燥。脉必沉迟，或见下利清谷诸寒症，急宜温补，不可误用寒凉也。

不得眠

问曰：不得眠，何以是阳明腑证？答曰：不得眠，阴阳皆有之。其狂乱不得眠者，阳明胃热故也。《经》云：胃不和则卧不安。胃受热邪故不和，不和故不眠也。若初时目痛、鼻干、不得眠者，阳明经病也，葛根汤主之。若蒸热自汗、燥渴脉洪、不得眠者，阳明经腑同病，散漫之热也，白虎加人参汤主之。若潮热自汗、便闭谵语、不得眠者，阳明腑病，结聚之热也，调胃承气汤下之。若伤寒邪气已解，或因食复，遂至烦闷干呕、口燥呻吟、不得眠者，以保和汤加芩、连主之。

又问曰：不眠固属热证，有投寒药转甚者，何也？答曰：因汗、下重亡津液，心蕴虚烦，致不得眠，宜用酸枣仁汤，或真武汤主之。不眠似属寻常，若少阴脉沉细、自利、厥逆、烦躁不得眠者，为难治也。

燥渴

问曰：燥渴何以属阳明腑证？答曰：寒邪在表，则不渴；邪气传里，化而为热，则渴。太阳证有口渴者，膀胱腑病也，其渴微。阳明经病，但漱水尔，不为渴也，入腑则大渴矣。少阳证，但口苦，亦无渴，其有渴者，将转入阳明也。仲景云：服柴胡汤已而渴者，属阳明也。三阴皆有渴，因其连于胃腑，故渴也。是知燥渴的属阳明证。余详辨厥阴证消渴条下。

自汗

问曰：自汗何以是阳明腑病？答曰：伤寒在表，则腠理致密而无汗，入腑则热气发越，而汗自出矣。今无汗忽变为有汗者，乃热邪入腑，熏蒸如鼎沸然，故令汗出也。

又问曰：自汗有用桂枝及桂枝加附子汤者，何也？答曰：自汗用桂枝者，太阳伤风证也。用桂枝加附子汤者，因发汗太多，遂漏不止，恶风寒而为表虚也。若阳明腑病，燥渴谵语，孰敢用桂枝者？仲景于桂枝加附子条下注曰：不呕不渴。可见阳明燥渴，则无用桂枝之理矣。大抵头痛发热悉具者，伤风自汗也。因发汗遂漏不止者，阳虚自汗也。烦躁口渴，能消水，不恶风寒而反恶热者，阳明腑病自汗也。

又问曰：直中证，亦自汗，何也？答曰：直中证，冷汗自出，脉沉迟，手足厥冷，乃真阳衰微之象，与阳明胃热自汗，熏蒸腾沸之状，天渊相隔矣。

又问曰：中暑自汗，亦口渴，何以别之？答曰：中暑自汗，口虽渴，脉必弦细芤迟也。《经》云：脉盛身热，得之伤寒；脉虚身热，得之伤暑。实者，人参白虎汤；虚者，十味香薷饮主之。

手足心、腋下有汗

问曰：手足心、腋下有汗，何以是阳明腑病？答曰：胃主四肢，为津液之主。今热聚于胃，致令出汗，乃津液之旁流也。《经》云：手足濈然汗出，大便难而谵语，宜下之。

又问曰：阳明中寒，不能食，亦令手足汗出者，何也？答曰：此胃中虚冷所致，与传经热证、便难谵语者，自是不同。

便闭

问曰：便闭何以属阳明腑证？答曰：阳明居中土也，万物所归，无复传。伤寒三阳三阴之邪，皆得传入，以作胃实不大便之症，法当下之。然《经》有八禁，详列于前，不可不辨。

转矢气

问曰：转矢气何以属阳明腑证？答曰：矢气者，气下泄也。病人内有燥粪，结而不通，则气常下失。仲景云：欲行大承气，先与小承气，腹中转矢气者，方与大承气汤，若不转矢气，慎未可再攻。是知转矢气属阳明腑也。

【点评】程氏将邪传阳明腑病主症归纳为潮热、谵语、狂乱、不得眠、烦渴、自汗、便闭，主方为白虎汤、承气汤。

程氏在"经腑论"指出"胃者，土也，万物归土之义也"，又在"论里中之里"指出"三阳三阴之邪，一入胃腑，则无复传"。故强调，阳明腑病之邪虽然"来路不同"，但见证则一，临证当详细辨别。

程氏在分析白虎汤方适应证时以"燥渴、潮热、自汗、脉洪"八字为辨证要点，并与太阳腑病、直中阴寒之真寒假热证及血虚发热进行了鉴别。

程氏对承气汤的适应证和禁忌证之论述颇为详尽。大承气汤应见痞、满、燥、实四症兼全，方可用之；痞满无燥实者，用小承气汤；燥实无痞满者，用调胃承气汤。而承气汤的 8 个禁忌虽然言之有理，但临证应灵活处置，不可机械呆板，且其禁忌应不限于其所列 8 个方面。

程氏对阳明腑病主症的辨析详尽而精练，如狂乱当辨发狂、如狂、惊狂之不同，自汗当分伤风、阳虚、直中冷汗、中暑之各异。诸症辨析，若能得其要领，临证才能辨证准确，不致混淆。

论里中之里

伤寒之邪，三阳为表，三阴为里，人皆知之。而里中之里，人所不知也。何谓里中之里？阳明胃腑是也。三阳三阴之邪，一入胃腑，则无复传，故曰里中之里也。或谓三阴经，脏也，阳明胃，腑也，岂有腑深于脏者乎？答曰：阳明居乎中土，万物所归，无所复传，犹之溪谷，为众水之所趋也。夫以阳经与阴经较，则在阴为深；以阴经与胃腑较，则胃腑为尤深也。三阳三阴之经，环绕乎胃腑，处处可入。有自太阳入腑者，有自本经入腑者，有自少阳入腑者，有自太阴入腑者，有自少阴入腑者，有自厥阴入腑者，一入胃腑则无复传，故曰里中之里也。治伤寒者，先明传经、直中；即于传经之中，辨明表里；更于表里之中，辨明里中之里。如此则触目洞然，治疗无不切中矣。

【点评】程氏所谓"里中之里"乃指阳明腑病。伤寒之邪，无论循经传还是越经传，若病邪不止，最终均会传入胃腑。所以，临证辨治应先辨明传经还是直中。属传经者，当辨明表里，在表里之中辨明里中之里，即是否传到胃腑。其本质反映了伤寒的传变规律，临证不可不知。

复论阳明本证用药法

阳明有经有腑，阳明经病，发热头痛、目痛鼻干、唇焦漱水，宜解肌，葛根汤。阳明经病传腑，蒸热自汗、口渴饮冷，白虎加人参汤，此散漫之热，可清而不可下。阳明腑病，热邪悉入于里，其症潮热谵语、腹满便闭，调胃承气汤，此结聚之热，徒清无益也。夫病当用承气，而只用白虎，则结聚之热不除；当用白虎而遽用承气，则散漫之邪复聚而为结热之证。夫石膏、大黄，同一清剂，而举用不当，尚关成败，何况寒热相反者乎？甚矣，司命之难也。

【点评】程氏在"阳明经证"篇中即明确了治阳明有"三法"，即阳明经证用葛根汤；阳明腑病，邪气结实用承气汤；阳明经证初传于腑，邪未结实用白虎汤。本篇标题"复论阳明本证用药法"，是对阳明经证、腑证用药规律的再次重申，足见程氏对阳明病证的重视，临证当谨慎辨治。

论阳明兼证用药法

或问：《经》曰：有太阳阳明，有少阳阳明，有正阳阳明。何也？答曰：太阳阳明，由太阳经传入阳明之腑也；少阳阳明，由少阳经传入阳明之腑也；正阳阳明，由阳明本经而传入本腑也。大法，太阳阳明，太阳证不解，必从太阳解表为主。若表证不解，医误下之，转属阳明，宜下之，小承气汤。若因误下而成结胸，先服小陷胸汤，若不瘥，再服大陷胸汤；余邪未尽，投以枳实理中丸，应手而愈。

少阳阳明，脉纯弦者，名曰负。负者，胜负也，为难治。若少阳证多者，必从少阳和解为先，小柴胡汤。若腹满硬痛、便闭谵语者，下之，大柴胡汤。

正阳阳明，在表者，葛根汤；表邪入里，未结聚者，白虎汤；邪已入腑，结聚成实者，下之，调胃承气汤。凡用下药，必以腹满硬痛便闭为主，或兼下利肠垢，或下利清黄水，色纯青，心下硬，其中有燥屎也，攻之。否则，虽不大便，亦未可攻，但清之润之而已。

【点评】继论述阳明本证之后，程氏又论述了阳明兼证的辨治用药方法。三阳之邪内传阳明胃腑，可同时见三阳经和阳明胃腑症状，称为阳明兼证，包括太阳阳明、少阳阳明和正阳阳明。太阳表证未解，误下转属阳明，方用小承气汤；少阳阳明，见腹满硬痛、便闭、谵语者，方用大柴胡汤；正阳阳明，其治同阳明本证用药法。

合病、并病

合、并病者，伤寒传经之别名也。或两经同病，或三经同病，名曰合病。若一经病未已，复连及一经，名曰并病。伤寒书云：三阳有合病，有并病，三阴无合病，无并病。果尔，则太阴必不与少阴同病乎？少阴必不与厥阴同病乎？且太阴病未瘥，必不至并于少阴？少阴病未瘥，必不至并于厥阴乎？若然，则三阴之证，何以相兼而并见乎？又何以三阳三阴之邪，互相交错而为病乎？是知合病、并病，有合于阳者，即有合于阴者，有并于阳者，即有并于阴者。仲景谓：三阳合病，闭目则汗，面垢，谵语，遗尿，治用白虎汤。此外合三阳之经，内合阳明之腑，故用辛凉和解之。若不入腑，白虎将焉用乎？治法不论三阳三阴，凡两经合病，则用两经药同治之；三经合病，则用三经药同治之。若一经病未瘥，复并一经，则相其先后、缓急、轻重而药之，斯无弊耳。然则合、并病者，岂非伤寒传经之别名欤！

【点评】程氏认为，合病、并病就是伤寒传经的另一种说法。即两经或三经同病，称为合病；一经病变未愈，又连及另一经病变，称为并病。

程氏并不认同伤寒书中"三阳有合病，有并病，三阴无合病，无并病"之说法，认为三阳三阴均可合病并病。在治疗上，程氏提出两经合病则用两经药同治之，三经合病则用三经药同治之；并病则根据病症之先后、缓急和轻重而用药。此为程氏深研伤寒而形成的独特见解。

直中三阴诸证

直中者，初起不由阳经传入，而径中三阴者也。中太阴，宜用理中汤。中少阴，宜用四逆汤。中厥阴，宜用白通加猪胆汁汤。大抵脏受寒侵，不温则殆，急投辛热，不可迟缓。

附子理中汤

治寒邪中于太阴，呕吐清涎沫，腹中冷痛，或下利清谷，吐蛔虫，脉来沉细，急宜温之。

干姜　附子　炙甘草各一钱　人参二钱　白术二钱

水煎服。寒甚者，加干姜二钱。渴欲得水，加人参、白术各一钱。当脐有动气，去白术加肉桂一钱。吐多者，加生姜一钱五分。下利多者，倍加白术。悸者，加茯苓一钱五分。腹满者，去参、术，加陈皮、半夏、砂仁各八分，附子一钱五分。盖温即是补。

四逆汤

治少阴中寒，手足厥冷，下利清谷，脉沉细，但欲寐。

附子五钱　干姜五钱　甘草炙，二钱

水煎服。如面赤，加葱白二茎。腹痛，加白芍药二钱酒炒。呕者，加生姜二钱。咽痛，加桔梗一钱。利止脉不出，加人参二钱。小便不利，身重疼痛，或咳，此为有水气，去干姜，加白术、茯苓二钱五分，生姜三片。

白通加猪胆汁汤

治厥阴中寒，阴盛隔阳，热药相拒不入，故加寒味，以立从治之法。

附子五钱　干姜五钱　葱白二茎　人尿半杯　猪胆汁五茶匙

水煎服。虚者，加人参三钱。

理中安蛔散

人参三钱　白术　白茯苓　干姜各一钱五分　川椒十粒　乌梅二个

上作一服，水二钟，煎七分服。凡治蛔，不可用甘草及甜物。盖蛔得甘则动、得苦则安、得酸则静故也。如未止，加黄连、黄柏各三分，川椒倍之。若足冷，加附子五七分，甚者倍之。

腹中冷痛

问曰：腹中冷痛何以属直中寒证？答曰：寒气内攻，腹中骤然暴痛，手足口鼻俱冷，或腹中寒冷，欲得热物熨之，不比传经腹痛，由渐而至也。且寒痛绵绵不止，热痛时作时止也。

呕吐清涎沫

问曰：呕吐清涎沫何以是直中寒证？答曰：胃腑寒热之气，必见于涎沫。《经》曰：诸水浑浊，皆属于热；诸病水液，澄彻清冷，皆属于寒。今见呕吐清涎沫，故知为直中寒证。

下利清谷

问曰：下利清谷何以是直中寒证？答曰：寒邪内侵，真阳衰少，无以运行三焦，腐化水谷。《经》曰：食下即化，腐臭而出，是有火也；食下不化，完谷而出，是有寒也。又曰：天寒则水清，天热则水浊。今见下利清谷，即是直中寒证；若传经热证，则下利肠垢，而不下利清谷矣。

又问：书云邪热不杀谷，何谓也？答曰：邪热不杀谷者，乃火性急速，不及变化而出，然必杂于肠垢之中，不比直中寒邪，谷和清水，形如鸭溏也。

但欲寐

问曰：但欲寐何以是直中寒证？答曰：寒邪属阴，阴主静，静则多眠。若传经热证，则属阳，阳主动，则令人烦躁不眠也。

又问曰：表证多眠者，何也？答曰：表证多眠，是寒邪外束，阳气不舒，必见头痛、发热诸证。若直中多眠，则见下利清谷、手足厥冷诸症，与表邪自是不同。至于传经里证，则心烦恶热，揭去衣被，甚则谵语发狂，安得多眠？

又问曰：热证亦有昏昏而睡者，何也？答曰：此热邪传入心胞，令人神昏不语，或睡中独语一二句，与之以水则咽，不与则不思，此乃热甚神昏，非欲寐也。又风温证，风热相搏，亦令神气昏愦，其证鼻鼾，语言难出，与直中寒邪，厥逆清谷诸证，迥然大异矣。

蜷卧

问曰：蜷卧何以是直中寒证？答曰：热则手足舒伸，寒则手足敛束，譬如春夏则万物发舒，秋冬则万物收藏，此定理也。

又问曰：表证亦蜷卧，何也？答曰：表证有蜷卧者，表受寒侵，经络因而敛束，法当温散。至于直中蜷卧，必有厥逆、清谷诸症相兼，须温中为主也。

又问曰：热证亦蜷卧，何也？答曰：此热邪消烁津液，不能荣养于筋，致有挛急之象，乃肝脏将绝，名曰揣搦，不得与蜷卧同语矣。

四肢厥冷

问曰：四肢厥冷何以是直中寒证？答曰：四肢为阳，寒邪属阴，今中寒邪，则阳衰不能温其四肢，故厥冷。其甚者，过乎肘膝。肘膝为人之四关，今冷过之，则阴寒极矣，宜大温之。

又问曰：阳证亦厥逆，何也？答曰：此物极则反，热极而反见厥也。别之，凡病初起即厥者，寒厥也。初起发热，日久变厥者，热厥也。且热厥必烦躁口渴，恶热，小便短赤，大便或闭，或下利肠垢，脉必沉实有力。寒厥则不渴，必恶寒身痛，小便清长，或下利清谷，脉必沉细无力。安危之机，祸如反掌，不可不辨。

身痛如被杖

问曰：身痛如被杖，何以是直中寒证？答曰：寒邪客于人，则身痛，痛如被杖，寒之极甚者也。

又问曰：表证亦身痛，何也？答曰：表证身痛，痛如绳缚也。里证身痛，痛如被杖也。虽有表里之殊，而为寒则一也，宜急温之。表寒则温散，里寒则温中，寒气散，痛自除矣。

囊缩

问曰：囊缩何以是直中寒证？答曰：热主舒，寒主敛，定理也。春夏则万物发舒，秋冬则万物敛藏，即此观之，可见囊缩为寒矣。

又问曰：《指掌》用承气治囊缩，何也？答曰：此传经厥阴证也。伤寒传至厥阴，六经已尽，厥阴者肝也，肝主周身之筋，又厥阴之脉络阴器，因热邪烁其津液，筋脉不荣，故舌卷而囊缩。其证必口渴烦满，唇焦舌燥，与直中阴寒之证迥然不同尔。

舌黑而润

问曰：舌黑而润，何以是直中寒证？答曰：黑者，北方水色也，黑而且润，则知其为寒证矣。若传经热邪，舌苔先黄而后黑，必干燥而无津液，此火极似水之象，譬如燔柴变炭之意，乃热甚也。若舌黑而润，津液如常，乃寒气乘心，北方水之色见也，宜急温之。故曰舌黑而润为直中寒证也。

脉沉细无力

问曰：脉沉细无力，何以是直中寒证？答曰：脉者，阳气主之也，气盛则脉旺，气弱则脉细。今脉沉细无力，则为中寒无疑矣。

又问曰：《经》云诸紧为寒，何也？答曰：紧者，脉如引绳转索，有风起水涌之象，北方刚劲之气也，与数脉不同。数以至数名，紧以形象论也。《经》云：诸紧为寒。寒之诊不一，紧为寒，沉细无力亦为寒；迟为寒，又脉洪大搏指，按之空虚者，亦为寒。譬如数则为热，洪大为热，沉实有力为热，脉涩滞郁而不通者，亦为热。全在以证互相参考，时而舍脉从证，时而舍证从脉，活活泼泼，不胶己见，其于诊法庶矣乎！

吐蛔

问曰：吐蛔何以是直中寒证？答曰：病人胃寒食少，蛔泛上隔，闻食臭而出，故吐蛔也。宜用理中安蛔散以温之，不可轻用凉药。

又问曰：阳证亦有吐蛔者，何也？答曰：病久胃空，既无谷气，蛔上膈求食，至咽而出，须看兼证如何。若阳黄发斑，口疮咽燥，大渴消水，或用清剂可以收功。然而寒证吐蛔者多，热证吐蛔者少，最宜斟酌。

【点评】直中是指寒邪侵入人体，不经三阳经传入，而直接侵袭三阴经致病。寒邪直中太阴，其主症为呕吐清涎沫、腹中冷痛，或下利清谷、吐蛔虫、脉沉细，方用理中汤；寒邪直中少阴，其主症为手足厥冷、下利清谷、脉沉细、但欲寐，方用四逆汤；寒邪直中厥阴，常表现为"阴盛隔阳，热药相拒不入"，在温热剂中加入寒性药，是从治之法，实乃反佐之意，以防格拒。

程氏对三阴直中诸证的症状舌脉论述详尽清晰，在阐述直中寒证脉象时，特别强调要脉证合参，"时而舍脉从证，时而舍证从脉，活活泼泼，不胶己见"，体现其强调灵活辨证、脉证取舍不可偏执之主张。

两感

两感者，表里双传也，一日太阳与少阴同病，二日阳明与太阴同病，三日少阳与厥阴同病。如在太阳，则发热头痛；在少阴，则咽干口燥。在阳明，则目痛鼻干；在太阴，则腹痛自利。在少阳，则耳聋胁痛；在厥阴，则烦满囊缩。表里并传，为祸最速，此论传经之两感也。

又如仲景所谓"少阴证，反发热，用麻黄附子细辛汤"者，此论直中之两感也。传经两感，以解表为主，而清里佐之。直中两感，以温中为主，而发表次之。此治两感之大法也。

或问曰：太阳初得病，尚未传经，何以即有少阴热证也？答曰：此温热之候多有之，本有积热在内，而外为风寒鼓之，故表里并见，阴阳双传也，其病至暴，倘治失其宜，去生远矣。

【点评】程氏论两感分为传经两感和直中两感，实为两经合病。传经两感，以解表为主，清里佐之；直中两感，以温中为主，发表次之，此为两感之辨治纲领。

伤寒兼证

伤寒兼证者，非传经六经之正病，亦非直中三阴之正病，而实为伤寒所恒有之证，故皆以兼证名之。其间有见于手经者，有因误治而变证者，有病中调摄失宜而变证者，有病气相传染而变证者。临证之工，按法取之，曲尽其情，则伤寒无余蕴矣。

咳嗽

咳嗽者，肺寒也。《经》云"形寒饮冷则伤肺"是也。肺主皮毛，寒邪侵于皮毛，连及于肺，故令人咳。宜用止嗽散加荆芥、防风、紫苏子主之。

或问曰：少阳证与直中证、水气证，皆令人咳嗽，何也？答曰：少阳证兼咳嗽者，以其肺有寒也，仲景用小柴胡去参、枣加干姜者，所以温肺散寒也。直中证兼咳嗽者，以寒水上射于肺也，宜分表里水气治之。表有水气而发热，用小青龙汤发散以行水；里有水气而下利，则用本方去麻黄加荛花以攻之，轻则用小半夏加茯苓汤以疏之，俾水饮流通，而咳自止矣。以上三证，皆感寒水之气而咳，故谓咳为肺寒也。

又问曰：俗称热伤风咳嗽者，何也？答曰：热伤风者，如冬温之候，天应寒而反温，自人受之，则为头痛喉肿，咽干咳嗽之属，与正风寒之咳稍异。又或其人素有郁热，而外为风寒束之，热在内而寒在外，谚云"寒包火"是也。

又问曰：咳嗽有不兼风寒，而专属火者，何也？答曰：此杂证咳嗽也。或夏令暑热之火，或饮食辛辣之火，或脾肺气虚之火，或龙雷僭上之火，皆令咳嗽，各有兼证，与伤寒鼻塞声重、头痛、发热恶寒之状自是不同，并与热伤风之咳迥别。宜于本门求之，不得与伤寒同日语矣。

止嗽散

桔梗—钱五分　　甘草炙，五分　　白前—钱五分　　橘红—钱　　百部—钱五分
紫菀—钱五分

水煎服。风寒初起，加防风、荆芥、紫苏子。

小半夏加茯苓汤

半夏姜汁炒，三钱　　茯苓三钱　　甘草炙，一钱　　生姜三片
水煎服。

咽痛

咽痛有表里寒热之分，不可不辨也。风寒在表而兼咽痛者，此风火聚于肺也，宜用甘桔汤加荆芥、防风、薄荷、牛蒡之类以散之。少阴里证兼咽痛者，以少阴之脉循喉咙、挟舌本也，宜分寒热治之。凡传经少阴，口燥舌干而痛者，热也，甘桔汤主之，甚者加黄连、元参、牛蒡之属。凡咽痛，以蒡子为主。直中少阴，肾气虚寒，逼其无根失守之火浮游于上，以致咽痛，必兼下利清谷、手足厥冷诸症，但温其中而痛自止，姜附汤加桔梗主之。夫同一少阴咽痛，而寒热之别相隔千里，不可不察。复有阴毒、阳毒咽痛者，治如少阴证。更有发

汗过多，遂至汗多亡阳，内损津液，而成咽痛者，宜用参、芪、归、术调补元气，收敛汗液而痛自除。

凡咽痛，通用甘桔汤。在表者，加散药，在里者，分别寒热而加入温凉之剂。仲景立法精粹，学者宜致思焉。

甘桔汤 _{见前少阴证。}见前少阴证。

伤寒吐血

伤寒吐血者，热迫血而上行也。然有表里之殊，如当汗失汗，以致邪蕴于经而吐血者，用麻黄汤散之，后人以加味参苏饮代之，其法至稳。

若邪气入里，酝酿成热，以致吐血者，宜用犀角地黄汤清之。若大便闭结，热邪上攻者，生地四物汤加大黄下之，釜底抽薪，则火气顿平，而釜中之水无腾沸之患矣。切忌寻常滋补药，姑息容奸，使邪气流连，反成败证。更有以热济热，而为动阴血者，详辨于后。

犀角地黄汤

犀角 _{镑，一钱五分}　生地黄 _{四钱}　牡丹皮　麦冬　白芍 _{各一钱五分}

水煎服。

衄

衄者，鼻中出血也。寒气初客于经，则血凝滞而不行，何得有衄？今见衄者，是寒邪将散，荣血周流，病当解也。古人谓血为红汗是也。然衄证亦有表里之殊，寒邪在经，头痛发热而衄者，表也，宜微汗之，加味香苏散主之。若邪气入里，燥渴烦心而成衄者，宜急清之，犀角地黄汤主之。

或问曰：动阴血与鼻衄，何以别之？答曰：动阴血者，乃传经里证，热极而反发厥，医家误认为寒，投以干姜、附子，以火济火，迫血妄行，或从耳、目、口、鼻涌出，名曰动阴血，又谓下厥上竭，为难治，与鼻衄证天渊相隔矣。

便脓血

便脓血者，热迫血而下行也。此传经热邪所致也，法当清之，若瘀血凝聚，少腹痛，拒按，小便自利者，下之。然亦有阴寒为病，下利脓血者，此下焦虚寒，肠胃不固，譬如天寒地冻，水凝成冰，非温剂不化，附子理中汤加归、芍主之。斯二者，一为血热，一为血寒，临证时不可不辨。

蓄血

蓄血者，瘀血蓄于下焦也。仲景云：太阳证不解，热结膀胱，其人如狂，血自下，下者愈。其外不解者，尚未可攻，当先解外，外解已，但少腹急结者，乃可攻之，宜桃核承气汤。此表证甫除，瘀积始聚，为蓄血之轻者，故用前方。若表邪已尽，里热既深，乃蓄血之重者，则用抵当汤攻之。但蓄血证，与溺涩、燥粪证相似而不同，宜分别施治。凡伤寒少腹胀满，按之不痛，小便不利者，为溺涩也。若按之绕脐硬痛，小便短涩，大便不通者，此有燥屎也。若按之少腹硬痛，小便自利，或大便黑色，喜忘，如狂者，为蓄血也。此辨证之大法也。

桃核承气汤

桃仁_{十个}　大黄_{二钱五分}　芒硝_{一钱五分}　甘草_{一钱}　桂枝_{五分}

水煎服。

抵当汤

水蛭　虻虫_{各十枚，去翅}　桃仁_{十枚}　大黄_{五钱}

水煎服。

动阴血

动阴血，伤寒传经热证，渐至手足厥冷，是为热极而反见厥，所谓"热深厥亦深，热微厥亦微"是也。医者不识，误投热药，以火济火，迫血妄行，其血或从耳目，或从口鼻，一拥而出，名曰动阴血，又名下厥上竭，为难治。大抵伤寒初起，即发厥者，寒厥也。初起发热燥渴，渐次而厥者，热厥也。寒厥者，必下利清谷，口鼻气冷，口舌常润，脉沉迟。热厥者，必便闭谵语，或下利肠垢，口渴唇焦，或舌黑而燥，脉滑数。寒热之际，朗然明白，则无动阴血之祸矣。

鼻鼾、鼻鸣

鼻鼾者，鼻中发声，如鼾睡也，此为风热壅闭。鼻鸣者，鼻气不清，言响如从瓮中出也，多属风寒壅塞。须按兼证治之。

不能言及语言难出

不能言及语言难出者，有表里之分。其一太阳证，发汗已，身犹灼热者，名曰风温。其脉尺寸俱浮，自汗身重，多眠，鼻息鼾，语言难出，此表邪蕴其内热也，治用葳蕤汤去麻黄加秦艽主之。其一少阴病，咽中伤，生疮，不能言，古方治以苦酒汤。然苦酒汤，恐传写之讹，宜用甘桔汤加蒡子、薄荷、元参、白前之属以清之。复有风寒客于肺中，声哑不能言者，当用半夏、生姜、荆、防等辛温以散之。更有中寒之证，口鼻气冷，口噤难言者，当用温热之剂。大抵唇焦齿燥，舌干口渴者，热也。唇清口和，口鼻气冷者，寒也。伤寒辨证，莫先于此，学者宜致思焉。

葳蕤汤

葳蕤　石膏　干葛各一钱　羌活　杏仁　甘草　川芎各六分　防风七分，用此以代麻黄为稳当　青木香五分

水煎服。

温疟

伤寒邪热未除，复感风邪，变为温疟。温疟之状，寒热依时而作，大抵热多寒少，或先热后寒，每致神昏谵语，与时行正疟不同。治用小柴胡汤去半夏，加黄连、知母、贝母以清之。然温疟寒热以时，又与少阳病寒热往来无定时者自是不同。

身重难转侧

身重大都属寒，然亦有热者。《经》曰：风温相搏，骨节烦疼，不能自转侧，不呕不渴，脉虚浮而涩者，桂枝附子汤主之。此表寒也。《经》曰：少阴病，腹痛，四肢沉重疼痛，下利者，治以真武汤。

此里寒也。《经》曰：发汗已，身犹灼热，名曰风温，其证脉浮汗出，身重多眠，鼻息鼾，治以葳蕤汤。此表寒束其里热也。《经》曰：三阳合病，腹满，身重，口不仁，面垢，谵语，遗尿，自汗出，白虎汤主之。此表里皆热也。又阴阳易病，身重少气，少腹里急，气上冲胸，眼中生花，宜用附子理中汤主之。此里虚且寒也。

真武汤见筋惕肉瞤。

发黄

湿热俱盛，则发身黄，伤寒至于发黄，为病亦甚矣。热而兼湿，如盦曲相似，日久则变为黄也。然不特湿热发黄，而寒湿亦令人发黄。但寒湿之黄，身如熏黄，色暗而不明。湿热之黄，黄如橘色，出染着衣，正如黄柏也。又如瘀血发黄，亦湿热所致，瘀血与积热熏蒸，故见黄色也，去瘀生新，而黄自退矣。

栀子柏皮汤

伤寒发热，头汗出，小便不利，渴饮水浆者，此郁热在里，必发黄。宜此汤主之。

栀子三钱　甘草炙，一钱　大黄二钱

水煎服。

茵陈蒿汤

身黄如橘子色，腹满便闭者，可下。

茵陈三钱　栀子二钱　大黄二钱

水煎服。小便当如皂角汁，一宿而腹减，黄从小便去也。

茵陈五苓散

阴黄之证，身冷，脉沉细，乃太阴经中寒湿，身如熏黄，不若阳黄之明如橘子色也。当问其小便利与不利，小便不利，宜本方；小便自利，茵陈术附汤主之。

茵陈　白术　茯苓各一钱五分　猪苓　泽泻各七分　薄桂五分

水煎服。

茵陈术附汤

茵陈一钱　白术二钱　附子五分　干姜五分　甘草炙，一钱　肉桂三分，去皮

水煎服。

痉

痉者，项背强、头动摇、口噤、背反张是也。此太阳伤风，复感寒湿所致。其有汗恶风为柔痉，无汗恶寒为刚痉。加减小续命汤主之。然痉病有三阳经络之殊，有胃腑实热所致，有三阴中寒所发，有内伤气血虚弱而发，不可不辨。假如头摇，口噤，背反张者，太阳痉也。头低视下，手足牵引，肘膝相构，阳明痉也。若眼目斜视，一手一足搐搦者，少阳痉也。又如口噤胸满，卧不着席，脚挛急，大便闭结不通，必龂齿，此阳明胃腑实热所致，宜用三乙承气汤下之。又如发热，脉沉细，手足厥冷，冷汗自出者，为阴痉，风寒中于脏也，附子理中汤加防风、肉桂主之。

然亦有内伤发痉者，病人肝血不足，血燥生风，目斜手搐，逍遥散加人参、桑寄生主之，《经》云"诸风掉眩，皆属于肝"是也。若脾虚木旺，反伤脾土，用五味异功散加柴胡、芍药、木香、钩藤之属。脾气郁结，用加味归脾汤。若大病后，或产后，气血大虚，用十全大补汤加钩藤、桑寄生，如不应，急加附子，此治痉病之大法也。

加减小续命汤

麻黄_{去节} 人参 黄芩 芍药 甘草 川芎 杏仁 防己_{各一钱}

肉桂_{五分} 防风_{一钱五分} 附子_{三分}

水煎服。此证若兼阳明，须加葛根、升麻。此证若兼少阳，另用小柴胡加桂枝、钩藤。

三乙承气汤

大黄_{二钱} 枳实_{一钱} 厚朴_{八分} 甘草_{一钱} 元明粉_{一钱五分}

水煎服。

斑疹

凡发斑有四证，一曰伤寒，二曰温毒，三曰时气，四曰阴证。

伤寒发斑者，盖因当汗不汗，当下不下，或妄投热药，以致热毒蕴结，发为斑疹。《千金方》云：红赤者胃热，紫赤者热甚，紫黑者胃烂也。凡斑既出，须得脉洪大有力、身温、足暖为顺。若脉沉小、足冷、元气弱者，为逆候也。凡治斑证，不宜发汗，汗之则增斑烂。又不宜早下，下早则斑毒内陷。若脉洪数，热甚烦渴者，用三黄解毒汤或犀角大青汤以清之。若脉弱者，加人参主之。倘昏闷、谵语、大便四五日不通，以调胃承气汤微利之。如未可下，即用前犀角大青汤加梨汁、蜜、糖以润之。大抵解胃热、胃烂之毒，必以黄连、大青、犀角、元参、升麻、真青黛、石膏、知母、黄芩、山栀、黄柏之类。要在审察病情，合宜而用之。

温毒发斑者，冬应寒而反温，或冬令感寒，春夏之交发为温热之病，热毒蕴蓄，发为斑也。犀角大青汤主之。

时气发斑者，天时不正之气也，人感之或憎寒壮热，发为斑疹。

凡大红点，发于皮肤之上者，谓之斑。小红点，行于皮肤之中者，谓之疹。盖疹轻而斑重也。疹发于肺，宜用升麻葛根汤加大力子以散之。斑出于胃，犀角大青汤以清之。若时气传染，中无实热，加味逍遥散去白术，加元参、生地以解之。

阴证发斑者，寒伏于下，逼其无根失守之火聚于胸中，上熏于肺，致发斑点，如蚊蚤咬痕，此非斑也，与调中温胃之剂，其点自退，理中汤主之。

三黄解毒汤

黄连二钱　黄芩　黄柏　黑山栀各一钱五分

水煎服。

犀角大青汤

治斑出已盛，心烦大热，错语呻吟，不得眠，或咽痛不利。

犀角屑　大青　元参　甘草　升麻　黄连　黄芩　黄柏　黑山栀各一钱五分

水煎服。口渴加石膏。虚者加人参。

结胸、痞气

《经》云：病发于阳而反下之，热入因作结胸；病发于阴而反下之，因作痞。阳，三阳也。阴，三阴也。伤寒邪在三阳，固不可下，下之则为结胸之恶候。即邪已入三阴，而未结聚成实，犹宜清解之，若下之太早，尚不免于痞气。结胸证重，痞气较轻也。大抵从胸至腹，硬满而痛，手不可近者，为结胸。胸前痞满不舒者，为痞气。结胸证，先用小陷胸汤，如或结实难解，更用大陷胸汤攻之。痞气证，半夏泻心汤主之。

又有水结胸证，水饮停蓄也，小半夏加茯苓汤主之。复有寒实结胸证，乃寒气结聚不应误下而成，须用白散治之。

凡一切结胸、痞气等证，服药不效者，乃浊气结而未散，《活人》俱用枳实理中丸，应手而愈。

小陷胸汤

本太阳证，为医误下，从心下至少腹硬满而痛，手不可近者，为结胸，应服大陷胸汤。若不按不痛者，为小结胸，应服本方。然用药之道，宜先缓后急，有如探试之法。

半夏_{汤泡，二钱}　黄连_{一钱五分}　栝蒌实_{大者一枚，杵细}

上三味，以水六钟，先煮栝蒌，减半，去渣，纳诸药，煮取二钟，温服。按：此方加枳实一钱五分更效。

大陷胸汤

结胸证，服前药不效，须用此方。

大黄_{六钱，去皮生用}　芒硝_{四钱}　甘遂_{二分五厘，为末}

上三味，以水六钟，先煮大黄，减半，去渣，纳芒硝，煮二三沸，和甘遂末，温服，得快利，止后服。

半夏泻心汤

伤寒传入三阴，而未结聚成实，医早下之，以致胸中痞闷不舒者，为痞气。宜用此方。

半夏_洗　黄芩　干姜_{各一钱五分}　人参　甘草_{炙，各五分}　黄连_{一钱}
大枣_{二个，去核}

水煎服。本方加枳实五七分为妙。

白散

治寒实结胸，无热证者。此寒痰积食结于胸中，故用此方，亦救急之良法。

桔梗　贝母_{各三钱}　巴豆_{一分，去皮心，熬黑，研如脂}

上三味为末，纳巴豆，更于臼中杵之，以白饮和匀，分二服。病在膈上必吐，在膈下必利。如不利，进热粥一杯。若利不止，进冷粥一杯即止。

枳实理中丸

枳实_{面炒，一两五钱}　茯苓　白术_{各二两，陈土炒}　甘草_{炙，七钱五分}　人参_{五钱}　干姜_{炮，四钱}

上为末，米饮糊丸，如绿豆大。每服三钱，开水下。日二三服，以瘥为度。

脏结

病人素有宿积，连于脐旁，更加新邪，痛引阴筋。此邪气结实之候，为难治。

振战栗

振者，耸动也；战者，战摇也；栗者，心跳也。虚证多有之，而邪正交争，亦发战栗也，须按兼证治之。

筋惕肉𥆧

《经》云：阳气者，精则养神，柔则养筋。发汗多，津液枯少，阳气大虚，筋肉失养，故惕惕而跳，𥆧𥆧然而动也。急宜温经益阳。真武汤主之。

真武汤

治伤寒发汗后，筋惕肉，并治中寒下利，里有水气而发咳，或呕吐腹痛。

茯苓三钱　白芍酒炒，三钱　白术二钱　生姜二钱　附子炮，一钱五分

水煎服。若咳者，加五味子十粒，干姜一钱五分。若小便利，去茯苓。若下利，去芍药。若呕者，去附子，加生姜一倍。

叉手冒心

发汗过多，叉手自冒心，心下悸，欲得按者，桂枝甘草汤主之。

惊悸

惊悸，心忪也，惕惕然跳动也。有气虚者，有汗下过多损津液者，有水气者，当按兼证施治可也。

小便不利

小便不利，有数种。因汗下而小便不利者，津液不足也。黄疸热病，小便不利者，郁热内蓄也。风湿相搏，与夫阳明中风而小便不利者，寒气所乘也。更有气虚而小便不利者，宜详辨之。

遗溺

伤寒遗溺，乃危急之候。下焦虚寒，不能摄水，多致遗溺，理

中、四逆辈主之。然三阳合病，每兼此证，有用白虎汤者，此热甚而阴挺失职也。大抵热甚神昏者可治，虚寒逆冷为难治也。若杂证遗溺，多属气虚，参、芪、归、术主之。

呃逆

呃逆，即噎也，气自脐下直冲胸也。或谓咳逆即呃逆，非也。咳逆为咳嗽，与呃逆有何干涉？大法伤寒当下失下，胃火上冲而呃者，其证燥渴内热，大便闭结，大柴胡汤下之。便不结，泻心汤主之。三阴中寒，胃气欲绝而呃者，其证厥冷恶寒，下利清谷，附子理中汤合丁香散温之，呃止则吉，不止则凶也。

扁鹊丁香散

丁香五个　柿蒂五个　甘草炙，五分　干姜一钱

为末，沸汤点服为妙。

懊憹

懊憹憹即恼字，古通用。心中郁郁不舒，比之烦闷有甚者。由表邪未尽，乘虚内陷，结伏于心胸之间也，栀子豉汤吐之。

栀子豉汤

栀子三钱　香豉五钱

水煎服，服后随手探吐之。若加枳实，名枳实栀子豉汤，治前证并伤饮食。

郁冒

郁冒，昏冒而神不清，俗谓昏愦是也。《经》云：诸虚乘寒者则为厥。郁冒不仁，此寒气上逆也。法当温补。

又阳明证，小便不利，大便乍难乍易，时有微热，喘冒不得卧，有燥屎也。法当下之。

又伤寒传至五六日间，渐变神昏不语，形貌如醉，或睡中独语一二句，与之以水则咽，不与则不思。医者不识，投以承气则误矣。盖不知此热传手厥阴心胞络经也。与食则咽，邪不在胃也，不与则不思，神昏故也。邪热既不在胃，而在心胞，宜用导赤散合黄连解毒汤以清之。

导赤散

木通一钱五分　生地三钱　赤茯苓二钱　灯心二十节
水煎服。

奔豚

气从少腹上冲心而痛，如江豚之上窜，此下焦阴冷之气，宜用姜附汤加肉桂、吴茱萸、茯苓主之。或以橘核、小茴、川楝子佐之，尤效。

身热恶寒、身寒恶热

病人身大热，反欲得近衣者，热在皮肤，寒在骨髓也。身大寒，反不欲近衣者，寒在皮肤，热在骨髓也。

窃谓身热，反欲得近衣者，伤寒外感之属也。身寒，反不欲近衣者，热邪内郁之候也。然亦有欲得近衣而为内热者，火极似水也。亦有不欲近衣而为里寒者，水极似火也。是不可以不辨。

风温、湿温

伤寒发汗已，更感于风，身灼热者，名曰风温。风温为病，脉阴阳俱浮，自汗身重，多眠，鼻息鼾，语言难出，葳蕤汤主之。

湿温者，其人常伤于湿，因而中暑，名曰湿温，两胫逆冷，胸满，头目痛，妄言，多汗，其脉阳浮而阴小，切忌发汗，汗之名重喝，为难治。苍术白虎汤主之。

风湿相搏

伤寒八九日，风湿相搏，身体烦疼，不能自转侧，不呕不渴，脉虚浮而涩者，桂枝附子汤主之。此证脉虚浮而涩，且不渴，故用此汤，若兼口渴者，则不可用也。

劳复、食复、女劳复

大病后，不宜劳动，若劳倦伤气，无力与精神者，名曰劳复。补中益气汤主之。

若饮食伤脾，名曰食复。宜调胃气，以消积食，枳实栀子豉汤主之。

若病后犯房事，以致病复，名曰女劳复。其证头重不举，目中生花，腰背疼痛，小腹里急绞痛，以人参三白汤主之。

人参三白汤

人参二钱　白术　白芍　白茯苓各一钱五分　甘草炙，五分　附子炮，一钱　枣二枚

水煎服。

阴阳易

男子病新瘥，与女子接，其病遂遗于女。女子病新瘥，与男子接，其病遂遗于男。名曰阴阳易。其证头重不举，目中生花，腰背疼痛，小腹里急绞痛，与女劳复证候相似。间有吐舌数寸者，为大危。人参三白汤主之。

狐惑

狐惑，狐疑不决之状，内热生虫之候也。上唇有疮，则虫蚀其肺，名曰惑。下唇有疮，则虫蚀其肛，名曰狐。雄黄丸主之。

雄黄丸

雄黄研　当归炒，各七钱五分　槟榔五钱　芦荟研　麝香研，各二钱五分

上捣研为末，煮面糊为丸，如桐子大。每服二十丸，粥饮下，日三服。

阳毒、阴毒

阳毒、阴毒，热之极，寒之甚，至极而无复加者也。阳毒则斑黄

狂乱；阴毒则厥逆清谷，身痛如被杖。阴阳二毒，多有兼咽痛者，各宜按证投剂，大抵五日内可治，过此恐难为力。阳毒，栀子汤加人中黄主之。阴毒，四逆汤加葱白主之。

栀子汤

治阳毒。

升麻　黄芩　杏仁　石膏各二钱　栀子　赤芍　知母　大青各一钱

甘草五分　柴胡一钱五分　豆豉百粒

水煎服。加人中黄一钱尤效。

百合病

行住坐卧若有神灵，其人默默然意趣不乐，谓之百合病。用百合知母汤主之。

百合知母汤

百合一枚　知母二钱

水煎服。

坏病

本太阳病，若发汗、若吐、若下、若温针，仍不解者，此为坏病，桂枝不中与也，知犯何逆，随证治之。按：逆者，治不如法也。随证治之者，见某证用某药以救之也。古人悉以羊肉汤主之，恐未尽然。

又《是斋》方，不论阴阳二证，或投药错误，致患人沉困垂危，七日后皆可服，传者云千不失一。用好人参一两，去芦，薄切，水一大升，于银石器内煎至一盏，坐新汲水内取冷，作一服。汗不自他出，只在鼻梁尖上涓涓如水，是其验也。余尝用之，屡效。

羊肉汤方

当归　白芍各一钱五分　牡蛎煅赤，一钱　生姜二钱　桂枝五分　龙骨煅赤，四分　黑附子炮，去皮脐，五分

上为末。羊肉二两，葱白二寸，以水二碗，熬减一半，以布滤绞去渣，温服。

热入血室

妇人伤寒，经水适来适断，邪气乘虚内陷于血海之中，以致昼则明了，夜则谵语，如见鬼状者，是为热入血室。治法无犯胃气及上二焦，必自愈。宜用小柴胡汤去半夏，加桃仁、红花、生地、丹皮之类主之。

阴躁似阳躁

阴极反发躁也。伤寒阳证发躁，必口渴便闭，下利肠垢，或谵言妄语，脉必沉实有力。若直中阴寒，不应有躁，今反烦躁者，是物极则反，水极似火也。其证口燥渴，思得水而不能饮，欲坐卧泥水之中，脉必沉迟无力，名曰阴躁，宜用温剂，设或认为阳躁而清之，误之甚矣。

阳厥似阴厥

阳厥者，热极而反发厥也。直中寒邪，则手足厥冷。今传经热证

而亦发厥者，乃物极则反，火极似水也。书云"热深厥亦深，热微厥亦微"是也。但寒厥初病即见，热厥则渐次而至，大不同尔。

肿

肿有三证，太阳风湿相搏，身微肿者，宜疏风祛湿。阳明风热，耳前后肿者，宜刺。大病瘥后，腰以下肿者，宜利小便。

除中

伤寒六七日，脉迟，迟则为寒，医者不察，反以凉药彻其热，腹中应冷不能食，今反能食，名曰除中，言食下即除去也，为难治。试与索饼食之，得饼发热者，除中；不发热者，非除中也。

气上冲心

气上冲心，腹里气时时上冲也。伤寒传至厥阴，消渴，气上冲心，热证也。《经》云"诸逆冲上，皆属于火"是也。

病如桂枝证，头不痛，项不强，寸脉微浮，胸中痞硬，气上冲咽喉不得息者，此为胸有寒也。当吐之，宜瓜蒂散。按寒字当作痰。

瓜蒂散

瓜蒂炒黄　赤小豆等分

上研为细末。取一钱，同豉一撮，汤一碗，先渍之，须臾煎成稀糜，去滓取汁，和末药五分，温服。药下便卧，欲吐，且忍之，良久再吐。如不吐，复如前进一服，以手指探之即吐。如过时又不吐，饮热汤一升以助药力，吐迄，便可食。若服药过多者，饮清水解之。

【点评】程氏认为，伤寒兼证虽然不是传经或直中之正病，但常常见于伤寒的发生发展、失治误治、调摄失宜等疾病变化过程中。

程氏共列举了41种症状，逐一辨析，观点鲜明，层次清楚，有个人感悟特色，为后世医者辨识疾病、遣方用药提供了良好参考。如程氏创制止嗽散，作为外感咳嗽的基础方；倡导治咽痛可通用甘桔汤，伤寒血证宜分清表里寒热；质疑古方苦酒汤治疗伤寒"不能言"的有效性，认为苦酒汤可能是抄写错误，提出当用甘桔汤加减治疗；主张用枳实理中丸治疗结胸、痞气，尤其重视枳实的运用；认为"气上冲咽喉不得息者，此为胸有寒也"之"寒"应为"痰"，旨是其深研伤寒而得，若能思之、悟之、用之，临证当受益无穷。

诸方补遗

姜附汤 温中回阳。

干姜三钱 熟附子三钱

水煎服。

香薷饮 见伤暑。

桂枝附子汤 即桂枝汤加附子。见太阳经证。

藿香正气散 见伤暑。

保和汤 见心痛。

补中益气汤 见类中。

二陈汤 见中风。

槟榔散 见脚气。

四物汤 见虚劳。

泽兰汤 见腰痛。

甘草附子汤 治风湿小便不利，大便反快。

甘草炙 熟附子各一钱 白术 桂枝各一钱五分

水煎温服。

麻黄附子细辛汤 温经发表。

麻黄 附子各一钱 细辛五分 生姜三片

水煎服。

八味汤 见类中。

十枣汤 水停胁下，硬满而痛，不可忍，干呕，气短，自汗出，不恶寒。

芫花 甘遂 大戟等分为末

水一钟半，先煎大枣十枚，取八分，入药末三分，温服。若病不除，再服三分。

桂枝加芍药汤 见太阳经证。

人参膏 用顶参六两，水五碗，煎取二碗；复渣用水二碗，煎取一碗；去渣，将三碗参汁合为一处，缓火煎熬，以箸尝尝搅之，候汁稠厚，即成膏矣。凡救虚危将脱之证，得此为善。

六味汤 见类中。

当归补血汤 治血虚燥热，证象白虎。误服白虎者，不治。

黄芪八钱 当归二钱 大枣五枚

水煎服。

酸枣仁汤 治汗下后，虚烦不得眠。

枣仁_{炒透，一钱} 甘草 知母 麦冬 茯苓_{各六分} 干姜_{三分}

水煎服。

小青龙汤 治表不解，有水气，干呕，发热而咳。

麻黄 桂枝 芍药_{各一钱} 半夏_{一钱五分，姜汁炒} 甘草_炙 干姜

细辛_{各五分} 五味子_{七粒}

水煎服。

逍遥散_{见类中。}

五味异功散 归脾汤 十全大补汤_{并见虚劳。}

桂枝甘草汤_{即桂枝汤倍甘草。见太阳经证。}

代抵当丸_{见淋证。}

第三卷

【点评】程氏在第三卷中主要论述了 41 个内科疾病的特征、鉴别和治疗。其善于抓住病症本质，常常在三言两语中即厘清病症的诊断和鉴别要点；对方药运用则叙述详尽，且在辨治解析中常常加入自己的感悟和经验；常制作疗效确切、简便易行的方药普送大众。由此，我们不难看到一个德高术精、仁爱助人的医者形象，在学习传承程氏的学术观点和临证经验的同时，更为其济世助人的善心善举所感动和激励。

中风门

中风者，真中风也，有中腑、中脏、中血脉之殊。中腑者，中在表也。外有六经之形证，与伤寒六经传变之证无异也。中太阳，用桂枝汤。中阳明，葛根汤加桂枝。中少阳，小柴胡汤加桂枝。其法悉具伤寒门，兹不赘。

中脏者，中在里也。其人眩仆昏冒，不省人事，或痰声如曳锯，宜分脏腑寒热而治之。假如其人素挟虚寒，或暴中新寒，则风水相遭，寒冰彻骨，而风为寒风矣。假如其人素有积热，或郁火暴发，则风乘火势，火借风威，而风为热风矣。为热风，多见闭证，其证牙关紧急，两手握固。法当疏风开窍，先用搐鼻散吹之，次用牛黄丸灌之。若大便闭结，腹满胀闷，火势极盛者，以三化汤攻之。为寒风，多见脱证，其证手撒脾绝，眼合肝绝，口张心绝，声如鼾肺绝，遗尿肾绝，更有两目直视，摇头上窜，发直如妆，汗出如珠，皆脱绝之症。法当温补元气，急用大剂附子理中汤灌之。若痰涎壅盛，以三生饮加人参灌之。间亦有寒痰壅塞，介乎闭、脱之间，不便骤补者，用半夏、橘红各一两，浓煎至一杯，以生姜自然汁对冲，频频灌之，其人即苏，然后按其虚而调之。然予自揣生平，用附子理中治愈者甚多，其用牛黄丸治愈者亦恒有之，惟三化汤一方并未举用。此必天时、地土、人事之不同。然寒热之剂，屹然并立，古方具在，法不可泯。故两存之，以备参酌。

中血脉者，中在经络之中也。其证口眼歪斜，半身不遂是也。大秦艽汤主之。偏在左，倍用四物汤；偏在右，佐以四君子汤。左右俱病，佐以八珍汤，并虎骨胶丸。此治真中之大法也。

口噤、角弓反张

口噤、角弓反张，痉病也。但口噤而兼反张者，是已成痉也，小续命汤。口噤而不反张者，是未成痉也，大秦艽汤。其痉病俱见前伤寒兼证中，宜细加查核。

不语

不语，有心、脾、肾三经之异，又有风寒客于会厌，卒然无音者。大法，若因痰迷心窍，当清心火，牛黄丸、神仙解语丹。若因风痰聚于脾经，当导痰涎，二陈汤加竹沥、姜汁，并用解语丹。若因肾经虚火上炎，当壮水之主，六味汤加远志、石菖蒲。若因肾经虚寒厥逆，当益火之源，刘河间地黄饮子，或用虎骨胶丸加鹿茸。若风寒客于会厌，声音不扬者，用甘桔汤加疏散药。

遗尿

遗尿谓之肾绝，多难救。然反目遗尿者，为肾绝。若不反目，但遗尿者，多属气虚，重用参、芪等药补之则愈。

桂枝汤　葛根汤　小柴胡汤 俱见伤寒。

搐鼻散 治一切中风证不醒人事。用此吹鼻中，有嚏者生，无嚏者难治。

细辛去叶　皂角去皮弦，各一两　半夏生用，五钱

为极细末，瓷瓶收贮，勿泄气。临用吹一二分入鼻孔中取嚏。

牛黄丸 治中风痰火闭结，或瘑疭瘫痪，语言謇涩，恍惚眩晕，精神昏愦，不省人事，或喘嗽痰壅，烦心等症。

牛黄六钱　麝香　龙脑以上三味另研　羚羊角　当归酒洗　防风　黄芩柴胡　白术　麦冬去心　白芍各七钱五分　桔梗　白茯苓　杏仁去皮尖川芎　大豆黄卷　阿胶各八钱五分　蒲黄　人参去芦　神曲各一两二钱五分雄黄另研，四钱　甘草二两五钱　白蔹　肉桂去皮　干姜各三钱七分　犀角镑，一两　干山药三两五钱　大枣五十枚，蒸烂，去皮核　金箔六百五十片，内存二百片为衣

为细末，炼蜜同枣膏为丸，每两作十丸，用金箔为衣。每服一丸，温水化下。

三化汤 治中风入脏，热势极盛，闭结不通，便溺阻隔不行，乃风火相搏而为热风者，本方主之。设内有寒气，大便反硬，名曰阴

结。阴结者，得和气暖日，寒冰自化，不可误用攻药，误即不复救。慎之！慎之！

厚朴姜汁炒　大黄酒蒸　枳实面炒　羌活各一钱五分

水煎服。

附子理中汤见中寒　治寒风中脏，阴冷极盛，脱证随见。此风水相遭而为寒风者，急服此药，犹可得生。夫病属脱证，设误用疏通开窍之药，如人既入井而又加之以石也，必须参附大剂饮之，方为合法。

三生饮　治寒风中脏，六脉沉细，痰壅喉响，不省人事，乃寒痰厥逆之候。

生南星　生乌头去皮尖　生附子各一钱五分　生姜五片　生木香五分

水煎服。

薛立斋云：三生饮，乃行经络治寒痰之良药，斩关夺旗之神剂。每服必用人参两许，驾驭而行，庶可驱外邪而补真气，否则不惟无益，适以取败。观先哲用芪附、术附、参附等汤，其义可见。

大秦艽汤　治风中经络，口眼歪斜，半身不遂，或语言謇涩，乃血弱不能养于筋，宜用养血疏风之剂。《经》云"治风先治血，血行风自灭"是也。

秦艽一钱五分　甘草炙　川芎　当归　芍药　生地　熟地自制茯苓　羌活　独活　白术　防风　白芷　黄芩酒炒，各八分　细辛二分

水煎服。如或烦躁口渴，加石膏一钱五分。阴雨加生姜三片，春夏加知母八分。

窃谓本方，初时宜用，若日久，则以四物、四君为主，而以风药佐之，庶收全功。

四物汤　四君子汤　八珍汤俱见虚劳。

虎骨胶丸见痹证。

小续命汤见伤寒发痉。

神仙解语丹

白附子炮　石菖蒲去毛　远志去心，甘草水泡，炒　天麻　全蝎去尾，甘草水洗　羌活　南星牛胆制多次更佳，各一两　木香五钱

上为末，面糊丸，龙眼大。每服一丸，薄荷汤下。

二陈汤

陈皮　茯苓　半夏姜汁炒　甘草炙，各一钱五分

姜一片，大枣二枚，水煎服。

六味汤见后类中门。

地黄饮子

熟地九蒸晒，二钱　巴戟去心　山萸肉去核　肉苁蓉酒浸，焙　石斛　附子炮　五味子杵，炒　白茯苓各一钱　石菖蒲去毛　桂心　麦冬去心　远志去心，甘草水泡炒，各五分

入薄荷少许，姜一片，枣二枚，水煎服。气虚加人参二钱。

甘桔汤见伤寒咽痛。

【点评】程氏所论中风乃真中风，包括中腑、中脏、中血脉三大类。其中，中腑系外邪侵袭六经之证，其辨治与伤寒六经传变相同。中脏以眩仆昏冒、不省人事、痰声如拽锯为主要表现，有闭证、脱证之分，类似于现代疾病中的脑卒中。中血脉即中经络，以口眼㖞斜、半身不遂为主症，见于脑卒中无神志改变，或仅以风痰入络致肢体偏麻不遂为主。

程氏在辨治中常加入个人的经验和认识，如中脏的治疗，程氏认为"用附子理中治愈者甚多，其用牛黄丸治愈者亦恒有之，惟三化汤一方并未举用"。用大秦艽汤治风中经络，程氏认为：

"初时宜用，若日久，则以四物、四君为主，而以风药佐之，庶收全功。"可见其在临证中是颇下功夫的。

类中风

类中风者，谓火中、虚中、湿中、寒中、暑中、气中、食中、恶中也。共有八种，与真中相类而实不同也。然类中有与真中相兼者，须细察其形证而辨之。凡真中之证，必连经络，多见歪斜偏废之候，与类中之专气致病者自是不同。然而风乘火势，邪乘虚入，寒风相搏，暑风相炫，饮食招风，种种变证，所在多有，务在详辨精细。果其为真中也，则用前驱风法；果其为类中也，则照本门施治；果其为真中、类中相兼也，则以两门医法合治之，斯无弊耳。兹举类中诸证，详列于下，俾学者触目洞然也。

一曰火中 火之自外来者，名曰贼，实火也。火之自内出者，名曰子，虚火也。中火之证，良由将息失宜，心火暴盛，肾水虚衰，不能制之，故卒然昏倒，不可作实火论。假如怒动肝火，逍遥散。心火郁结，牛黄清心丸。肺火壅遏，贝母瓜蒌散。思虑伤脾，加味归脾汤。肾水枯涸，虚火上炎者，六味地黄汤。若肾经阳虚，火不归原者，八味地黄汤、刘河间地黄饮子并主之。此治火中之法也。或问：火中而用桂附者何也？答曰：肾阳飞越，则丹田虚冷。其痰涎上壅者，水不归原也。面赤烦躁者，火不归原也。惟桂附八味能引火归原，火归水中则水能生木，木不生风而风自息矣。

二曰虚中 凡人体质虚弱，过于作劳，伤损元气，以致痰壅气浮，卒然昏倒，宜用六君子汤主之。中气下陷者，补中益气汤主之。

三曰湿中 湿中者，即痰中也。凡人嗜食肥甘，或醇酒乳酪，则湿从内受。或山岚瘴气，久雨阴晦，或远行涉水，坐卧湿地，则湿从外受。湿生痰，痰生热，热生风，故卒然倒无知也。苍白二陈汤主之。

四曰寒中 凡人暴中于寒，卒然口鼻气冷，手足厥冷，或腹痛下利清谷，或身体强硬，口噤不语，四肢战摇，此寒邪直中于里也。宜用姜附汤或附子理中汤加桂主之。

五曰暑中 凡人务农于赤日，行旅于长途，暑气逼迫，卒然昏倒，自汗面垢，昏不知人，急用千金消暑丸灌之，其人立苏。此药有回生之功，一切暑药皆不及此，村落中各宜预备。灌醒后，以益元散清之，或以四味香薷饮去厚朴，加丹参、茯苓、黄连治之。虚者加人参。余详论伤暑门。

六曰气中 七情气结，或怒动肝气，以致气逆痰壅，牙关紧急，极与中风相似。但中风身热，中气身凉；中风脉浮，中气脉沉，且病有根由，必须细究。宜用木香调气散主之。

七曰食中 醉饱过度，或着恼怒，以致饮食填塞胸中，胃气不行，卒然昏倒。宜用橘红二两、生姜一两、炒盐一撮，煎汤灌而吐之。次用神术散和之。其最甚者，胸高满闷，闭而不通，或牙关紧急，厥晕不醒，但心头温者，即以独行丸攻之。药既下咽，其人或吐或泻，自应渐苏。若泻不止者，以冷粥汤饮之即止。

八曰恶中 登冢入庙，冷屋栖迟，以致邪气相侵，卒然错语妄言，或头面青黯，昏不知人。急用葱姜汤灌之，次以神术散调之，苏合丸亦佳。

加味逍遥散 治肝经郁火，胸胁胀痛，或作寒热。甚至肝木生风，眩晕振摇，或咬牙发痉，一目斜视，一手一足搐搦。此皆肝气不和之证，《经》云"木郁达之"是已。

柴胡　甘草　茯苓　白术　当归　白芍　丹皮　黑山栀各一钱
薄荷五分

水煎服。

牛黄清心丸见真中门。

贝母瓜蒌散

贝母二钱　瓜蒌仁一钱五分　胆南星五分　黄芩　橘红　黄连炒，各一钱
甘草　黑山栀各五分

水煎服。

加味归脾汤

黄芪一钱五分　人参　白术　茯神　当归　枣仁炒，各一钱　远志去
心，泡　甘草炙，各七分　丹皮　黑山栀各八分

圆眼肉五枚，水煎服。

六味地黄汤　滋水制火，则无上盛下虚之患。

大熟地四钱　山萸肉去核　山药各二钱　丹皮　茯苓　泽泻各一钱五分

水煎服。本方加肉桂、熟附子各五分，名八味地黄汤。若为丸，
十倍其药，炼蜜丸，如梧桐子大。

地黄饮子见真中。

六君子汤　理脾祛痰。

人参　茯苓　白术陈土炒　陈皮去白　甘草炙　半夏汤泡七次，各一钱
生姜五分，大枣二枚，水煎服。

补中益气汤　中气下陷，宜服此以升举之。

黄芪一钱五分　白术陈土炒　人参　当归　甘草炙，各一钱　柴胡　升
麻各三分　陈皮五分

生姜一片，大枣二枚，水煎服。

苍白二陈汤见中风。　即二陈汤加苍术、白术各一钱。

姜附汤_{见诸方补遗。}

附子理中汤_{见真中。}

千金消暑丸 治中暑昏闷不醒，并伏暑停食，呕吐泻利。一切暑药，皆不及此。

半夏_{醋煮，四两} 茯苓 甘草_{各二两}

共为细末，生姜自然汁糊丸，如绿豆大。每服五六十丸，开水下。若昏愦不醒，碾碎灌之。予用此药治中暑证，累效。有一老人，厥去半日，药下即苏，随以香薷饮去厚朴加丹参、茯苓与之，遂愈。因劝各村落中预备应用，以为救济之法。并嘱同道中预制此药，以广活人之术。

益元散 通利九窍，清暑热，除烦渴，为治暑之圣药。

甘草_{一两} 滑石_{六两，白腻者，水飞过}

上为末。每服三五钱，新汲水调服，或用灯心煎汤待冷调服。

四味香薷饮_{见伤暑。}

木香调气散 平肝气，和胃气。

白蔻仁_{去壳，研} 檀香 木香_{各一两} 丁香_{三钱} 香附_{五两} 藿香_{四两}
甘草_炙 砂仁 陈皮_{各二两}

上为细末。每服二钱，入盐少许，点服。

神术散 此药能治时行不正之气，发热头痛，伤食停饮，胸满腹痛，呕吐泻利，并能解秽驱邪，除山岚瘴气，鬼疟尸注，中食、中恶诸证，其效至速。予尝合此普送，药到病除，罔不应验。

苍术_{陈土炒} 陈皮 厚朴_{姜汁炒，各二斤} 甘草_{炙，十二两} 藿香_{八两}
砂仁_{四两}

共为末。每服二三钱，开水调下。

独行丸 治中食至甚，胸高满闷，吐法不效，须用此药攻之。若昏晕不醒，四肢僵硬，但心头温者，抉齿灌之。

大黄酒炒　巴豆去壳、去油　干姜各一钱

研细，姜汁为丸，如黄豆大。每服五七丸，用姜汤化下。若服后泻不止者，用冷粥汤饮之即止。

苏合丸　治痨瘵骨蒸，疰忤心痛，霍乱吐利，时气鬼魅，瘴疟疫疠，瘀血月闭，疝癖丁肿，惊痫中风，中气痰厥，昏迷等证。

白术　青木香　犀角　香附炒去毛　朱砂水飞　诃黎勒煨，取皮　檀香　安息香酒熬膏　沉香　麝香　丁香　荜茇各二两　龙脑　熏陆香别研苏合香各二两

上为细末，研药匀，用安息香膏并苏合香油，炼蜜和剂，丸如弹子大，以蜡匮固，绯绢当心带之，一切邪祟不敢近。

【点评】程氏所论类中风，主要指各种内外病邪导致的以神志昏蒙，甚则猝然昏倒、口噤不语或错语妄言等为主要症状的一类疾病，因其有神昏失语或妄语等表现，与中风之中脏主症相似而称为类中风。程氏将类中风归纳为火中、虚中、湿中、寒中、暑中、气中、食中、恶中8种，对每一种类中风的发病特征、病因病机和方药进行了简明扼要的论述，便于临证对照应用。

程氏还特别强调千金消暑丸、神术散的良好疗效，嘱医中同道预制药剂，以广济病患。他自己更自制神术散普送病人，常常"药到病除，罔不应验"。其济世仁心由此可见。

伤暑霍乱 搅肠痧

古称静而得之为中暑，动而得之为中热，暑阴而热阳也。不思暑

字以日为首，正言热气之袭人耳。夏日烈烈，为太阳之亢气，人触之则生暑病。至于静而得之者，乃纳凉于深堂水阁，大扇风车，嗜食瓜果，致生寒疾。或头痛身痛，发热恶寒者，外感于寒也。或呕吐腹痛，四肢厥冷者，直中于寒也。与暑证有何干涉？大抵暑证辨法，以自汗、口渴、烦心、溺赤、身热、脉虚为的。

然有伤暑、中暑、暑闭之不同。伤暑者，感之轻者也。其证烦热口渴，益元散主之。中暑者，感之重者也。其证汗大泄，昏闷不醒，或烦心，喘喝，妄言也。昏闷之际，以消暑丸灌之立醒。既醒，则验其暑气之轻重而清之，轻者益元散，重者白虎汤。闭暑者，内伏暑气而外为风寒闭之也。其头痛身痛，发热恶寒者，风寒也；口渴烦心者，暑也。四味香薷饮加荆芥、秦艽主之。

又有暑天受湿，呕吐泻利，发为霍乱，此停食伏饮所致，宜分寒热治之。热者，口必渴，黄连香薷饮主之。寒者，口不渴，藿香正气散主之。更有干霍乱证，欲吐不得吐，欲泻不得泻，搅肠大痛，变在须臾。古方以烧盐和阴阳水引而吐之，或以陈皮同煎吐之，或用多年陈香圆煎汤更佳。俗名搅肠痧、乌痧胀，皆此之类。此系秽气闭塞经隧，气滞血凝，脾土壅满，不能转输，失天地运行之常，则胀闭而危矣。是以治法宜速，切戒饮粥汤，食诸物，入口即败。慎之！慎之！

消暑丸　益元散见类中。

白虎汤见阳明腑病。

四味香薷饮　治风寒闭暑之证，头痛发热，烦心口渴，或呕吐泄泻，发为霍乱，或两足转筋。凡闭暑不能发越者，非香薷不可。香薷乃消暑之要药，而方书称为散剂，俗称为夏月之禁剂，夏既禁用，则当用于何时乎？此不经之说，致令良药受屈，殊可扼腕，故辩之。

香薷　扁豆　厚朴姜汁炒，各一钱五分　甘草炙，五分水煎服。若兼风寒，本方加荆芥、秦艽、蔓荆子。若兼霍乱吐泻，烦心口渴，本方加黄连。若两足转筋，本方加木瓜、茯苓，木瓜治转筋之神剂。若风暑相搏，而发搐搦者，本方加羌活、钩藤。凡暑证不宜发汗，今用风药者，因其暑中挟风也。若暑湿相搏，名曰湿温，误汗则名重暍，多难治，宜用苍术白虎汤。时医不论暑湿，概行发散，伤生匪浅。

藿香正气散　治暑月贪凉饮冷，发为霍乱，腹痛吐泻，憎寒壮热。

藿香　砂仁　厚朴　茯苓　紫苏　陈皮各一钱　白术土炒　半夏桔梗　白芷各七分　甘草炙，五分

生姜三片，水煎服。

清暑益气汤　预服此药，以防暑气。

黄芪一钱五分　白术一钱　人参　当归　陈皮　麦冬去心　炙甘草各五分　扁豆二钱　茯苓七分　升麻　柴胡　北五味各三分　神曲四分黄柏　泽泻各二分

水煎服。

【点评】程氏论"伤暑"首先纠正了"暑阴而热阳"的错误观点，认为中暑系感冒夏日暑热之气而致病，主要症状为自汗、口渴、烦心、溺赤、身热、脉虚，其证型有伤暑、中暑、闭暑之分，当明辨施治。

本篇所述霍乱、干霍乱是指感冒暑湿或秽气闭塞而致呕吐泻利或欲吐不吐、欲泻不泻，与现代感染霍乱弧菌所致的烈性传染病不同，可循方治之。

程氏还特别指出香薷为消暑之要药，质疑方书称其为散剂、

列为夏月禁药的说法，为香薷的临证运用正名。

疫疠

疫论已见首卷，分来路两条，去路三条，治五条，详且尽矣。大法，天行之气，从经络入，其证头痛发热，宜微散，香苏散散之。病气传染，从口鼻入，其证呕恶胸满，宜解秽，神术散和之。若两路之邪，归并于里，腹胀满闷，谵语发狂，唇焦口渴者，治疫清凉散清之。便闭不通者，加大黄下之。其清凉散内，人中黄一味，乃退热之要药，解秽之灵丹，医家缺而不备，安能取效？复有虚人患疫，或病久变虚，或妄治变虚者，须用人参、白术、当归等药加入清凉药内，以扶助正气。如或病气渐退，正气大虚，更宜补益正气为主。夫发散、解秽、清中、攻下四法外，而以补法驾驭其间，此收效万全之策也。

予尝用麦冬、生地各一两，加人参二三钱，以救津液。又尝用人参汤送下加味枳术丸，以治虚人郁热、便闭之证，病气退而元气安。遂恃为囊中活法，谨告同志，各自存神。又有头面肿大，名曰大头瘟者；颈项粗肿，名曰蛤蟆瘟者，古方普济消毒饮并主之。但头肿之极，须用针砭，若医者不究其理，患者畏而不行，多致溃裂腐烂而难救。若颈肿之极，须用橘红淡盐汤吐去其痰，再用前方倍甘、桔主之。须宜早治，不可忽也。

香苏散 见太阳证。

神术散 见类中。

治疫清凉散

秦艽　赤芍　知母　贝母　连翘_{各一钱}　荷叶_{七分}　丹参_{五钱}　柴胡_{一钱五分}　人中黄_{二钱}

水煎服。如伤食胸满，加麦芽、山楂、卜子、陈皮。胁下痞，加鳖甲、枳壳。昏愦谵语，加黄连。热甚大渴，能消水者，加石膏、天花粉、人参。便闭不通，腹中胀痛者，加大黄下之。虚人自汗多，倍加人参。津液枯少，更加麦冬、生地。若时行寒疫，不可轻用凉药，宜斟酌投剂。

普济消毒饮　针砭法_{并见头痛。}

加味枳术丸_{见腹痛。}

制人中黄法　用竹筒两头留节，刮去青皮，开一孔，将甘草装满，仍用木屑塞口，融松香封固，用绳扎定，于腊月初一日，投厕缸中，一月足，取起，用水濯洗，然后劈开竹筒，将甘草晒干，收贮听用。

或问：香苏散、神术散，芳香药也；人中黄，有秽气者也，而皆以之解疫毒、消秽气，何也？不知邪客上焦，乃清虚之所，故用芳香以解之。邪客中、下二焦，乃浊阴之所，疫毒至此，结而为秽，则非芳香所能解，必须以秽攻秽，而秽气始除，此人中黄之用，所以切当也。夫病有先后，有部位，有更变，而用药随之，方为活法。医家常须识此，不只治疫一端而已。

【**点评**】程氏对疫疠的传播途径和治疗方法论述非常精辟，在卷首曾以专篇论述，概括起来为"来路两条，去路三条，治五条"，可谓思路清晰，简洁明了，在此不再赘述。

程氏还将自己在临证中运用补法及用针砭治疗大头瘟、蛤蟆瘟的经验加以总结，并告诫同行合理运用，定收良效。

虚劳

帝曰：阴虚生内热奈何？岐伯曰：有所劳倦，形气衰少，谷气不盛，上焦不行，下脘不通，胃气热，热气熏胸中，故内热。此言气虚之候也。东垣宗其说，发补中益气之论，卓立千古。朱丹溪从而广之，以为阳常有余，阴常不足，人之劳心好色，内损肾元者，多属真阴亏损，宜用六味汤加知母、黄柏，补其阴而火自降，此又以血虚为言也。后人论补气者，则宗东垣，论补血者，则宗丹溪。且曰：水为天一之元，土为万物之母，其说至为有理。然而阳虚易补，阴虚难疗。治虚损者，当就其阴血未枯之时而早补之。患虚损者，当就其真阴未槁之时而重养之，亦庶乎其可矣。凡虚劳之证，多见吐血、痰涌、发热、梦遗、经闭，以及肺痿、肺痈、咽痛、音哑、侧卧、传尸、鬼注诸疾，今照葛仙翁《十药神书》例，增损方法，胪列于下，以便观览。

甲字号方

止咳嗽为主。予见虚损之成，多由于吐血。吐血之因，多由于咳嗽。咳嗽之原，多起于风寒。仲景云：咳而喘息有音，甚则吐血者，用麻黄汤。东垣师其意，改用人参麻黄芍药汤。可见咳嗽吐红之证，多因于外感者，不可不察也。予治外感咳嗽，用止嗽散加荆、防、苏梗以散之。散后肺虚，即用五味异功散补脾土以生肺金。虚中挟邪，则用团鱼丸解之。虚损渐成，咳嗽不止，乃用紫菀散、月华丸清而补之。此治虚咳之要诀也。余详本门。

止嗽散见后咳嗽门。

五味异功散即四君子加陈皮。方见后。

团鱼丸 治久咳不止，恐成痨瘵。

贝母去心 知母 前胡 柴胡 杏仁去皮尖及双仁者，各四钱 大团鱼一个，重十二两以上者，去肠

上药与鱼同煮熟，取肉连汁食之。将药渣焙干为末，用鱼骨煮汁一盏，和药为丸，如桐子大。每服二十丸，麦冬汤下，日三服。

海藏紫菀散 润肺止嗽，并治肺痿。

人参五分 紫菀 知母蒸 贝母去心 桔梗 茯苓 真阿胶蛤粉炒成珠，各一钱 五味子 甘草炙，各三分

水煎服。

月华丸 滋阴降火，消痰祛瘀，止咳定喘，保肺平肝，消风热，杀尸虫，此阴虚发咳之圣药也。

天冬去心，蒸 麦冬去心，蒸 生地酒洗 熟地九蒸，晒 山药乳蒸 百部蒸 沙参蒸 川贝母去心，蒸 真阿胶各一两 茯苓乳蒸 獭肝 广三七各五钱

用白菊花二两去蒂，桑叶二两经霜者熬膏，将阿胶化入膏内，和药，稍加炼蜜为丸，如弹子大。每服一丸，嚼化，日三服。

乙字号方

止吐血为主。凡血证，有阳乘阴者，有阴乘阳者。假如脉数内热，口舌干燥，或平素血虚火旺，加以醇酒炙煿之物，此乃热气腾沸，迫血妄行，名曰阳乘阴。法当清降，四生丸等主之。吐止后，则

用六味地黄丸补之。又如脉息沉迟，口舌清润，平素体质虚寒，或兼受风冷之气，此谓天寒地冻，水凝成冰，名曰阴乘阳。法当温散，理中汤主之。凡治血证，不论阴阳，俱以照顾脾胃为收功良策。诚以脾胃者，吉凶之关也。书云：自上损下者，一损损于肺，二损损于肝，三损损于脾，过于脾，则不可治。自下损上者，一损损于肾，二损损于心，三损损于胃，过于胃，则不可治。所谓过于脾胃者，吐泻是也。古人有言：不问阴阳与冷热，先将脾胃与安和。丹溪云：凡血证，须用四君子之类以收功。其言深有至理，然而补脾养胃，不专在药，而在饮食之得宜。《难经》曰：损其脾者，调其饮食，适其寒温。诚以饮食之补，远胜于药耳。世之治损者，亦可恍然悟矣。

四生丸 治阳盛阴虚，热迫血而妄行，以致吐血、咯血、衄血，法当清降。

生地黄　生荷叶　生侧柏叶　生艾叶各等分

细切，同捣极烂为丸，如鸡子大。每服一丸，水煎，去渣服。吐甚者，用此丸煎汤，调下花蕊石散一二钱，尤佳。

花蕊石散 能化瘀血为水，而不动脏腑，真神药也。

花蕊石一斤　明硫黄四两

入瓦罐内，封口，铁线紧扎，盐泥包裹，晒干，硬炭围定，炼二炷香，细研，筛过。每服二三钱，童便、热酒调服。

生地黄汤

生地三钱　牛膝　丹皮　黑山栀各一钱　丹参　元参　麦冬　白芍各一钱五分　郁金　广三七　荷叶各七分

水煎，加陈墨汁、清童便各半杯，和服。

六味地黄丸见类中 滋益先天，生肾水，制虚火，乃医门要药，尤红证之灵丹也。

理中汤<small>见中寒门</small>　治阴盛阳虚，不能统血，以致阴血走散，法当温补。

四君子汤

人参　白术　茯苓　炙甘草<small>各一钱</small>

大枣二枚，生姜一片，水煎服。

丙字号方

治大吐血成升斗者。先用花蕊石散止之，随用独参汤补之，所谓血脱益气，阳生阴长之理，贫者以归脾汤代之。

独参汤

人参<small>一两，去芦</small>

水煎服。听其熟睡，切勿惊醒，则阴血复生矣。

归脾汤

白术　人参　当归　枣仁<small>炒</small>　白芍<small>各一钱</small>　黄芪<small>一钱五分</small>　远志<small>去心，泡，七分</small>　甘草<small>炙，五分</small>　圆眼肉<small>五枚</small>

水煎服。

丁字号方

治咳嗽吐红，渐成骨蒸劳热之证。如人胃强气盛，大便结，脉有力，此阳盛生热，法当清凉，清骨散主之。若胃虚脾弱，大便溏，脉虚细，此阴虚发热，法当养阴，逍遥散、四物汤主之。若气血两虚而发热者，八珍汤补之。若元气大虚，变证百出，难以名状，不问其脉，不论其病，但用人参养荣汤，诸证自退。《经》云：甘温能除大热。如或误用寒凉，反伐生气，多致不救。

清骨散

柴胡　白芍_{各一钱}　秦艽_{七分}　甘草_{五分}　丹皮　地骨皮　青蒿　鳖甲_{各一钱二分}　知母　黄芩　胡黄连_{各四分}

水煎服。加童便尤妙。凡逍遥、四物、八珍方内，皆可加入。

逍遥散_{方见类中}　治肝经血虚，烦躁，口渴，胸胁刺痛，头眩，心悸，颊赤，口苦，发热盗汗，食少嗜卧。又治女人经水不调，脐腹胀痛，寒热如疟。并治室女经闭，痰嗽潮热，肌瘦劳热等症。

四物汤

大熟地_{自制}　当归　白芍_{各一钱五分}　川芎_{五分}

水煎服。加丹皮、麦冬、玉竹、山药、茯苓，退虚热至效。

八珍汤　治气血虚，发热，潮热。

人参　白术　茯苓　甘草_炙　熟地　当归　白芍_{各一钱}　川芎_{五分}

枣二枚，水煎服。

本方加黄芪、肉桂，名十全大补汤。加丹皮、黑山栀、柴胡，名加味八珍汤。

人参养荣汤

白芍_{炒，二钱}　人参　黄芪_{蜜炙}　当归　白术　熟地_{各一钱五分}　甘草_炙　茯苓　远志_{去心泡，各七分}　北五味　桂心　陈皮_{各四分}

姜一片，枣二枚，水煎服。

戊字号方

治肺痿、肺痈。久咳不止，时吐白沫如米粥者，名曰肺痿。此火盛金伤，肺热而金化也，保和汤主之。咳嗽吐脓血，咳引胸中痛，此肺内生毒也，名曰肺痈。加味桔梗汤主之。

保和汤　治肺痿。

知母_{蒸，五分}　贝母_{二钱}　天冬_{去心}　麦冬_{去心，各一钱}　苡仁_{五钱}　北五味_{十粒}　甘草　桔梗　马兜铃　百合　阿胶_{蛤粉炒成珠，各八分}　薄荷_{二分}

水煎，入饴糖一匙，温服。虚者加人参。

加味桔梗汤　治肺痈。

桔梗_{去芦}　白及　橘红　甜葶苈_{微炒，各八分}　甘草节　贝母_{各一钱五分}　苡仁　金银花_{各五钱}

水煎服。初起，加荆芥、防风各一钱；溃后，加人参、黄芪各一钱。

己字号方

治咽痛、音哑、喉疮。夫劳证至此，乃真阴枯涸、虚阳上泛之危症，多属难起。宜用六味丸滋肾水，而以治标之法佐之可也。

百药煎散　治咽痛。

百药煎_{五钱}　硼砂_{一钱五分}　甘草_{二钱}

为末。每服一钱，米饮调，食后细细咽之。

通音煎　治音哑。

白蜜_{一斤}　川贝母_{一两，去心，为末}　款冬花_{二两，去梗，为末}　胡桃肉_{十二两，去衣，研烂}

上四味和匀，饭上蒸熟，不拘时，开水点服。

柳华散　治喉疮，并口舌生疮、咽喉肿痛诸证。

真青黛　蒲黄_炒　黄柏_炒　人中白_{各一两}　冰片_{三分}　硼砂_{五钱}

共为细末，吹喉极效。

庚字号方

治男子梦遗精滑。其梦而遗者，相火之强也。不梦而遗者，心肾之衰也。宜分别之。

秘精丸 有相火，必生湿热，则水不清，不清则不固，故本方以理脾导湿为先，湿祛水清，而精自止矣。治浊之法亦然。

白术　山药　茯苓　茯神　莲子肉去心，蒸，各二两　芡实四两
莲花须　牡蛎各一两五钱　黄柏五钱　车前子三两

共为末，金樱膏为丸，如桐子大。每服七八十丸，开水下。气虚者，加人参一两。

十补丸 气旺则能摄精，时下体虚者众，服此累效。

黄芪　白术各二两　茯苓　山药各一两五钱　人参一两　大熟地三两
当归　白芍各一两　山萸肉　杜仲　续断各二两　枣仁二两　远志一两
北五味　龙骨　牡蛎各七钱五分

金樱膏为丸。每服四钱，开水下。

辛字号方

治女人经水不调，并治室女经闭成损。按：女人经水不调，乃气血不和，其病尤浅。室女经闭，则水源断绝，其病至深。夫所谓天癸者，癸生于子，天一所生之本也。所谓月经者，经常也，反常则灾病至矣。室女乃血气完足之人，尤不宜闭，闭则鬓发焦，咳嗽发热，诸病蜂起，势难为也。

泽兰汤 调经，通血脉，治经闭。

泽兰_{二钱} 柏子仁 当归 白芍 熟地 牛膝 茺蔚子_{各一钱五分}

水煎服。

益母胜金丹

熟地 当归_{各四两} 白芍_{酒炒，三两} 川芎_{一两五钱} 牛膝_{二两} 白术
香附_{酒、醋、姜汁、盐水各炒一次} 丹参 茺蔚子_{各四两}

益母草一斤，酒水各半熬膏，和炼蜜为丸。每早开水下三钱，晚用清酒下二钱。经水后期而来，小腹冷痛，为寒，加肉桂五钱。经水先期妄行，自觉血热，加丹皮二两，酒炒条芩五钱。凡遇经水作痛，乃血凝气滞，加延胡索一两。

壬字号方

治传尸劳瘵，驱邪杀虫。劳证之有虫，如树之有蠹，去其蠹而后培其根，则树木生长。劳证不去虫，而徒恃补养，未见其受益者。古法具在，不可废也。

驱虫丸

明雄黄_{一两} 芜荑 雷丸 鬼箭羽_{各五钱} 獭肝_{一具} 丹参_{一两五钱}
麝香_{二分五厘}

炼蜜丸，如桐子大。每食后开水下十丸，日三服。紫金丹亦效，或用真苏合香丸，治之尤佳。

癸字号方

补五脏虚损。凡病，邪之所凑，其气必虚，况由虚致病者乎？则

补法为最要。《难经》云：损其肺者，益其气；损其心者，和其营卫；损其脾者，调其饮食，适其寒温；损其肝者，缓其中；损其肾者，益其精。按法主之。

补天大造丸 补五脏虚损。

人参二两 黄芪蜜炙 白术陈土蒸，各三两 当归酒蒸 枣仁去壳，炒 远志去心，甘草水泡，炒 白芍酒炒 山药乳蒸 茯苓乳蒸，各一两五钱 枸杞子酒蒸 大熟地九蒸晒，各四两 河车一具，甘草水洗 鹿角一斤，熬膏 龟板八两，与鹿角同熬膏

以龟鹿胶和药，加炼蜜为丸。每早开水下四钱。阴虚内热甚者，加丹皮二两；阳虚内寒者，加肉桂五钱。

【点评】虚劳是先天不足、后天失养、大病久病、耗伤精气而导致的脏腑功能失调、气血阴阳亏损的一类疾病。程氏宗东垣、丹溪之说，注重补气养血，强调"阳虚易补，阴虚难疗"，主张"治虚损者，当就其阴血未枯之时而早补之"。程氏参照《十药神书》体例，将虚劳常见的证候分十类论述，辨证、治法、方药、炮制一应俱全，并在论述中加入自己的辨治体会，在传承中每有创新。如"甲字号方"治咳嗽，程氏喜用自创的止嗽散加减治疗外感咳嗽；表邪解除而见肺虚者，则用五味异功散补土生金。"乙字号方"治吐血，强调"凡治血证，不论阴阳，俱以照顾脾胃为收功良策"，指出"补脾养胃，不专在药，而在饮食之得宜"，认为"饮食之补，远胜于药耳"。

咳嗽

咳嗽证，虚劳门已言之。而未详及外感诸病因，故再言之。肺体属金，譬若钟然，钟非叩不鸣。风、寒、暑、湿、燥、火，六淫之邪，自外击之则鸣，劳欲、情志、饮食、炙煿之火，自内攻之则亦鸣。医者不去其鸣钟之具，而日磨锉其钟，将钟损声嘶而鸣之者如故也，钟其能保乎？吾愿治咳者，作如是观。

大法，风寒初起，头痛鼻塞，发热恶寒而咳嗽者，用止嗽散，加荆芥、防风、苏叶、生姜以散邪。既散而咳不止，专用本方，调和肺气，或兼用人参胡桃汤以润之。若汗多食少，此脾虚也，用五味异功散加桔梗，补脾土以生肺金。若中寒入里而咳者，但温其中而咳自止。若暑气伤肺，口渴、烦心、溺赤者，其证最重，用止嗽散加黄连、黄芩、花粉以直折其火。若湿气生痰，痰涎稠黏者，用止嗽散加半夏、茯苓、桑白皮、生姜、大枣以祛其湿。若燥气焚金，干咳无痰者，用止嗽散加瓜蒌、贝母、知母、柏子仁以润燥。此外感之治法也。

然外感之邪，初病在肺，肺咳不已，则移于五脏，脏咳不已，则移于六腑。须按《内经》十二经见证而加减如法，则治无不痊。《经》云：咳而喘息有音，甚则唾血者，属肺脏，此即风寒咳血也，止嗽散加荆芥、紫苏、赤芍、丹参。咳而两胁痛，不能转侧，属肝脏，前方加柴胡、枳壳、赤芍。咳而喉中如梗状，甚则咽肿喉痹，属心脏，前方倍桔梗，加蒡子。咳而右胁痛，阴引肩背，甚则不可以动，动则咳剧，属脾脏，前方加葛根、秦艽、郁金。咳而腰背痛，甚则咳涎者，属肾脏，前方加附子。咳而呕苦水者，属胆腑，前方加黄芩、半夏、生姜。咳而矢气者，属小肠腑，前方加芍药。咳而呕，呕甚则长虫出，属胃腑，前方去甘草，加乌梅、川椒、干姜，有热佐之以黄连。咳而遗屎，属大肠腑，前方加白术、赤石脂。咳而遗溺，属膀胱腑，前方加茯苓、半夏。久咳不止，三焦受之，其证腹满不食，令人多涕唾，面目浮肿，气逆，以止嗽散合五味异功散并用。投之对证，其效如神。

又以内伤论，前证若七情气结，郁火上冲者，用止嗽散加香附、贝母、柴胡、黑山栀。若肾经阴虚，水衰不能制火，内热，脉细数者，宜朝用地黄丸滋肾水，午用止嗽散去荆芥加知母、贝母以开火郁，仍佐以蒌蕤胡桃汤。若客邪混合肺经，变生虚热者，更佐以团鱼丸。若病势深沉，变为虚损，或尸虫入肺，喉痒而咳者，更佐以月华丸。若内伤饮食，口干痞闷，五更咳甚者，乃食积之火，至此时流入肺经，用止嗽散加连翘、山楂、麦芽、菔子。若脾气虚弱，饮食不思，此气弱也，用五味异功散加桔梗。此内伤之治法也。

凡治咳嗽，贵在初起得法为善。《经》云：微寒微咳。咳嗽之因，属风寒者十居其九。故初治必须发散，而又不可以过散，不散则邪不去，过散则肺气必虚，皆令缠绵难愈。薛立斋云：肺有火，则风邪易入，治宜解表兼清肺火；肺气虚，则腠理不固，治宜解表兼补肺气。又云：肺属辛金，生于己土，久咳不已，必须补脾土以生肺金。此诚格致之言也。然清火之药，不宜久服，无论脉之洪大滑数，数剂后，即宜舍去，但用六味丸频频服之，而兼以白蜜、胡桃润之，其咳自住。若脾肺气虚，则用五味异功散、六君子等药，补土生肺，反掌收功，为至捷也。

治咳者，宜细加详审。患咳者，宜戒口慎风。毋令久咳不除，变为肺痿、肺痈、虚损、痨瘵之候，慎之戒之！

止嗽散 治诸般咳嗽。

桔梗_炒 荆芥 紫菀_蒸 百部_蒸 白前_{蒸，各二斤} 甘草_{炒，十二两} 陈皮_{水洗，去白，一斤}

共为末。每服三钱，开水调下，食后临卧服。初感风寒，生姜汤调下。

予制此药普送，只前七味，服者多效。或问：药极轻微，而取效甚广，何也？予曰：药不贵险峻，惟期中病而已，此方系予苦心揣摩而得也。盖肺体属金，畏火者也，过热则咳。金性刚燥，恶冷者也，过寒亦咳。且肺为娇脏，攻击之剂既不任受，而外主皮毛，最易受邪，不行表散则邪气留连而不解。《经》曰：微寒微咳。寒之感也，若小寇然，启门逐之即去矣。医者不审，妄用清凉酸涩之剂，未免闭门留寇，寇欲出而无门，必至穿踰而走，则咳而见红。肺有二窍，一在鼻，一在喉。鼻窍贵开而不闭，喉窍宜闭而不开。今鼻窍不通，则喉窍将启，能无虚乎？本方温润和平，不寒不热，既无攻击过当之虞，大有启门驱贼之势，是以客邪易散，肺气安宁，宜其投之有效欤？附论于此，以咨明哲。

人参胡桃汤 止嗽定喘。

人参_{五分} 胡桃仁_{三钱，连衣研} 生姜_{三片}

水煎服。本方以姜蓣易生姜，名姜蓣胡桃汤，治阴虚证。

又方，用白蜜二斤，胡桃仁二斤，隔汤炖熟，开水点服，不拘时。

五味异功散 六味丸 团鱼丸 月华丸_{俱见虚劳。}

六君子汤_{见类中。}

【**点评**】咳嗽乃最为常见多发的病症，常会久咳不愈而影响人们的生活工作。历代医家对咳嗽多有论治。程氏在"虚劳"篇中已做提纲式论述，在此又列专篇详述，足见其在咳嗽辨治上深有心得。

程氏喻肺为钟生动形象，提出治病当详解病因，消除引起"钟鸣"的原因，则"钟鸣"自止，咳嗽辨治亦正如此，当祛除病因，咳嗽方止。程氏深悉咳嗽的病因病机，从外感和内伤两个方面予以详细论述，方药加减精准详尽，若能熟练掌握，用之临证，治咳嗽当不难矣。程氏强调"凡治咳嗽，贵在初起得法为善"，对风寒所致咳嗽，提出"必须发散，又不可以过散"，且"清火之药，不宜久服"；对"久咳不已，必须补脾土以生肺金"，要求咳嗽患者"宜戒口慎风"，临证不可不记。

程氏对自创止嗽散的论述透彻，从肺脏的属性阐述了自己的组方原则和意图，认为"本方温润和平，不寒不热，既无攻击过当之虞，大有启门祛贼之势，是以客邪易散，肺气安宁"，是其"苦心揣摩而得"之良方。程氏还制备此药普送患者，"只前七味，服者多效"，被后世视为经典，广为传用。

喘

《经》云：诸病喘满，皆属于热。盖寒则息微而气缓，热则息粗而气急也。由是观之，喘之属火无疑矣。然而外感寒邪，以及脾肾虚寒，皆能令喘，未便概以火断也。假如风寒外客而喘者，散之。直中于寒而喘者，温之。热邪传里，便闭而喘者，攻之。暑热伤气而喘者，清而补之。湿痰壅遏而喘者，消之。燥火入肺而喘者，润之。此外感之治法也，各详本门。

若夫七情气结，郁火上冲者，疏而达之，加味逍遥散。肾水虚而火上炎者，壮水制之，知柏八味丸。肾经真阳不足而火上泛者，引火归根，桂附八味丸。若因脾虚不能生肺而喘者，五味异功散加桔梗，补土生金。此内伤之治法也。

夫外感之喘，多出于肺；内伤之喘，未有不由于肾者。《经》云：诸痿喘呕，皆属于下。定喘之法，当于肾经责其真水、真火之不足而主之。如或脾气大虚，则以人参、白术为主。参、术补脾土以生肺金，金旺则能生水，乃隔二、隔三之治也。

更有哮证与喘相似，呀呷不已，喘息有音，此表寒束其内热致成斯疾，加味甘桔汤主之，止嗽散亦佳。古今治喘哮证，方论甚繁，大意总不出此。

加味逍遥散 见类中。

知柏八味丸 即六味丸加知母、黄柏。

桂附八味丸 俱见类中。

五味异功散 见虚劳。

加味甘桔汤 治喘，定哮。

甘草 五分　桔梗　川贝母　百部　白前　橘红　茯苓　旋覆花 各一钱五分

水煎服。

止嗽散 见伤寒咳嗽。

【点评】程氏论"喘"，从内外治之。外邪致喘，根据风寒客肺、直中于寒、热邪传里、暑热伤气、湿痰壅遏、燥火入肺等，分别采取散之、温之、攻之、清而补之、消之、润之等法；内伤致喘从肝、肾、脾三脏论治。若能领悟其要领，治喘当有法可依、有方可循。

吐血

暴吐血，以祛瘀为主，而兼之降火；久吐血，以养阴为主，而兼之理脾。古方四生丸、十灰散、花蕊石散，祛瘀降火之法也。古方六味汤、四物汤、四君子汤，养阴补脾之法也。

然血证有外感、内伤之不同。假如咳而喘息有音，甚则吐血者，此风寒也，加味香苏散散之。务农赤日，行旅长途，口渴自汗而吐血者，此伤暑也，益元散清之。夏令火炎，更乘秋燥，发为干咳，脉数大而吐血者，此燥火焚金也，三黄解毒汤降之。此外感之治也。

又如阴虚吐血者，初用四生丸、十灰散以化之，兼用生地黄汤以清之，吐止则用地黄丸补之。阳虚大吐血成升斗者，初用花蕊石散以化之，随用独参汤以补之，继则用四君、八珍等以调之。脏寒吐血，如天寒地冻，水凝成冰也，用理中汤以温之。其或七情气结、怒动肝火者，则用加味逍遥散以疏达之。伤力吐血者，则用泽兰汤行之。此内伤之治法也。

夫血以下行为顺，上行为逆，暴吐之时，气血未衰，饮食如常，大便结实，法当导之下行。病势既久，气血衰微，饮食渐减，大便不实，法当养阴血兼补脾气。大凡吐血、咯血，须用四君子之类以收功，盖阴血生于阳气，脾土旺则能生血耳。治者念之。

四生丸 见虚劳。

十灰散 祛瘀生新，止血之良剂。

大蓟　小蓟　茅根　茜根　老丝瓜　山栀　薄黄　荷叶　大黄
乱发

烧灰存性，每服二三钱，藕汤调下。

花蕊石散　六味汤　四物汤　四君子汤并见虚劳。

加味香苏散即香苏散加山栀、丹皮、丹参。方见伤寒太阳证。

益元散见类中。

三黄解毒汤见伤寒。

生地黄汤见虚劳。

独参汤　八珍汤见虚劳。

理中汤见中寒。

加味逍遥散见类中。

泽兰汤见后腰痛。

【点评】程氏论"吐血"从吐血新久、外感内伤而论。新近暴吐血者，治以祛瘀降火；吐血日久者，治以养阴理脾。程氏强调根据外感病邪和内伤病机不同，酌加解表清润之品或益气养阴、清热理气之方，是大法中的机变，当慎辨之。

头痛

头为诸阳之会，清阳不升，则邪气乘之，致令头痛。然有内伤、外感之异。外感风寒者，宜散之。热邪传入胃腑，热气上攻者，宜清之。直中证，寒气上逼者，宜温之。治法详见伤寒门，兹不赘。

然除正风寒外，复有偏头风、雷头风、客寒犯脑、胃火上冲、痰厥头痛、肾厥头痛、大头天行、破脑伤风、眉棱骨痛、眼眶痛等证。更有真头痛，朝不保暮，势更危急。皆宜细辨。

偏头风者，半边头痛，有风热，有血虚。风热者，筋脉抽搐，或鼻塞，常流浊涕，清空膏主之。血虚者，昼轻夜重，痛连眼角，逍遥散主之。雷头风者，头痛而起核块，或头中雷鸣，多属痰火，清震汤主之。客寒犯脑者，脑痛连齿，手足厥冷，口鼻气冷，羌活附子汤主之。胃火上冲者，脉洪大，口渴饮冷，头筋扛起者，加味升麻汤主之。痰厥头痛者，胸肺多痰，动则眩晕，半夏白术天麻汤主之。肾厥头痛者，头重足浮，腰膝酸软，《经》所谓"下虚上实"是也。肾气衰，则下虚，浮火上泛，故上实也。然肾经有真水虚者，脉必数而无力；有真火虚者，脉必大而无力。水虚，六味丸；火虚，八味丸。大头天行者，头肿大，甚如斗，时疫之证也。轻者名发颐，肿在耳前后，皆火郁也，普济消毒饮主之，更加针砭以佐之。破脑伤风者，风从破处而入，其证多发搐搦，防风散主之。眉棱骨痛，或眼眶痛，俱属肝经。见光则痛者，属血虚，逍遥散；痛不可开者，属风热，清空膏。真头痛者，多属阳衰。头统诸阳，而脑为髓海，不任受邪，若阳气大虚，脑受邪侵，则发为真头痛，手足青至节，势难为矣。速用补中益气汤加蔓荆子、川芎、附子，并进八味丸，间有得生者，不可忽也。

清空膏

羌活　防风各六分　柴胡五分　黄芩半生半炒，一钱二分　川芎四分　甘草炙，一钱　薄荷三分　黄连酒炒，六分

水煎服。

逍遥散见虚劳。

加味清震汤

升麻一钱　苍术一钱　青荷叶一个，全用　甘草炙　陈皮各八分　蔓

荆子　荆芥各一钱五分　薄荷五分

水煎服。

羌活附子散

羌活一钱　附子　干姜各五分　炙甘草八分

水煎服。

加味升麻汤

升麻　葛根　赤芍　甘草各一钱　石膏二钱　薄荷三分

灯心二十节，水煎服。

半夏白术天麻汤

半夏一钱五分　白术　天麻　陈皮　茯苓各一钱　甘草炙，五分
生姜二片　大枣三个　蔓荆子一钱

虚者加人参。水煎服。

六味丸　八味丸见类中。

普济消毒饮　治大头证。肿甚者，宜砭之。

甘草　桔梗　黄芩酒炒　黄连酒炒，各一钱　马勃　元参　橘红　柴
胡各五分　薄荷六分　升麻二分　连翘　牛蒡子炒，各八分

水煎服。体虚，加人参五分。便闭，加大黄酒煨一钱。愚按：此
证须用贝母、人中黄、荷叶为妙。发颐证，倍柴胡，加丹皮；喉咙肿
痛，倍桔梗、甘草。

砭法　以上细磁锋，用竹片夹定，紧扎，放锋出半分，对患处，
另以箸敲之，遍刺肿处，俾紫血多出为善。刺毕，以精肉贴片时，再
用鸡子清调乳香末润之。此地不宜成脓。头内中空，耳前后更多曲
折，提脓拔毒，恒多不便，故针砭断不可少。

针法　以小布针两枚，手法扣定，露锋纤少，遍刺肿处，血出立
松。更敷前药，自然消散。用针砭时，须正心诚意，咬定牙齿，下手

刺之。

防风散　治破脑伤风。

防风　生南星_{炮，}等分

上为末。每服二钱，童便冲酒调服。

补中益气汤_{见类中。}

【点评】头痛有外感、内伤之分。外感有风寒、热邪入腑及寒邪直中证，程氏按伤寒六经传变论治。头痛病因较多，除正风寒外，程氏按风热、血虚、痰火、客寒、胃火、痰厥、肾厥、时疫等病因病机不同，分别罗列头痛的治法方药和辨证要点。临证当详辨病机，随症取用。

心痛

当胸之下，岐骨陷去，属心之部位，其发痛者，则曰心痛。然心不受邪，受邪则为真心痛，旦暮不保矣。凡有痛者，胞络受病也。胞络者，心主之宫城也。寇凌宫禁，势已可危，而况犯主乎？故治之宜亟亟也。心痛有九种，一曰气，二曰血，三曰热，四曰寒，五曰饮，六曰食，七曰虚，八曰虫，九曰疰，宜分而治之。

气痛者，气壅攻刺而痛，游走不定也，沉香降气散主之。血痛者，痛有定处而不移，转侧若刀锥之刺，手拈散主之。热痛者，舌燥唇焦，溺赤便闭，喜冷畏热，其痛或作或止，脉洪大有力，清中汤主之。寒痛者，其痛暴发，手足厥冷，口鼻气冷，喜热畏寒，其痛绵绵不休，脉沉细无力，姜附汤加肉桂主之。饮痛者，水饮停积也，干呕

吐涎，或咳，或噎，甚则摇之作水声，脉弦滑，小半夏加茯苓汤主之。食痛者，伤于饮食，心胸胀闷，手不可按，或吞酸嗳腐，脉紧滑，保和汤主之。虚痛者，心悸怔忡，以手按之则痛止，归脾汤主之。虫痛者，面白唇红，或唇之上下有白斑点，或口吐白沫，饥时更甚，化虫丸主之。疰痛者，触冒邪祟，卒尔心痛，面目青暗，或昏愦谵语，脉来乍大乍小，或两手如出两人，神术散、葱白酒、生姜汤并主之。此治心痛之大法也。

或问：久痛无寒，暴痛无火，然乎？否乎？答曰：此说亦宜斟酌。如人素有积热，或受暑湿之热，或热食所伤而发，则暴痛亦属火矣，岂宜热药疗之？如人本体虚寒，经年累月，频发无休，是久痛亦属寒矣，岂宜寒药疗之？且凡病始受热中，末传寒中者，比比皆是，必须临证审确，逐一明辨，斯无误也。

又或谓：诸痛为实，痛无补法。亦非也，如人果属实痛，则不可补；若属虚痛，必须补之。虚而且寒，则宜温补并行；若寒而不虚，则专以温剂主之。丹溪云：温即是补。若虚而兼火，则补剂中须加凉药。此治痛之良法，治者宜详审焉。

沉香降气散　治气滞心痛。

沉香三钱，细锉　砂仁七钱　甘草炙，五钱　香附盐水炒，五两　元胡索一两，酒炒　川楝子煨，去肉净，一两

共为末。每服二钱，淡姜汤下。

手拈散　治血积心痛。

元胡索醋炒　香附酒炒　五灵脂去土，醋炒　没药箸上炙干，等分

共为细末。每服三钱，热酒调下。血老者，用红花五分，桃仁十粒，煎酒调下。

清中汤　治热厥心痛。

香附　陈皮各一钱五分　黑山栀　金铃子即川楝子　元胡索各八分
甘草炙，五分　川黄连姜汁炒，一钱

水煎服。

姜附汤见诸方补遗　治寒厥心痛。又真心痛，手足青至节，宜用本方大剂饮之，或救十中之一二。若痛时喜手紧按，更加人参。

小半夏加茯苓汤见伤寒咳嗽。

保和汤　治伤食心痛。

麦芽　山楂　菔子　厚朴　香附各一钱　甘草　连翘各五分　陈皮一钱五分

水煎服。

归脾汤　治气血虚弱，以致心痛。

黄芪一钱五分　白术　人参　茯神　枣仁　当归各一钱　远志七分木香　甘草炙，各五分　圆眼肉五枚

水煎服。若挟肝火，加柴胡、山栀、丹皮各一钱。

化虫丸　治虫啮心痛。

芜荑去梗　白雷丸各五钱　槟榔二钱五分　雄黄一钱五分　木香　白术陈皮各三钱　神曲四钱，炒

以百部二两，熬膏糊丸，如桐子大。每服一钱五分，米饮下。如取下虫积，加大黄五钱，酒炒。

神术散见食中。

【点评】程氏将心痛归纳为9种，即气、血、热、寒、饮、食、虚、虫、疰，其主症不同，方药各异，不难辨别。但程氏所谓心痛，当不全是"真心痛"，部分应为肝、胆、脾、胃之病痛，不可混淆。

胸痛

胸者，肺之分野。然少阳胆经受病，亦令胸痛。此邪气初传入里，而未深入于里，故胸痛也。古方用柴胡汤加枳壳治之，如未应，本方对小陷胸汤一服，其效如神。又风寒在肺，胸满痛，气喘，宜用甘桔汤加理气散风之剂。又饮食填塞者，宜用吐法。其肺痈、肺痿二证，详见虚劳，兹不赘。

柴胡汤 见伤寒少阳证。

甘桔汤 见伤寒咽痛。

【点评】程氏所论"胸痛"主要是邪气入里、侵犯肺金所致，亦可见于少阳胆经受病。临证应与现代以胸痛为主要表现的心脏病变相鉴别。

胁痛

伤寒胁痛，属少阳经受邪，用小柴胡汤。杂证胁痛，左为肝气不和，用柴胡疏肝散；七情郁结，用逍遥散；若兼肝火、痰饮、食积、瘀血，随证加药。右为肝移邪于肺，用推气散。凡治实证胁痛，左用枳壳，右用郁金，皆为的剂。然亦有虚寒作痛，得温则散，按之则止者，又宜温补，不可拘执也。

小柴胡汤 见伤寒。

柴胡疏肝散 治左胁痛。

柴胡 陈皮各一钱二分 川芎 赤芍 枳壳麸炒 香附醋炒，各一钱
甘草炙，五分

水煎服。唇焦口渴，乍痛乍止者，火也，加山栀，黄芩。肝经一条扛起者，食积也，加青皮、麦芽、山楂。痛有定处而不移，日轻夜重者，瘀血也，加归尾、红花、桃仁、牡丹皮。干呕，咳引胁下痛者，停饮也，加半夏、茯苓。喜热畏寒，欲得热手按者，寒气也，加肉桂、吴茱萸。

逍遥散见虚劳。

推气散 治右胁痛。

枳壳一钱 郁金一钱 桂心 甘草炙，各五分 桔梗 陈皮各八分
姜二片 枣二枚

水煎服。

瓜蒌散 治肝气躁急而胁痛，或发水泡。

大瓜蒌一枚，连皮，捣烂 粉甘草二钱 红花七分

水煎服。

按：郁火日久，肝气燥急，不得发越，故皮肤起泡，转为胀痛。《经》云：损其肝者，缓其中。瓜蒌为物，甘缓而润，于郁不逆，又如油之洗物，滑而不滞，此其所以奏功也。

【点评】胁痛有伤寒胁痛和杂证胁痛之分，其病因病机不同，辨治方药各异。程氏主张实证胁痛用枳壳、郁金，虚证宜温补，临证可择机而用。

胃脘痛

胃脘痛，治法与心痛相仿。但停食一证，其胀痛连胸者吐之，胀痛连腹者下之。其食积之轻者，则用神术散消之。又有胃脘痈证，呕而吐脓血者，不得妄治。书云：呕家有脓不须治，呕脓尽自愈。

神术散 方见食中。

【点评】程氏所论"胃脘痛"的症状与治法方药与"心痛"相仿，故未再详辨。至于胃脘痈证，程氏提出"呕家有脓不须治，呕脓尽自愈"，应指不可止呕，而非不治其痈脓，这样理解似更为贴切。

腹痛

腹中痛，其寒热、食积、气血、虫蛊，辨法亦与心痛相符，惟有肝木乘脾、搅肠痧、腹内痈，兹三证有不同耳。《经》云：诸痛皆属于肝。肝木乘脾则腹痛，仲景以芍药甘草汤主之。甘草味甘，甘者己也；芍药味酸，酸者甲也。甲己化土，则肝木平而腹痛止矣。伤寒证中，有由少阳传入太阴而腹痛者，柴胡汤加芍药；有因误下传入太阴而腹痛者，桂枝汤加芍药。即同此意。

寻常腹痛，全在寒热、食积，分别详明为治。凡腹痛乍作乍止，脉洪有力，热也，以芍药甘草汤加黄连清之。若嗳腐吞酸，饱闷膨胀，腹中有一条扛起者，是食积也，保和丸消之。消之而痛不止，便闭不行，腹痛拒按者，三黄枳术丸下之。设或下后仍痛，以手按其腹，若更痛者，积未尽也，仍用平药再消之。若按之痛止者，积已去而中气虚也，五味异功散补之。若消导攻下之后，渐变寒中，遂至恶冷喜热，须易温中之剂。此火痛兼食之治法也。

若腹痛绵绵不减，脉迟无力者，寒也，香砂理中汤温之。若兼饱闷胀痛，是有食积，不便骤补，香砂二陈汤加姜、桂、楂、芽、厚朴，温而消之。消之而痛不止，大便反闭，名曰阴结，以木香丸热药下之，下后仍以温剂和之。此寒痛兼食之治法也。

若因浊气壅塞，走注疼痛，木香调气散散之。若因瘀血积聚，呆痛不移，泽兰汤行之。虫啮而痛，唇有斑点，饥时更甚，化虫丸消之。伤暑霍乱，四味香薷饮解之。更有干霍乱证，欲吐不得吐，欲泻不能泻，变在须臾，俗名搅肠痧是也。更有遍体紫黑者，名曰乌痧胀，急用烧盐和阴阳水吐之，或用四陈汤服之，外用武侯平安散，点左右大眼角，其人即苏。

其腹内痈一证，当脐肿痛，转侧作水声，小便如淋，千金牡丹皮散化之。

古方治腹痛证，多以寒者为虚，热者为实，未尽然也。盖寒证亦有实痛者，热证亦有虚痛者，如寒痛兼食，则为实矣；挟热久痢，则为虚矣。凡看证之法，寒热虚实，互相辨明，斯无误也。

芍药甘草汤 止腹痛如神。

白芍药酒炒，三钱 甘草炙，一钱五分

水煎服。脉迟为寒，加干姜。脉洪为热，加黄连。脉缓为湿，加苍术、生姜。脉涩伤血，加当归。脉弦伤气，加芍药。

保和丸见心痛 消食积，清湿热。腹中有一条扛起者，是食积也；

舌干口燥，是湿热也，本方主之。有热，加黄连。

三黄枳术丸 消热食，除积滞。腹痛拒按，便闭溺赤，名曰阳结，宜用本方。若冷食所伤，宜用木香丸。若冷热互伤，须酌其所食冷热之多寡而并用之。此东垣法也。

黄芩一两 黄连五钱 大黄七钱五分 神曲 白术 枳实 陈皮各五钱

荷叶一枚，煎水叠为丸，量虚实用。

五味异功散见虚劳。

香砂理中汤见中寒。 治客寒犯胃，其证手足厥冷，口鼻气冷，其痛绵绵不止，喜热畏寒，脉沉细。不比热痛乍止乍作，喜冷畏热，唇焦舌燥，口渴脉洪也。寒热之别，相隔千里。

香砂二陈汤见类中。即二陈汤加木香、砂仁。

木香丸 治寒积冷食，腹痛拒按，或大便闭结，谓之冷闭，名曰阴结。本方攻之。

木香 丁香各一钱五分 干姜三钱 麦芽炒，五钱 陈皮三钱 巴豆三十粒，去壳，炒黑

神曲煮糊为丸。每服十丸，或二十丸，开水下。痛甚者倍之。所食之物，应随利出。如利不止，以冷粥饮之即止。

木香调气散见类中。

泽兰汤见吐血。

化虫丸见心痛。

四味香薷饮见伤暑。

诸葛武侯平安散

朱砂二钱 麝香 冰片各五厘 明雄黄 硼砂各五分 白硝二分

共研极细末，用小瓷罐收贮。每用清水以骨簪点二三厘在大眼角

内，如点眼药法。点后，忌热茶饮食半日，即愈。

四陈汤

陈皮_{去白}　陈香圆_{去瓤}　陈枳壳_{去瓤，面炒}　陈茶叶

等分为末。每服三钱，开水点服。

千金牡丹皮散　治腹内痈。

牡丹皮_{三钱}　苡仁_{五钱}　桃仁_{十粒}　瓜蒌仁_{去壳，去油净，二钱}

水煎服。

【点评】程氏认为腹痛由寒热、食积、气血、虫蛊诸因所致，其辨治与心痛相符，按常法治之。而对肝木乘脾、搅肠痧和腹内痈三证之腹痛，程氏分别进行了辨治分析。至于"古方治腹痛证，多以寒者为虚，热者为实"之说，程氏认为"未尽然也""寒证亦有实痛者，热证亦有虚痛者"，提出"寒热虚实，互相辨明，斯无误也"。临证细加领悟，辨证自当明了，疗效不致差忒。

小腹痛

书云：大腹属太阴，当脐属少阴，小腹属厥阴。伤寒传至厥阴，少腹痛甚，此热邪也，宜下之。若热结在里，蓄血下焦，亦宜下之。若直中厥阴，小腹冷痛，则为寒邪，宜温之。治法已详本门。

寻常少腹痛，多属疝、瘕、奔豚之类。书云：男子外结七疝，女子带下瘕聚。古人更有疝癖、癥瘕之名，皆一类也。疝如弓弦，筋扛起也。癖者隐辟，沉附着骨也。癥则有块可征，犹积也，多属于血。瘕者假也，忽聚而忽散，气为之也。奔豚者，如江豚之上窜，冷气上

冲也。其癥瘕之气，聚于小肠，则曰小肠气；聚于膀胱，则曰膀胱气也。小肠气，失气则快；膀胱气，少腹热，若沃以汤，涩于小便也。凡治少腹痛，当用坠降之药；其行气，皆当用核乃能宣达，病所以取效也。橘核丸、奔豚丸并主之。

橘核丸 通治癥瘕、疝癖，小肠、膀胱等气。

橘核<small>盐酒炒，二两</small> 川楝子<small>煨，去肉</small> 山楂子<small>炒</small> 香附<small>姜汁浸炒，各一两五钱</small> 荔枝核<small>煨，研</small> 小茴香<small>微炒，各一两</small>

神曲四两，煮糊为丸，如桐子大。每服三钱，淡盐水下。寒甚，加附子五钱，肉桂三钱，当归一两。有热，加黑山栀七钱。又疝气证，表寒束其内热，丹溪以黑山栀、吴茱萸并用。按：此二味，若寒热不调者，加入丸中更佳。若胞痹小便不利，去小茴，加茯苓、车前子、丹参、黑山栀。

奔豚丸<small>见积聚。</small>

【点评】小腹痛属伤寒传至厥阴或直中厥阴，当下或温之。除此之外，由疝、瘕、奔豚等引起的小腹痛当辨气血，临证常选用坠降之药，行气则"皆当用核乃能宣达"，临证可参照使用。

身痛

身体痛，内伤、外感均有之。如身痛而拘急者，外感风寒也。身痛如受杖者，中寒也。身痛而重坠者，湿也。若劳力辛苦之人，一身酸软无力而痛者，虚也。治法：风则散之，香苏散；寒则温之，理中汤；湿则燥之，苍白二陈汤；虚则补之，补中益气汤。大抵身痛多属于寒，盖热主流通，寒主闭塞也。无论风、湿与虚，挟寒者多，挟热者少。治者审之。

香苏散 见太阳证。

理中汤 见中寒。

苍白二陈汤 即二陈汤加苍术、白术。见类中。

补中益气汤 见类中。

【点评】程氏论身痛有外感、内伤之不同。外感多见于风、寒、湿邪侵袭，内伤多为气虚。程氏提出"无论风、湿与虚，挟寒者多，挟热者少，治者审之"，临证辨治可供参考。

肩背臂膊痛

肩臂痛，古方主以茯苓丸，谓痰饮为患也，而亦有不尽然者。凡背痛多属于风，胸痛多属于气。气滞则痰凝，脏腑之病也。背为诸腧之所伏，凡风邪袭人，必从腧入，经络之病也。间有胸痛连背者，气闭其经也。亦有背痛连胸者，风鼓其气也。治胸痛者理痰气，治背痛者祛风邪，此一定之理。理痰气，宜用木香调气散并前丸。祛风邪，宜用秦艽天麻汤。挟寒者，加附、桂；挟虚者，以补中益气加秦艽、天麻主之。如或风邪痰气互相鼓煽，痰饮随风走入经络而肩臂肿痛，则前丸二方须酌量合用，治无不效矣。

茯苓丸

茯苓 半夏各二两，姜汁炒 风化硝 枳壳面炒，各五钱

姜汁糊丸，如桐子大。每服二三十丸，淡姜汤下。

木香调气散见类中。

秦艽天麻汤

秦艽_{一钱五分} 天麻 羌活 陈皮 当归 川芎_{各一钱} 炙甘草_{五分}

生姜_{三片} 桑枝_{三钱，酒炒}

水煎服。挟寒，加附子、桂枝。

补中益气汤见类中。

【点评】程氏认为"背痛多属于风"，并不赞同"痰饮为患"之说，提出"背为诸腧之所伏，凡风邪袭人，必从腧入，经络之病也"。故治背痛当祛风邪，若"风邪痰气互相鼓煽，痰饮随风走入经络而肩臂肿痛"，则祛风化痰可行。

腰痛

腰痛，有风，有寒，有湿，有热，有瘀血，有气滞，有痰饮，皆标也。肾虚，其本也。

腰痛拘急，牵引腿足，脉浮弦者，风也；腰冷如冰，喜得热手熨，脉沉迟或紧者，寒也，并用独活汤主之。腰痛如坐水中，身体沉重，腰间如带重物，脉濡细者，湿也，苍白二陈汤加独活主之。若腰重疼痛，腰间发热，痿软无力，脉弦数者，湿热也，恐成痿证，前方加黄柏主之。若因闪挫跌扑，瘀积于内，转侧若刀锥之刺，大便黑色，脉涩或芤者，瘀血也，泽兰汤主之。走注刺痛，忽聚忽散，脉弦急者，气滞也，橘核丸主之。腰间肿，按之濡软不痛，脉滑者，痰也，二陈汤加白术、萆薢、白芥子、竹沥、姜汁主之。

腰痛似脱，重按稍止，脉细弱无力者，虚也，六君子汤加杜仲、续断主之。若兼阴冷，更佐以八味丸。大抵腰痛，悉属肾虚。既挟邪气，必须祛邪；如无外邪，则惟补肾而已。然肾虚之中，又须分辨寒热二证，如脉虚软无力，溺清便溏，腰间冷痛，此为阳虚，须补命门之火，则用八味丸。若脉细数无力，便结溺赤，虚火时炎，此肾气热，髓减骨枯，恐成骨痿，斯为阴虚，须补先天之水，则用六味丸合补阴丸之类，不可误用热药以灼其阴，治者审之。

独活汤 治肾虚兼受风寒湿气。

独活　桑寄生　防风　秦艽　威灵仙　牛膝　茯苓各一钱　桂心五分细辛　甘草炙，各三分　当归　金毛狗脊各二钱

生姜二片，水煎服。丹溪云：久腰痛，必用官桂开之方止。寒甚者，更加附子。但有湿热，则二者皆不宜用。

苍白二陈汤见类中。

泽兰汤 治闪挫跌扑，瘀血内蓄，转侧若刀锥之刺。

泽兰三钱　丹皮　牛膝各二钱　桃仁十粒，去皮尖，研　红花五分　当归尾五钱　广三七一钱　赤芍药一钱五分

水煎，热酒冲服。如二便不通，加酒蒸大黄三钱。凡跌扑伤重，便溺不通者，非大黄不救。若大便已通，则用广三七煎酒，或山羊血冲酒，青木香煎酒，随用一味，皆可立止疼痛。

橘核丸见小腹痛。

茯苓丸见臂肩痛。

六君子汤见类中。

六味丸　八味丸见虚劳。

补阴丸 治肾气热，腰软无力，恐成骨痿。

熟地三两　丹皮　天冬　当归　枸杞子　牛膝　山药　女贞子

茯苓　龟板　杜仲　续断各一两二钱　人参　黄柏各五钱

石斛四两熬膏，和炼蜜为丸。每早淡盐水下三钱。

【点评】程氏辨腰痛之本为肾虚，而风、寒、湿、热、瘀血、气滞、痰饮等为标，临证当根据病邪标本之不同而辨证施治。

肾虚之腰痛当辨寒热；阳虚寒痛当补命门之火；阴虚髓枯当补先天之水；若兼有标邪之实，当扶正祛邪兼顾。

痹_{鹤膝风}

痹者，痛也。风、寒、湿三气杂至，合而为痹也。其风气胜者为行痹，游走不定也。寒气胜者为痛痹，筋骨挛痛也。湿气胜者为着痹，浮肿重坠也。然既曰胜，则受病有偏重矣。治行痹者，散风为主，而以除寒祛湿佐之，大抵参以补血之剂，所谓治风先治血，血行风自灭也。治痛痹者，散寒为主，而以疏风燥湿佐之，大抵参以补火之剂，所谓热则流通，寒则凝塞，通则不痛，痛则不通也。治着痹者，燥湿为主，而以祛风散寒佐之，大抵参以补脾之剂，盖土旺则能胜湿，而气足自无顽麻也。通用蠲痹汤加减主之，痛甚者，佐以松枝酒。

复有患痹日久，腿足枯细，膝头肿大，名曰鹤膝风。此三阴本亏，寒邪袭于经络，遂成斯证，宜服虎骨胶丸，外贴普救万全膏，则渐次可愈。失此不治，则成痼疾，而为废人矣。

蠲痹汤　通治风、寒、湿三气，合而成痹。

羌活_{行上力大}　独活_{行下力专，各一钱}　桂心_{五分}　秦艽_{一钱}　当归_{三钱}

川芎七分，治风先治血　甘草炙，五分　海风藤二钱　桑枝三钱　乳香透明者　木香各八分，止痛须理气

水煎服。风气胜者，更加秦艽、防风。寒气胜者，加附子。湿气胜者，加防己、萆薢、苡仁。痛在上者，去独活加荆芥。痛在下者，加牛膝。间有湿热者，其人舌干喜冷，口渴溺赤，肿处热辣，此寒久变热也，去肉桂加黄柏三分。

松枝酒　治白虎历节风，走注疼痛，或如虫行，诸般风气。

松节　桑枝　桑寄生　钩藤　续断　天麻　金毛狗脊　虎骨　秦艽　青木香　海风藤　菊花　五加皮各一两　当归三两

每药一两，用生酒二斤煮，退火七日饮。痛专在下，加牛膝。

虎骨胶丸　治鹤膝风，并治瘫痪诸证。

虎骨二斤，锉碎、洗净，用嫩桑枝、金毛狗脊去毛、白菊花去蒂各十两，秦艽二两，煎水，熬虎骨成胶，收起如蜜样，和药为丸，如不足量加炼蜜　大熟地四两　当归三两　牛膝　山药　茯苓　杜仲　枸杞　续断　桑寄生各二两　熟附子七钱　厚肉桂去皮，不见火，五钱　丹皮　泽泻各八钱　人参二两，贫者以黄芪四两代之

上为末，以虎骨胶为丸。每早开水下三钱。

普救万全膏　治一切风气，走注疼痛，以及白虎历节风、鹤膝风、寒湿流注、痈疽发背、疔疮瘰疬、跌打损伤、腹中食积痞块、多年疟母、顽痰瘀血停蓄、腹痛泄利、小儿疳积、女人癥瘕诸证，并贴患处。咳嗽、疟疾，贴背脊心第七椎。予制此膏普送，取效神速。倘贴后起泡出水，此病气本深，尽为药力拔出，吉兆也，不必疑惧，记之记之。

藿香　白芷　当归尾　贝母　大枫子　木香　白蔹　乌药　生地　萝菔子　丁香　白及　僵蚕　细辛　蓖麻子　檀香　秦艽　蜂房　防风　五加皮　苦参　肉桂　蝉退　丁皮　白鲜皮　羌活　桂枝　全蝎

赤芍　高良姜　元参　南星　鳖甲　荆芥　两头尖　独活　苏木　枳壳　连翘　威灵仙　桃仁　牛膝　红花　续断　花百头　杏仁　苍术　艾绒　藁本　骨碎补　川芎　黄芩　麻黄　甘草　黑山栀　川乌　附子　牙皂　半夏　草乌　紫荆皮　青风藤以上各一两五钱　大黄三两　蜈蚣三十五条　蛇蜕五条　槐枝　桃枝　柳枝　桑枝　楝枝　榆枝　楮枝以上各三十五寸　男人血余三两，以上俱浸油内　真麻油十五斤，用二十两秤称　松香一百斤，棕皮滤净　百草霜十斤，细研筛过

冬浸九宿，春秋七宿，夏五宿，分数次入锅，文武火熬，以药枯油黑、滴水成珠为度，滤去渣，重称，每药油十二两，下滤净片子松香四斤，同熬至滴水不散，每锅下百草霜细末六两，勿住手搅，俟火候成，则倾入水缸中，以棒搅和成块，用两人扯拔数次，瓷钵收贮。治一切风寒湿气、疮疽等证，其效如神。

又法，治疮疽，用血丹收，更妙。每油一斤，用丹六两。

【点评】痹证乃指肢体关节及肌肉疼痛麻木、重着不利，因风、寒、湿三邪所致，根据三邪偏胜，分为行痹、痛痹和着痹。程氏以蠲痹汤为通用方，根据风、寒、湿之偏胜而加减，辨证更趋简化。

至于患痹日久之鹤膝风，程氏以内服虎骨胶丸加外贴普救万全膏救治，当有一定疗效。程氏对普救万全膏十分推崇，对其组方和制备记载十分详细。该方不仅用于痹证，还可用于多种外科疾病和内科杂证的外治。如治疗咳嗽、疟疾，程氏用此膏贴背脊心第七椎。因其"取效神速"，程氏常制备此膏药普送病患。如果能加强对该方的现代实验研究，做到古法今用，施救患者，亦是至善之举。

痿

痿，大证也，诸痿生于肺热。《经》云：五脏因肺热叶焦，发为痿躄。肺气热，则皮毛先痿而为肺鸣。心气热，则脉痿，胫纵不任地。肝气热，则筋痿，口苦而筋挛。脾气热，则肉痿，肌肤不仁。肾气热，则骨痿，腰脊不举。丹溪治法，泻南方，补北方。泻南方，则肺金不受刑；补北方，则心火自下降。俾西方清肃之令下行，庶肺气转清，筋脉骨肉之间湿热渐消，而痿可愈也。然《经》云治痿独取阳明，何也？盖阳明为脏腑之海，主润宗筋，宗筋主束骨而利机关也。阳明虚，则宗筋纵，带脉不引，故足痿不用也。由前论之，则曰五脏有热；由后论之，则曰阳明之虚，二说似异而实同。盖阳明胃属湿土，土虚而感湿热之化，则母病传子，肺金受伤，而痿证作矣。是以治痿独取阳明也。取阳明者，所以祛其湿。泻南补北者，所以清其热。治痿之法，不外补中祛湿、养阴清热而已矣。

五痿汤　治五脏痿。

人参　白术　茯苓各一钱　甘草炙，四分　当归一钱五分　苡仁三钱　麦冬二钱　黄柏炒褐色　知母各五分

水煎服。心气热，加黄连三分，丹参、生地各一钱。肝气热，加黄芩、丹皮、牛膝各一钱。脾气热，加连翘一钱，生地一钱五分。肾气热，加生地、牛膝、石斛各一钱五分。肺气热，加天冬、百合各二钱。挟痰，加川贝、竹沥。湿痰，加半夏曲。瘀血，加桃仁、红花。如气血两虚，另用十全大补汤。肾肝虚热，髓减骨枯，兼用虎潜丸主之。

十全大补汤见虚劳。

虎潜丸

龟板四两 杜仲 熟地各三两 黄柏炒褐色 知母各五钱 牛膝 白芍药 虎骨酒炙酥 当归各二两 陈皮四钱 干姜二钱

为末，酒糊丸。每服二钱，淡盐水下。加人参一两尤妙。

【点评】程氏对"诸痿生于肺热""五脏因肺热叶焦发为痿躄"和"治痿独取阳明"的论述颇有新意，认为"二说似异而实同"，归纳为"治痿之法，不外补中祛湿、养阴清热而已矣"。

脚气

脚气者，脚下肿痛，即痹证之类也。因其痛专在脚，故以脚气名之。其肿者，名湿脚气；不肿者，名干脚气。湿脚气，水气胜也，槟榔散主之。干脚气，风气胜也，四物汤加牛膝、木瓜主之。

槟榔散 脚气谓之壅疾，不宜骤补。

槟榔 牛膝 防己 独活 秦艽各一钱 青木香 天麻 赤芍各八分 桑枝二钱 当归五分

水煎服。

四物汤见虚劳。

【点评】程氏此处所论脚气乃指"脚下肿痛"，即是痹证的一个类型，并非西医的脚气病，更非老百姓所谓的以脚癣湿痒为主要症状的脚气，临证不可误辨误治。

疠风

疠风，癞也，俗称大麻风。湿热在内，而为风鼓之，则肌肉生虫，白屑重叠，搔痒顽麻，甚则眉毛脱落，鼻柱崩坏，事不可为矣。治法，清湿热，祛风邪，以苦参汤、地黄酒并主之。外以当归膏涂之，往往取效。未可遽视为废疾而忽之也。

苦参汤

苦参一钱五分　生地二钱　黄柏五分　当归　秦艽　蒡子　赤芍
白蒺藜　丹参　丹皮　银花　贝母各一钱

加甘菊三钱，水煎服。

地黄酒

生地二两　黄柏　苦参　丹参　草薢　菊花　银花　丹皮　赤芍
当归　枸杞子　蔓荆子　赤茯苓各一两　秦艽　独活　威灵仙各五钱
桑枝一两五钱　乌梢蛇去头尾，一具

上煮好头生酒五十斤，退火七日用。

加味当归膏　治一切疮疹，并痈肿收口，皆效。

当归　生地各一两　紫草　木鳖子肉去壳　麻黄　大枫子肉去壳，研
防风　黄柏　元参各五钱　麻油八两　黄蜡二两

先将前九味入油熬枯，滤去渣，再将油复入锅内，熬至滴水成珠，再下黄蜡，试水中不散为度，倾入盖碗内，坐水中出火三日，听搽。

【点评】疠风乃指大麻风，程氏辨为内有湿热、外有风邪，当清湿热、祛风邪，用苦参汤、地黄酒内服，当归膏外涂。并特别

强调该病治疗"往往取效"，不可轻易放弃治疗。

噎膈

古方治噎膈，多以止吐之剂通用，不思吐，湿证也，宜燥。噎膈，燥证也，宜润。《经》云：三阳结谓之隔。结，结热也，热甚则物干。凡噎膈证，不出胃脘干槁四字。槁在上脘者，水饮可行，食物难入。槁在下脘者，食虽可入，久而复出。夫胃既槁矣，而复以燥药投之，不愈益其燥乎？是以大、小半夏二汤，在噎膈门为禁剂。予尝用启膈散开关，更佐以四君子汤调理脾胃。挟郁者，则用逍遥散主之。虽然，药逍遥而人不逍遥，亦无益也。张鸡峰云：此证乃神思间病，法当内观静养。斯言深中病情。然其间有挟虫、挟血、挟痰与食积为患者，皆当按法兼治，不可忽也。

启膈散　通噎膈，开关之剂，屡效。

沙参三钱　丹参三钱　茯苓一钱　川贝母去心，一钱五分　郁金五分
砂仁壳四分　荷叶蒂二个　杵头糠五分

水煎服。虚者加人参。前证若兼虫积，加胡连、芜荑，甚则用河间雄黄散吐之。若兼血积，加桃仁、红花，或另以生韭汁饮之。若兼痰积，加广橘红。若兼食积，加菔子、麦芽、山楂。此证有生蛇虬者，华佗以醋蒜食之，令饱，则吐物而出，真神法也。

四君子汤　见虚劳。

调中散　通噎膈，开关和胃。

北沙参三两　荷叶去筋，净，一两　广陈皮浸，去白，一两　茯苓一两
川贝母去心，黏米拌炒，一两　丹参二两　陈仓米炒熟，三两　五谷虫酒炒焦

黄，一两

共为细末。每用米饮调下二钱，日二服。

逍遥散 _{见类中。}

河间雄黄散

雄黄　瓜蒂　赤小豆 _{各一钱}

共为细末。每服五分，温水调，滴入狗油数匙服下，以吐为度。吐去膈间小虫，随用五味异功散安之，续用逍遥散调之。

【点评】程氏认为噎膈属燥证，病机为"胃脘干槁"，列大、小半夏汤为噎膈禁剂；主张用启膈散，佐四君子调脾胃，逍遥散理气开郁，提出"药逍遥而人不逍遥，亦无益也"；强调噎膈应注重患者情志心态的调养，应把药物治疗与心理调摄结合起来，对临证治疗大有益处。

痢疾

古人治痢，多用坠下之品，如槟榔、枳实、厚朴、大黄之属，所谓通因通用。法非不善矣，然而效者半，不效者半。其不效者，每至缠绵难愈，或呕逆不食，而成败证者，比比皆是。予为此证，仔细揣摩不舍置，忽见烛光，遂恍然有得，因思火性炎上者也，何以降下于肠间而为痢？良由积热在中，或为外感风寒所闭，或为饮食生冷所遏，以致火气不得舒伸，逼迫于下，里急而后重也。医者不察，更用槟榔等药下坠之，则降者愈降，而痢愈甚矣。予因制治痢散，以治痢证初起之时。方用葛根为君，鼓舞胃气上行也；陈茶、苦参为臣，清湿热也；麦芽、山楂为佐，消宿食也；赤芍药、广陈皮为使，所谓"行血则便脓自愈，调气则后重自除"也。制药普送，效者极多。惟于腹中胀痛，不可手按者，此有宿食，更佐以朴黄丸下之。若日久脾虚，食少痢多者，五味异功散加白芍、黄连、木香清而补之。气虚下陷者，补中益气汤升提之。若邪热秽气，塞于胃脘，呕逆不食者，开噤散启之。若久痢变为虚寒，四肢厥冷，脉微细，饮食不消者，附子理中汤加桂温之。夫久痢必伤肾，不为温暖元阳，误事者众矣，可不谨欤！

治痢散　专治痢疾初起之时，不论赤白皆效。

葛根　苦参酒炒　陈皮　陈松萝茶各一斤　赤芍酒炒　麦芽炒　山楂炒，各十二两

上为细末。每服四钱，水煎，连末药服下，小儿减半。忌荤腥、面食、煎炒、闭气、发气诸物。本方加川连四两尤效。

朴黄丸　治痢疾初起，腹中实痛，不得手按。此有宿食也，宜下之。

陈皮　厚朴姜汁炒，各十二两　大黄一斤四两，酒蒸　广木香四两

荷叶水叠为丸，如绿豆大。每服三钱，开水下。小儿一钱。

五味异功散即六君子汤除半夏。见类中门。

补中益气汤见类中。

开噤散　治呕逆食不入。书云：食不得入，是有火也，故用黄连。痢而不食，则气益虚，故加人参。虚人久痢，并用此法。

人参　川黄连姜水炒，各五分　石菖蒲七分，不见铁　丹参三钱　石莲子去壳，即建莲中有黑壳者　茯苓　陈皮各一钱五分　陈米一撮　冬瓜仁去壳，一钱五分　荷叶蒂二个

水煎服。

附子理中汤_{见中寒门。}

【点评】程氏对痢疾的辨治颇有见解，其见古人用坠下之品而疗效不佳，遂"仔细揣摩不舍置"，并"忽见烛光，遂恍然有得"，由此组建治痢散，专为痢证初起而设。程氏还特制此药普送病患，效者极多，实在难能可贵。

泄泻

书云：湿多成五泻。泻之属湿也明矣。然有湿热，有湿寒，有食积，有脾虚，有肾虚，皆能致泻，宜分而治之。假如口渴、溺赤、下泻肠垢，湿热也。溺清、口和、下泻清谷，湿寒也。胸满痞闷、嗳腐吞酸、泻下臭秽，食积也。食少、便频、面色㿠白，脾虚也。五更天明，依时作泻，肾虚也。治泻，神术散主之，寒热食积，随症加药。脾虚者，香砂六君子汤，肾虚者，加减七神丸。凡治泻，须利小便，然有食积未消者，正不宜利小便，必俟食积既消，然后利之，斯为合法。

神术散_{见类中。} 燥湿理脾，消积滞，为止泻之良药。湿热，加连翘。湿寒加炮姜、木香。食积，加山楂、麦芽、神曲。

香砂六君子汤_{见类中。} 治脾虚作泻。挟寒者，加姜、桂，甚加附子。

加味七神丸 止肾泻如神。

肉豆蔻_{面裹煨} 吴茱萸_{去梗，汤泡七次} 广木香_{各一两} 补骨脂_{盐酒炒，二两} 白术_{陈土炒，四两} 茯苓_{蒸，二两} 车前子_{去壳，蒸，二两}

大枣煎汤叠为丸。每服三钱，开水下。

【点评】程氏论治泄泻以湿为本，分虚实论治。实者有湿热、湿寒、食积，虚者有脾虚、肾虚。其基本方为神术散，寒、热、食积随证加减。程氏特别强调"凡治泻，须利小便，然有食积未消者，正不宜利小便"，临证不可忽略。

疟疾

疟者，暴疟之状，因形而得名也。《经》曰：阴阳相搏而疟作矣。阴搏阳而为寒，阳搏阴而为热，如二人交争，此胜则彼负，彼胜则此负，阴阳互相胜负，故寒热并作也。善治疟者，调其阴阳，平其争胜，察其相兼之证，而用药得宜，应手可愈。大法：疟证初起，香苏散散之，随用加减小柴胡汤和之。二三发后，止疟丹截之。久疟脾虚，六君子汤加柴胡补之。中气下陷，补中益气汤举之，元气即回，疟证自止。书云：一日一发者，其病浅；两日一发者，其病深；三日一发者，其病尤深。然而寒热往来，总在少阳，久而不愈，总不离乎脾胃，盖胃虚亦恶寒，脾虚亦发热也。疏理少阳，扶助脾胃，治疟无余蕴矣。

香苏散 见伤寒太阳证。

加减小柴胡汤 治疟证之通剂，须按加减法主之。

柴胡　秦艽　赤芍各一钱　甘草五分　陈皮一钱五分

生姜一片，桑枝二钱，水煎服。

热多者，加黄芩一钱。寒多者，加黑姜五分。口渴甚者，加知母一钱，贝母一钱五分。呕恶，加半夏、茯苓各一钱，砂仁七分，生姜二片。汗少者，加荆芥一钱，川芎五分。汗多者，去秦艽，减柴胡一半，加人参一钱，白术一钱五分。饮食停滞，胸膈饱闷，加麦芽、神曲、山楂、厚朴各一钱。如欲止之，加白蔻仁八分，鳖甲醋炙二钱，更另用止疟丹一二丸截之，神效。如体虚气弱，加人参、黄芪、白术各二钱，当归、茯苓各一钱。久病成疟母，加白术一钱，木香、枳实各五分，鳖甲二钱。

止疟丹　治疟证二三发后，以此止之，应手取效。

常山火酒炒　草果仁去壳　半夏曲姜汁炒　香附米酒炒　青皮去瓤醋炒，各四两

真六神曲十二两为末，用米饮煮糊为丸，如弹子大，朱砂为衣。轻者一丸，重者二丸，红枣五六枚，煎汤化下，清晨面东空腹服。

六君子汤　补中益气汤俱见类中。

疟久变虚，宜用前二方主之，但真虚者多挟寒，须加肉桂、附子、炮姜、砂仁之类，温补元气，甫克收功。

【点评】程氏以《内经》"阴阳相搏而疟作矣"为据，主张治疟以"调其阴阳，平其争胜"为本，以疏理少阳、扶助脾胃为法，根据相兼证候而选用方药。

论水肿、鼓胀

问曰：水肿、鼓胀，何以别之？答曰：目窠与足先肿，后腹大者，水也；先腹大，后四肢肿者，胀也。然水肿亦有兼胀者，胀亦有

兼水者，须按其先后多寡而治之，今分为两门，治者宜合参焉。

水肿

水肿证，有表里、寒热、肾胃之分。大抵四肢肿，腹不肿者，表也。四肢肿，腹亦肿者，里也。烦渴口燥，溺赤便闭，饮食喜凉，此属阳水，热也。不烦渴，大便自调，饮食喜热，此属阴水，寒也。先喘而后肿者，肾经聚水也。先肿而后喘，或但肿而不喘者，胃经蓄水也。《经》云：肾者，胃之关也。关闭则水积，然胃病而关亦自闭矣。治胃者，五皮饮加减主之。治肾者，肾气丸加减主之。或问：书云先喘后肿，其病在肺。何也？答曰：喘虽肺病，其本在肾，《经》云"诸痿喘呕，皆属于下"是也。若外感致喘，或专属肺经受邪，内伤致喘，未有不由于肾者，治者详之。

五皮饮　治胃经聚水，乃通用之剂，华佗《中藏经》之方也，累用累验。

大腹皮_{黑豆汁洗}　茯苓皮　陈皮　桑白皮_{各一钱五分}　生姜皮_{八分}

水煎服。

仲景云：腰以上肿，宜发汗。加紫苏、秦艽、荆芥、防风。腰以下肿，宜利小便。加赤小豆、赤茯苓、泽泻、车前子、萆薢、防己。若大便不通，宜下之，加大黄、葶苈。腹中胀满，加菔子、厚朴、陈皮、麦芽、山楂。体虚者，加白术、人参、茯苓。审是阴水，加附子、干姜、肉桂；审是阳水，加连翘、黄柏、黄芩。挟痰者，加半夏、生姜。既消之后，宜用理中汤健脾实胃，或以金匮丸温暖命门，或以六味加牛膝、车前，滋肾水，清余热，庶收全功。

附子理中汤_{见中寒。}

金匮肾气丸　治肾经聚水，小便不利，腹胀肢肿，或痰喘气急，渐或水蛊，其效如神。然肾经聚水，亦有阴阳之分，不可不辨也。《经》云：阴无阳无以生，阳无阴无以化。《经》又云：膀胱者，州都之官，津液藏焉，气化则能出矣。假如肾经阳虚，阴无以生，真火不能制水者，宜用此丸。假如肾经阴虚，阳无以化，真阴不能化气者，宜用本方去附、桂主之。东垣云：土在雨中化为泥，阴水之象也。河间云：夏热之甚，庶土蒸溽，阳水之象也。知斯意者，可以治水矣。

大熟地八两　山药四两　山萸肉　丹皮　泽泻　车前子　牛膝各二两茯苓六两　肉桂一两　附子一两，虚寒甚者倍之

用五加皮八两，煮水一大碗，滤去渣，和药，加炼蜜为丸，如桐子大。每早开水下四钱。前证若属阴虚，本方去桂、附，加文蛤、牡蛎各二两。湿热甚者，加黄柏五钱，不用五加皮，以萆薢八两熬汁代之。

论血分、水分

妇人经水先断，后发肿者，名曰血分，通经丸主之。先发水肿，然后经断者，名曰水分，五皮饮送下通经丸主之。

通经丸

当归尾　赤芍药　生地黄　川芎　牛膝　五灵脂各一两　红花桃仁各五钱　香附二两　琥珀七钱五分

苏木屑二两，煎酒，和砂糖熬化为丸，如桐子大。每服三钱，酒下。体虚者，用理中汤送下。若血寒，加肉桂五钱。

鼓胀

或问：方书有鼓胀、蛊胀之别，何也？答曰：鼓者，中空无物，

有似于鼓；蛊者，中实有物，非虫即血也。中空无物，填实则消，《经》所谓"塞因塞用"是已。中实有物，消之则平，《经》所谓"坚者削之"是已。然胀满有寒热、虚实、浅深部位之不同，若不细辨，何由取效。

假如溺赤，便闭，脉数有力，色紫黑，气粗厉，口渴饮冷，唇焦舌燥，多属于热。假如溺清，便溏，脉细无力，色㿠白，气短促，喜饮热汤，舌润口和，多属于寒。又如腹胀，按之不痛，或时胀时减者，为虚；按之愈痛，腹胀不减者，为实。凡胀满，饮食如常者，其病浅；饮食减少者，其病深。且胀有部分，纵是通腹胀满，亦必有胀甚之部与病先起处，即可知属何脏腑，而用药必以之为主。东垣治胀满，不外枳术、补中二方，出入加减，寒热攻补，随证施治。予因制和中丸普送，效者甚多，有力者，当修合以济贫乏。又气虚中满，宜用白术丸，而以六君子汤佐之。中空无物，不用枳实，恐伤气也。

枳术丸 除胀消食。

枳实一两，面炒　白术二两，陈土炒

共为末，荷叶包，烂饭煨透，杵和为丸。每服二钱，开水下。

补中益气汤见类中。

和中丸

白术陈土炒，四两　扁豆炒，三两　茯苓一两五钱　枳实面炒，二两　陈皮三两　神曲炒黑　麦芽炒　山楂炒　香附姜汁炒，各二两　砂仁一两五钱　半夏姜汁炒，一两　丹参二两，酒蒸　五谷虫三两，酒拌，炒焦黄色

荷叶一枚，煎水叠为丸。每日上午、下午开水下二钱。此方不寒不热，和平之治法也。若寒气盛，加干姜、吴萸、肉桂。若湿热盛，加黄连、连翘。若大便闭结，先用三黄枳术丸下之，随用本方渐磨之。若兼瘀血，加厚朴、赤芍。若脾虚气弱，用六君子汤吞服此丸，

或以补中益气汤送下。此医门之秘法，不可不讲。

白术丸 治气虚中满。

白术 茯苓 陈皮各二两 砂仁 神曲各一两五钱 五谷虫四两

用荷叶、老米煎水叠为丸。每服三钱，开水下。

三黄枳术丸 治热食所伤，肚腹胀痛，并湿热胀满，大便闭结者。

黄芩一两，酒炒 黄连四钱，酒炒 大黄七钱五分，酒蒸 神曲炒 枳实面炒 白术陈土炒 陈皮各五钱

荷叶煎水叠为丸，如绿豆大。每服一钱五分，或二三钱，量人虚实用。

六君子汤见类中。

【点评】程氏论治水肿有表里、寒热、肾胃之分。胃经蓄水，方用五皮饮；肾经聚水，方用肾气丸，此为治水肿之基本路径，其临证当视表里、寒热、虚实而加减。

程氏论鼓胀当分寒热、虚实、浅深部位之不同，治疗宗东垣枳术、补中二方加减。程氏更依此法而自制和中丸，普送病患。因其"效者甚多"，程氏特号召有能力者按此法制药以救济贫困病患，并毫无保留地将和中丸的制备方法和加减用法公布于世。

积聚

积者，推之不移，成于五脏，多属血病；聚者，推之则移，成于六腑，多属气病。治积聚者，当按初、中、末之三法焉。邪气初客，

积聚未坚，宜直消之，而后和之。若积聚日久，邪盛正虚，法从中治，须以补泻相兼为用。若块消及半，便从末治，即住攻击之药，但和中养胃，导达经脉，俾营卫流通，而块自消矣。更有虚人患积者，必先补其虚，理其脾，增其饮食，然后用药攻其积，斯为善治，此先补后攻之法也。初治，太无神功散主之；中治，和中丸主之；末治，理中汤主之。予尝以此三法，互相为用，往往有功。

太无神功散　治痞积，不拘气血饮食，虫积痰水，皆效。

地萹蓄　瞿麦穗　大麦芽_{各五钱}　神曲_{二钱五分}　沉香　木香_{各一钱五分}　甘草_{炙，五钱}　大黄_{酒蒸，二两}

上为细末。每服二三钱，灯心、竹叶煎汤，及无灰酒调服；女以灯心、红花、当归煎汤，及无灰酒送下。忌油腻、动气之物及房室一月。药须黄昏服，勿食晚饭，大小便见恶物为度。

和中丸_{见鼓胀。}　书云：肝之积，在左胁下，名曰肥气。加柴胡、鳖甲、青皮、莪术。肺之积，在右胁下，名曰息贲。加白蔻仁、桑白皮、郁金。心之积，起脐上，上至心下，大如臂，名曰伏梁。加石菖蒲、厚朴、红花、莪术。脾之积，在胃脘，腹大如盘，名曰痞气。加厚朴。肾之积，在脐下，发于小腹，上冲心而痛，名曰奔豚。另用奔豚丸主之。热积，加黄连、黄芩。寒积，加肉桂、干姜、附子。酒积，加葛根。痰积，加半夏。水积，加桑白皮、赤小豆。血积，加桃仁、红花、干漆。肉积，加阿魏、山楂。

奔豚丸

川楝子_{煨，去肉，一两}　茯苓　橘核_{盐酒炒，各一两五钱}　肉桂_{三钱}　附子_炮　吴茱萸_{汤泡七次，各五钱}　荔枝子_{煨，八钱}　小茴香　木香_{各七钱}

熬砂糖为丸。每服二钱，淡盐汤下。若有热者，去附、桂。

理中汤_{见中寒。}

【点评】程氏论积聚按病势初、中、末而治。邪气初客，积聚未坚，先消后和；积聚日久，邪盛正虚，补泻相兼；块消及半，和中养胃。对体虚患积聚者，应先补后攻。辨证无误，方药对证，当不失疗效。

疝气

疝者，少腹痛，引睾丸也。《经》云：任脉为病，男子内结七疝，女子带下瘕聚。七疝者，一曰冲疝，气上冲心，二便不通也。二曰狐疝，卧则入腹，立则出腹也。三曰㿗疝，阴囊肿大，如升如斗也。四曰厥疝，肝气上逆也。五曰瘕疝，腹有癥痞，痛而热，时下白浊也。六曰溃疝，内裹脓血也。七曰溃癃疝，内裹脓血，小便不通也。愚按：厥疝即冲疝，溃癃疝即溃疝，其名有七，其实五者而已。疝之根起于各脏，而归并总在厥阴。以肝主筋，又主痛也。治疝之法非一，而分别不外气血，气则游走不定，血则凝聚不散也。橘核丸加减主之。

橘核丸 通治七疝。

橘核二两，盐酒炒 小茴香 川楝子煨，去肉 桃仁去皮尖及双仁者，炒 香附醋炒 山楂子炒，各一两 广木香 红花各五钱

以神曲三两打糊为丸。每服三钱。冲疝，用白茯苓一钱，松子仁三钱，煎汤送下。狐疝，用当归二钱，牛膝一钱五分，煎酒送下。㿗疝，用白茯苓、陈皮、赤茯苓各一钱，煎汤送下。厥疝，治同冲疝。瘕疝，用丹参、白茯苓各一钱五分，煎汤送下。溃疝，本方内加五灵脂一两，醋炒，赤芍一两五钱，酒炒，服时用牛膝一钱五分，当归尾三钱，煎酒送下。溃癃疝，治法同上。此证若寒气深重，本方内加吴

茱萸、肉桂心各五钱，甚则加附子一枚。若表寒束其内热，肢痛热辣，或流白浊者，本方内加黑山栀五钱，川萆薢一两，吴茱萸三钱，汤泡七次。吴萸散表寒，山栀清内热，二者并行，丹溪心法也。

小肠气者，脐下转痛，失气则快。膀胱气者，脐热痛，涩于小便，即胞痹也。疝者，状如弓弦，筋病也。癖者，隐伏于内，疼痛着骨也。癥者，有块可征，血病也。瘕者，假也，忽聚忽散，气病也。

以上诸证，虽作痛，不引睾丸，故不以疝名之。然而治法，可以仿佛前丸加减，或轻或重，因时制宜也。

【点评】程氏对疝气的认识有自己的见解，认为《内经》中的七疝实为五疝。其中，厥疝即是冲疝，癥瘕疝即是瘕疝，其病机乃气血不调，方用橘核丸加减。

虽然中医学对疝气的认识与西医学差距甚大，但对疝气症状轻且无手术条件者，按中医方药施治也不失为一种保守治疗方法。

痰饮

凡病未有不发热、不生痰者。是痰与热，乃杂病兼见之证，似无容专立法门矣。然亦有杂病轻而痰饮重，则专以痰饮为主治。书有五痰之名，以五脏分主之也。五饮之名，随证见也，其实犹未确当。大抵痰以燥湿为分，饮以表里为别。湿痰滑而易出，多生于脾。脾实则消之，二陈汤，甚则滚痰丸；脾虚则补之，六君子汤。兼寒、兼热，随症加药。燥痰涩而难出，多生于肺。肺燥则润之，贝母瓜蒌散；肺受火刑，不能下降，以致真水上泛，则滋其阴，六味丸。饮有在表者，干呕，发热而咳，面目四肢浮肿，香苏散、五皮饮。饮有在里者，或停心下，或伏两胁，咳则相引而痛，或走肠间，辘辘有声，用小半夏加茯苓汤，随其部位而分治之。此治痰饮之大法也。书云：治痰须理脾。以痰属湿，脾土旺则能胜湿耳。治痰如此，饮亦宜然。然脾经痰饮，当健脾以祛其湿。若肾虚水泛，为痰为饮者，必滋其肾。肾水不足，则用六味；若命门真火衰微，寒痰上泛者，则用八味肾气丸，补火生土，开胃家之关，导泉水下流而痰饮自消矣。

二陈汤

半夏　茯苓　陈皮_{去白，各一钱}　甘草_{炙，五分}

生姜二片，大枣二枚，煎服。加人参、白术各一钱，名六君子汤。

滚痰丸　治实热老痰，变生怪证。

大黄_{蒸片刻}　黄芩炒，各四两　青礞石_{硝煅金色}　沉香_{细锉，各三钱}　辰砂_{细研，水飞，二钱}

水叠为丸，辰砂为衣。每服一二钱，开水下。此药但取痰积，并不刮肠大泻，为老痰要药。

贝母瓜蒌散

贝母_{一钱五分}　瓜蒌_{一钱}　花粉　茯苓　橘红　桔梗_{各八分}

水煎服。

香苏散_{见太阳证。}

五皮饮_{见水肿。}

小半夏加茯苓汤_{见伤寒咳嗽。}

六味丸　十味肾气丸_{即八味丸加车前、牛膝。并见类中门。}

【点评】程氏认为，治痰当分燥湿，湿痰多生于脾，宜燥湿化痰或健脾化痰，燥痰多生于肺，宜润肺化痰或滋阴润肺；治饮当分表里，饮在表者，必面目四肢浮肿而见发热咳嗽表证，当解表利水，饮在里者，应视饮停部位不同而分治之。程氏主张痰饮均应从脾肾论治。

呕吐哕_{呃逆}

呕者，声与物俱出。吐者，有物无声。哕者，有声无物，世俗谓之干呕。东垣以此三者，皆因脾胃虚弱，或寒气所客，或饮食所伤，以致气逆而食不得下也，香砂二陈汤主之。然呕吐多有属火者。《经》云：食不得入，是有火也；食入，是有寒也。若拒格饮食，点滴不入者，必用姜水炒黄连以开之，累用累效。至于食入反出，固为有寒，若大便闭结，须加血药以润之。润之不去，宜蜜煎导而通之。盖下窍开，上窍即入也。其有因脾胃虚弱而吐者，补中为主，理中汤。其有因痞积滞碍而吐者，消积为主，和中丸。若命门火衰不能生土者，补火为主，八味丸。

复有呃逆之证，气自脐下直冲上，多因痰饮所致，或气郁所发，扁鹊丁香散主之。若火气上冲，橘皮竹茹汤主之。至于大病中见呃逆者，是谓土败木贼，为胃绝，多难治也。

二陈汤_{见痰饮} 通治呕、吐、哕，随症加减。

前证若脾胃虚弱，加人参、白术。若寒气所侵，加姜、桂，甚加附子。若饮食所伤，加山楂、麦芽、神曲、香附、砂仁、藿香。若饮食冲口而出，不得入者，是为有火，加黄连、山栀。若大便结燥，加当归、黄芩、知母。若有积滞，宜兼服和中丸。

理中汤 _{见中寒。}

和中丸 _{见鼓胀。}

八味丸 _{见类中。}

扁鹊丁香散 _{见伤寒呃逆。}

橘皮竹茹汤

陈皮_{去白，二钱}　竹茹_{一团}　半夏　人参　甘草_{各一钱}

水煎服。

【**点评**】程氏论呕吐遵东垣而不拘泥其说，认为呕吐既有脾胃虚弱、感受寒邪、饮食所伤而致，亦有"呕吐多有属火者"，故其用姜水炒黄连治"拒格饮食，点滴不入者"，效果良好，临证不妨循其思路处理。

三消

《经》云：渴而多饮为上消，消谷善饥为中消，口渴小水如膏者，为下消。三消之证，皆燥热结聚也。大法：治上消者，宜润其肺，兼清其胃，二冬汤主之；治中消者，宜清其胃，兼滋其肾，生地八物汤主之；治下消者，宜滋其肾，兼补其肺，地黄汤、生脉散并主之。夫上消清胃者，使胃火不得伤肺也；中消滋肾者，使相火不得攻胃也；下消清肺者，滋上源以生水也。三消之治，不必专执本经，而滋其化源则病易痊矣。书又云：饮一溲一，或饮一溲二，病势危急。仲景用八味丸主之，所以安固肾气也。而河间则用黄芪汤和平之剂，大抵肺肾虚而不寒者，宜用此法。又按仲景少阴篇云：肾经虚，必频饮热汤以自救。乃同气相求之理。今肾经虚寒，则引水自灌，虚寒不能约制，故小便频数，似此不必与消证同论，宜用理中汤加益智仁主之。然予尝见伤暑发喘之证，小便极多，不啻饮一而溲二者，用六味加知、柏而效，可见此证又由肾经阴虚而得，治宜通变，正当临证制宜，未可一途而取也。

二冬汤 治上消。

天冬二钱，去心　麦冬三钱，去心　花粉一钱　黄芩一钱　知母一钱　甘草五分　人参五分

荷叶一钱，水煎服。

生地八物汤 治中消。

生地三钱　山药一钱五分　知母一钱五分　麦冬三钱　黄芩一钱　黄连一钱　丹皮一钱五分

荷叶二钱，水煎服。

六味地黄汤 见类中。

生脉散

麦冬二钱　人参一钱　北五味十五粒

水煎服。

八味丸 即六味加桂、附。

黄芪汤 治肺肾两虚，饮少溲多。

黄芪三钱　五味子一钱　人参　麦冬　枸杞子　大熟地各一钱五分

水煎服。

理中汤 见中寒。

【点评】程氏论治三消主张两经并治：治上消者，宜润肺清

胃；治中消者，宜清胃滋肾；治下消者，宜滋肾补肺，所谓"三消之治，不必专执本经，而滋其化源则病易瘳矣"。

热淋

淋者，小便频数，不得流通，溺已而痛是也。大抵由膀胱经湿热所致。然淋有六种：一曰石淋，下如砂石，有似汤瓶久在火中，底结白碱也，益元散加琥珀末主之。二曰膏淋，滴下浊液如脂膏也，萆薢饮主之。三曰气淋，气滞不通，水道阻塞，脐下妨闷胀痛是也，假苏散主之。四曰血淋，瘀血停蓄，茎中割痛难忍是也，生地四物汤加红花、桃仁、花蕊石主之，或兼服代抵当丸。五曰劳淋，劳力辛苦而发，此为气虚，以至气化不及州都，补中益气汤主之。六曰冷淋，寒气坚闭，水道不行，其证四肢厥冷，口鼻气冷，喜饮热汤是也，金匮肾气丸主之。更有过服金石热药，败精流注，转而为淋者。又老人阴已痿，而思色以降其精，则精不出而内败，以致大小便牵痛如淋，愈痛则愈便，愈便则愈痛，宜用前萆薢饮去黄柏，加菟丝、远志导去其精，然后用六味地黄汤补之方为有益。淋证多端，未可执一而论也。

益元散 见类中。

萆薢饮 治膏淋，并治诸淋。

萆薢三钱 文蛤粉研细 石苇 车前子 茯苓各一钱五分 灯心二十节 莲子心 石菖蒲 黄柏各八分

水煎服。

假苏散 治气淋。

荆芥 陈皮 香附 麦芽炒 瞿麦 木通 赤茯苓

各等分为末。每服三钱，开水下。

生地四物汤即四物汤以生地易熟地。方见虚劳。

代抵当丸

生地　当归　赤芍各一两　川芎　五灵脂各七钱五分　大黄一两五钱，酒蒸

砂糖为丸。每服三钱，开水下。

补中益气汤见类中。

金匮肾气丸见水肿。

【点评】本篇篇名为"热淋"，而内容却是淋证，似标题与内容不相一致。而冷淋的主要症状为小便不通，与淋证之小便频数、通而不畅不同，与淋证之本意不符。习者在临证时不必拘泥程氏所述，但其治法方药可随证选用。

小便不通关格　孕妇转胞

小便不通，谓之癃闭。癃闭与淋证不同，淋则便数而茎痛，癃闭则小便点滴而难通。东垣云：渴而小便不利者，热在上焦气分也，宜用四苓散加山栀、黄芩等药以分利之。若大便亦闭，加大黄、元明粉之类。不渴而小便不利者，热在下焦血分也，宜用滋阴化气之法，若滋肾丸之类是已。大法：无阳则阴无以生；无阴则阳无以化。下元真阴不足，则阳气不化，必滋其阴；若下元真阳不足，则阴气不生，必补其阳。譬如水肿鼓胀，小便不通者，服金匮肾气丸而小便自行，阴得阳以生也；复有除桂、附服之而亦效者，阳得阴而化也。此阴阳气

化之精义也。

更有小便不通，因而吐食者，名曰关格。《经》云：关则不得小便，格则吐逆。关格者，不得尽其命矣。宜用假苏散治之。

又丹溪治孕妇转胞小便不通者，用补中益气汤，随服而探吐之，往往有效。譬如滴水之器，上窍闭则下窍不通，必上窍开，然后下窍之水出焉。丹溪初试此法，以为偶中，后来屡用屡验，遂恃为救急良法。每见今人治转胞证，投补中益气而不为探吐，且曰古法不效，有是理乎？予尝用茯苓升麻汤治此有验，盖用升麻以举其胎气，用茯苓以利小便，用归、芎以活其胎，用苎根理胞丝之缭乱，此以升剂为通之法也。附录于此，以俟明哲。

四苓散 即五苓散去桂枝。方见太阳腑病。

滋肾丸

黄柏 炒褐色　知母 蒸，各二两　肉桂 去皮，一钱

炼蜜丸，如梧桐子大。每服七八十丸，开水下。

金匮肾气丸 见水肿。

假苏散 见淋证。

补中益气汤 见类中。

茯苓升麻汤

茯苓 赤、白各五钱　升麻 一钱五分　当归 二钱　川芎 一钱　苎根 三钱

急流水煎服，或琥珀末二钱服更佳。

【**点评**】程氏论小便不通宗东垣从上下焦而治，主张"无阳则阴无以生，无阴则阳无以化"，对下元虚损之小便不通，用金匮肾气丸随阴阳虚损之不同而加减治之。

程氏受丹溪治孕妇转胞小便不通的启示，自制茯苓升麻汤以

升举胎气、通调气机而疏利小便，体现以升为通之意。这是程氏临证善思创新的又一例证。

大便不通 大小肠交 遗屎 脱肛

《经》曰：北方黑色，入通于肾，开窍于二阴。是知肾主二便，肾经津液干枯，则大便闭结矣。然有实闭、虚闭、热闭、冷闭之不同。如阳明胃实，燥渴谵语，不大便者，实闭也，小承气汤下之。若老弱人精血不足，新产妇人气血干枯，以致肠胃不润，此虚闭也，四物汤加松子仁、柏子仁、肉苁蓉、枸杞、人乳之类以润之，或以蜜煎导而通之。若气血两虚，则用八珍汤。热闭者，口燥唇焦，舌苔黄，小便赤，喜冷恶热，此名阳结，宜用清药及攻下之法，三黄枳术丸主之。冷闭者，唇淡口和，舌苔白，小便清，喜热恶寒，此名阴结，宜用温药而兼润燥之法，理中汤加归、芍主之。凡虚人不大便，未可勉强通之。大便虽闭，腹无所苦，但与润剂，积久自行，不比伤寒邪热，消烁津液，有不容刻缓之势也。予尝治老人虚闭，数至圊而不能便者，用四物汤及滋润药加升麻，屡试屡验，此亦救急之良法也。

大小肠交，阴阳拂逆也。大便前出，小便后出，名曰交肠，五苓散主之。复有老人阴血干枯，大肠结燥，便溺俱自前出，此非交肠，乃血液枯涸之征，气血衰败之候也。多服大剂八珍汤，或可稍延岁月耳。

遗屎有二证：一因脾胃虚弱，仓廪不固，肠滑而遗者；一因火性急速，逼迫而遗者，宜分别治之。脾虚，理中汤；火盛，芍药甘草汤加黄连。

脱肛也有二证：一因气虚下陷而脱者，补中益气汤；一因肠胃有火，肿胀下脱者，四物加升麻、黄芩、荷叶之属。

小承气汤 见伤寒少阴经证。

四物汤 见虚劳。

蜜煎导法 见伤寒。

八珍汤 见虚劳。

三黄枳术丸 见腹痛。

理中汤 见伤寒中寒门。

五苓散 见太阳腑病。

芍药甘草汤 见腹痛。

补中益气汤 见类中。

【点评】大便不通者有虚实冷热之不同，应随病机不同而选用相应方剂治之。程氏提醒医者"虚人不大便，未可勉强通之""但与润剂，积久自行"，其用四物汤及滋润药加升麻治疗体虚便闭者，屡试屡验，临证不妨实践之。

小便不禁

《经》云：膀胱不利为癃，不约为遗溺。所以不约者，其因有三：一曰肝热，肝气热则阴挺失职，书云肝主疏泄是已，加味逍遥散主之。二曰气虚，中气虚则不能统摄，以致遗溺，十补汤主之。大抵老幼多见此证，悉属脬气不固，老人挟寒者多，小儿挟热者众。挟寒者，用本方；挟热者，六味地黄丸。三曰肾败，狂言反目，溲便自遗者，此肾绝也。伤寒日久见之，多难救。中证见之，随用大剂附子理中汤频灌，间有得生者。盖暴脱者可以暴复，若病势日深，则不可为也。然中证亦有阴虚而遗溺者，不宜偏用热药，治者详之。

加味逍遥散 _{见类中。}

十全大补汤 _{见虚劳。}

六味地黄丸 _{见虚劳。}

附子理中汤 _{见中寒。}

【点评】程氏论小便不禁有肝热、气虚和肾败三证，不只是人们常常想到的肾虚。肝热致疏泄失职的小便不禁，似与西医学之神经性尿频相似，方用加味逍遥散不妨临证一试。

便血

便血证，有肠风，有脏毒，有热，有寒。病人脏腑有热，风邪乘之，则下鲜血，此名肠风，清魂散主之。若肠胃不清，下如鱼肠或如豆汁，此名脏毒，芍药汤主之。凡下血证，脉数有力，唇焦口燥，喜冷畏热，是为有火，宜用前方加黄芩、丹皮、生地之属。若脉细无力，唇淡口和，喜热畏寒，或四肢厥冷，是为有寒，宜用温药止之，理中加归、芍主之。若便久不止，气血大虚，宜用归脾、十全辈统血归经。血本属阴，生于阳气，治者宜滋其化源。

清魂散

荆芥_{三钱}　当归_{五钱}

水煎服。

芍药汤见腹痛。

理中汤见中寒。

归脾汤　十全大补汤俱见虚劳。

【**点评**】便血有肠风、脏毒、寒热之分，当分而治之。程氏提示久血不止、气血大亏者，当用归脾汤、十全大补汤之类统血归经。但应掌握好时机，不可过早进补。

尿血

心主血，心气热，则遗热于膀胱，阴血妄行而溺出焉。又肝主疏泄，肝火盛，亦令尿血。清心，阿胶散主之；平肝，加味逍遥散主之。若久病气血俱虚而见此证，八珍汤主之。凡治尿血，不可轻用止涩药，恐积瘀于阴茎，痛楚难当也。

阿胶散

阿胶水化开，冲服，一钱　丹参　生地各二钱　黑山栀　丹皮　血余即乱发，烧灰存性　麦冬　当归各八分

水煎服。

加味逍遥散见类中。

八珍汤见虚劳。

【**点评**】尿血辨治当分虚实。实者多见于心肝火热，分别用阿胶散和加味逍遥散治之；虚者当益气补血，方用八珍汤。临证当与血淋鉴别，更不能忽视泌尿系肿瘤、结核等所导致的尿血。

第四卷

【点评】第四卷共有22个病症，属于内科杂症之列，其论述方式和体例同第三卷。因所述病症、症状、辨证和治疗相对单一，故不对每个病症进行点评，仅对有特色辨治的病症做相应点评。

遗　精

梦而遗者，谓之遗精。不梦而遗者，谓之精滑。大抵有梦者，由于相火之强；不梦者，由于心肾之虚。然今人体薄，火旺者十中之一，虚弱者十中之九，予因以二丸分主之。一曰清心丸，泻火止遗之法也；一曰十补丸，大补气血，俾气旺则能摄精也。其有因诵读劳心而得者，更宜补益，不可轻用凉药。复有因于湿热者，湿热伤肾，则水不清，法当导湿为先，湿去水清，而精自固矣，秘精丸主之。

清心丸　清心火，泻相火，安神定志，止梦泄。

生地四两，酒洗　丹参二两　黄柏五钱　牡蛎　山药　枣仁炒　茯苓　茯神　麦冬各一两五钱　北五味　车前子　远志各一两

用金樱膏为丸。每服三钱，开水下。

十补丸

大熟地<small>四两</small>　当归<small>二两</small>　白芍<small>二两</small>　黄芪<small>四两</small>　人参<small>二两</small>　白术<small>四两</small>
茯苓<small>二两</small>　山药<small>三两</small>　枣仁<small>二两</small>　远志<small>一两</small>　山萸肉<small>三两</small>　杜仲<small>三两</small>
续断<small>二两</small>　北五味<small>一两</small>　龙骨<small>一两</small>　牡蛎<small>一两</small>

用石斛四两熬膏，和炼蜜为丸。每早开水下四钱。凡使煎剂，仿佛丸方。

秘精丸<small>见虚劳。</small>

【点评】程氏从虚实论治遗精，实者相火旺，治以清心泻火，方用清心丸；虚者心肾两虚，治以益气养阴，方用十补丸。临证亦有湿热下注、虚实夹杂者，治以导湿清热为主，方用秘精丸。肝郁气滞、湿热中阻患者亦常有遗精症状，故临证不可固守方书，当辨证论之。

赤白浊

浊之因有二种，一由肾虚败精流注，一由湿热渗入膀胱。肾气虚，补肾之中必兼利水。盖肾经有二窍，溺窍开，则精窍闭也。湿热者，导湿之中必兼理脾。盖土旺则能胜湿，且土坚凝则水自澄清也。补肾，菟丝子丸主之。导湿，萆薢分清饮主之。或问：浊有赤者何也？答曰：此浊液流多，不及变化也。又或心火盛，亦见赤色。宜加入莲子心、灯心、丹参等药，则愈矣。

菟丝子丸

菟丝子<small>四两</small>　茯苓　山药　沙苑蒺藜<small>蒸</small>　车前子　远志肉<small>去心，甘草</small>

水泡，炒，各二两　　牡蛎煅，醋淬，一两

用石斛四两熬膏，量加炼蜜为丸。每服三四钱，开水下。

萆薢分清饮

川萆薢二钱　黄柏炒褐色　石菖蒲各五分　茯苓　白术各一钱　莲子心七分　丹参　车前子各一钱五分

水煎服。

黄疸

黄疸者，目珠黄，渐及皮肤，皆见黄色也。此湿热壅遏所致，如盦曲相似，湿蒸热郁而黄色成矣。

然湿热之黄，黄如橘子、柏皮，因火气而光彩，此名阳黄。又有寒湿之黄，黄如熏黄色，暗而不明，或手脚厥冷，脉沉细，此名阴黄。阳黄者，栀子柏皮汤；若便闭不通，宜用茵陈大黄汤。阴黄者，茵陈五苓散；如不应，用茵陈姜附汤。

其间有伤食者，名曰谷疸；伤酒者，名曰酒疸；出汗染衣，名曰黄汗，皆阳黄之类也。谷疸，胸膈满闷，嗳腐吞酸，以加味枳术汤加茵陈治之，应手辄效。酒疸，更加葛根。黄汗，用栀子柏皮汤加白术。

其间有女劳疸，乃阴黄之类，宜用姜附汤加参、术补之。

复有久病之人及老年人，脾胃亏损，面目发黄，其色黑暗不明，此脏腑之真气泄露于外，多为难治。宜用六君子汤主之。

栀子柏皮汤　茵陈大黄汤　茵陈五苓散　茵陈姜附汤俱见伤寒发黄。

加味枳术汤

白术二钱　枳实　陈皮　麦芽　山楂　茯苓　连翘各一钱　茵陈

荷叶_{各一钱五分}　泽泻_{五分}

水煎服。如兼伤酒加葛根一钱。若便闭，去白术，加菔子、黄芩。

六君子汤_{见类中。}

【点评】黄疸论治首分阴阳。阳黄乃湿热蕴结，治以栀子柏皮汤；阴黄乃寒湿阻滞，治以茵陈五苓散。至于谷疸、酒疸之类，因病因兼证明确，以加味枳术汤加茵陈为基本方治疗。

不能食

有风寒食不消者，病气退而食自进。有积滞食不消者，祛其积而食自消。古方神术散、保和汤、枳术丸，皆消积进食之法也。然有脾气虚弱不能消化者，有命门火衰不能生脾土而食不消者。东垣云：胃中元气盛，则能食而不伤，过时而不饥。脾胃俱旺，则能食而肥。脾胃俱衰，则不能食而瘦。坤土虚弱不能消食，岂可更行克伐，宜用六君子、补中益气汤补之。许学士云：不能食者，未可专责之脾，肾经元阳不足，不能熏蒸腐化，譬如釜中水谷，底下无火，其何能熟？火为土母，虚则补其母，庶元气蒸腾，则饮食增益，八味丸主之。世俗每见不能食证，辄用枳、朴、黄连。实者当之犹可，虚人得之，祸不旋踵矣。大凡不能食而吞酸嗳腐，胸膈满闷，未必尽属积食也，多有脾虚、肾弱而致此者，治者详之。

神术散_{见类中。}

保和汤_{见心痛。}

枳术丸 见鼓胀。

六君子汤　补中益气汤　八味丸 俱见类中。

【点评】程氏论"不能食"除首辨外邪侵袭和饮食积滞外，还注重脏腑病机辨治，提出有"脾气虚弱不能消化者，有命门火衰不能生脾土而食不消者"，治当健脾温肾，为"不能食"的临证辨治拓展了思路，临证处置得当，自会疗效倍增。

不得卧

有胃不和卧不安者，胃中胀闷疼痛，此食积也，保和汤主之。有心血空虚卧不安者，皆由思虑太过，神不藏也，归脾汤主之。有风寒邪热传心，或暑热乘心，以致躁扰不安者，清之神自定。有寒气在内而神不安者，温之而神自藏。有惊恐不安卧者，其人梦中惊跳怵惕是也，安神定志丸主之。有湿痰壅遏神不安者，其证呕恶气闷，胸膈不利，用二陈汤导去其痰，其卧立至。更有被褥冷暖太过，天时寒热不匀，皆令不得安卧，非关于病，医家慎勿误治也。

保和汤　归脾汤 俱见心痛。

安神定志丸

茯苓　茯神　人参　远志 各一两　石菖蒲　龙齿 各五钱

炼蜜为丸，如桐子大，辰砂为衣。每服二钱，开水下。

二陈汤 见中风。

【点评】程氏对"不得卧"的论治简洁而全面，若能掌握辨证机要，自当取得疗效。但程氏并不限于从疾病本身去寻找病因病机，还同时从患者被褥冷暖、天气寒热等外部环境思考影响睡眠的因素。值得临证时参考，从而给患者一个包括药物、饮食、环境、情绪等在内，更加合理全面的治疗方案，以期取得更好疗效。

自汗、盗汗

自汗证，有风伤卫自汗出者，有热邪传里自汗出者，有中暑自汗出者，有中寒冷汗自出者，治法俱见本门。然风火暑热证，自汗太多，犹恐亡阳，尚当照顾元气，矧在虚寒者乎？是以人参、芪、术为敛汗之圣药。挟寒者，则以附子佐之。轻剂不应，则当重剂以投之。设仍不应，则以龙骨、牡蛎、北五味等收涩之品辅助而行，或以人参养荣汤相兼而用。盖补可去弱，涩可固脱，自然之理也。

其盗汗证，伤寒邪客少阳则有之，外此悉属阴虚。古方当归六黄汤药味过凉，不宜于阴虚人。阴已虚而更伤其阳，能无损乎？宜用八珍汤加黄芪、麦冬、五味主之。方有参、芪，以气旺则能生阴也。

人参养荣汤见虚劳。

当归六黄汤

当归　黄芪　黄芩　黄柏　黄连　甘草各等分

水煎服。

八珍汤见虚劳。

【点评】程氏对自汗的辨证治疗思路明确，不外益气敛汗、收涩止汗，并尊人参、黄芪、白术为敛汗圣药。若有风火暑热之证，则随证加减疏风调营、清暑泻热之品；见自汗太多、恐亡阳者，适当用益气收涩之品。

对于盗汗，程氏认为古人用当归六黄汤太过寒凉，提出用八参汤加黄芪、麦冬、五味子的治疗方案，更中病机，其效更彰。

癫狂痫

《经》云：重阴为癫，重阳为狂。而痫证，则痰涎聚于经络也。癫者，痴呆之状，或笑或泣，如醉如梦，言语无序，秽洁不知。此志愿太高而不遂所欲者多得之，安神定志丸主之。狂者，发作刚暴，骂詈不避亲疏，甚则登高而歌，弃衣而走，逾垣上屋。此痰火结聚所致，或伤寒阳明邪热所发。痰火，生铁落饮、滚痰丸并治之。伤寒邪热，大承气汤下之。痫者，忽然发作，眩仆倒地，不省高下，甚则瘈疭抽掣，目斜口㖞，痰涎直流，叫喊作畜声。医家听其五声，分为五脏。如犬吠声，肺也；羊嘶者，肝也；马鸣者，心也；牛吼者，脾也；猪叫者，肾也。虽有五脏之殊，而为痰涎则一，定痫丸主之。既愈之后，则用河车丸以断其根。以上三证，皆频治取验者也，若妄意求奇，失之远矣。

安神定志丸_{见不得卧。}

生铁落饮

天冬_{去心}　麦冬_{去心}　贝母_{各三钱}　胆星　橘红　远志肉　石菖蒲　连翘　茯苓　茯神_{各一钱}　元参　钩藤　丹参_{各一钱五分}　辰砂_{三分}

用生铁落煎熬三炷线香，取此水煎药，服后安神静睡，不可惊骇叫醒，犯之则病复作，难乎为力。凡狂证，服此药二十余剂而愈者多矣。若大便闭结，或先用滚痰丸下之。

滚痰丸 见痰饮。

大承气汤 见伤寒少阴证。

定痫丸 男、妇、小儿痫症，并皆治之。凡癫狂证，亦有服此药而愈者。

明天麻一两　川贝母一两　胆南星九制者，五钱　半夏姜汁炒，一两　陈皮洗去白，七钱　茯苓蒸，一两　茯神去木蒸，一两　丹参酒蒸，二两　麦冬去心，二两　石菖蒲石杵碎，取粉，五钱　远志去心，甘草水泡，七钱　全蝎去尾，甘草水洗，五钱　僵蚕甘草水洗，去嘴炒，五钱　真琥珀腐煮灯草研，五钱　辰砂细研，水飞，三钱

用竹沥一小碗，姜汁一杯，再用甘草四两熬膏，和药为丸，如弹子大，辰砂为衣。每服一丸，照五痫分引下。犬痫，杏仁五枚煎汤化下。羊痫，薄荷三分煎汤化下。马痫，麦冬二钱煎汤化下。牛痫，大枣二枚煎汤化下。猪痫，黑料豆三钱煎汤化下。日再服。本方内加人参三钱尤佳。

河车丸

紫河车一具　茯苓　茯神　远志各一两　人参五钱　丹参七钱

炼蜜为丸。每早开水下三钱。

惊悸恐

惊者，惊骇也。悸者，心动也。恐者，畏惧也。此三者皆发于心，而肝肾因之。方书分为三门，似可不必。《经》云：东方青色，入通于

肝，其病发惊骇。惊虽属肝，然心有主持，则不惊矣。心惊然后胆怯，乃一定之理。心气热，朱砂安神丸主之。心气虚，安神定志丸主之。悸为心动，谓之怔忡，心筑筑而跳，摇摇而动也，皆由心虚挟痰所致，定志丸加半夏、橘红主之。恐为肾志，亦多由心虚而得。《经》云：心怵惕思虑则伤神，神伤则恐惧自失。十全大补汤主之。若肾经真阳不足以致恐者，更佐以八味丸加鹿茸、人参之类。予尝治惊悸恐惧之证，有用大补数十剂，或百余剂而后愈者，毋谓七情之病而忽视之也。

朱砂安神丸

黄连_{酒炒，一钱五分} 　朱砂_{水飞，一钱} 　甘草_{五分} 　生地黄_{酒洗，五钱}
当归_{酒拌，二钱}

蒸饼丸，绿豆大。每服十丸，开水下。

安神定志丸_{见不得卧。}

十全大补汤_{见虚劳。}

八味丸_{见类中。}

眩晕

眩，谓眼黑。晕者，头旋也。古称头旋眼花是也。其中有肝火内动者，《经》云"诸风掉眩，皆属肝木"是也，逍遥散主之。有湿痰壅遏者，书云"头旋眼花，非天麻、半夏不除"是也，半夏白术天麻汤主之。有气虚挟痰者，书曰：清阳不升，浊阴不降，则上重下轻也，六君子汤主之。亦有肾水不足，虚火上炎者，六味汤。亦有命门火衰，真阳上泛者，八味汤。此治眩晕之大法也。予尝治大虚之人，眩晕自汗，气短脉微，其间有用参数斤而愈者，有用附子二三斤者，有用芪、术熬膏近半石者，其所用方，总不离十全、八味、六君子等。惟时破格投剂，见者皆惊，坚守不移，闻者尽骇，及至事定功成，甫知非此不可。想因天时薄弱，人禀渐虚，至于如此。摄生者，可不知所慎欤！

加味逍遥散 见类中。

半夏白术天麻汤

半夏一钱五分　天麻　茯苓　橘红各一钱　白术三钱　甘草五分

生姜一片、大枣二枚，水煎服。

六君子汤　六味汤　八味汤 俱见类中。

十全大补汤 见虚劳。

【点评】程氏治眩晕经验丰富，在遵循常规辨证的基础上，善于把握病机，打破常规用药，每每收到更好的疗效。如对体质大虚之眩晕，人参、附子总用量达数斤之多，用黄芪、白术熬膏总量达半石。其辨证准确，剂量超常，勇于创新，每收奇效。特别是他创制的半夏白术天麻汤，更成为治疗痰浊中阻所致眩晕的经典名方，至今广泛使用。而这些创新和超常规辨治，则源于其对中医理论的深刻把握、对疾病的精准辨证和对中医的全面自信。

健忘

《经》云：肾者，作强之官，技巧出焉。心者，君主之官，神明出焉。肾主智，肾虚则智不足，故喜忘其前言。又心藏神，神明不充，则遇事遗忘也。健忘之证，大概由于心肾不交，法当补之，归脾汤、十补丸主之。亦有痰因火动，痰客心胞者，此乃神志昏愦，与健忘证稍不相同，法当清心开窍，二陈汤加竹沥、姜汁，并朱砂安神丸主之。

归脾汤　十补丸见虚劳。

二陈汤见中风。

朱砂安神丸见惊悸。

嘈杂

嘈杂者，躁扰不宁之貌，得食暂已，少顷复嘈。其中有挟痰与火者，则口燥唇焦，脉滑数也，二陈汤加山栀、黄连之类。有脾虚挟痰者，则气促食少，脉小弱也，五味异功散主之。嘈杂之证，治失其宜，变成噎塞者众矣，可不慎乎？更有元气大虚，心中扰乱不安者，名曰虚烦，此与嘈杂不同，当按其虚而重补之。夫病有兼证，各有情形，善治者宜斟酌焉。

二陈汤见中风。

五味异功散见类中。

咽喉口舌齿唇

咽能咽物，通乎地气；喉能纳气，通乎天气。气之呼吸，食之升降，而人命之存亡系焉。咽喉之病，挟热者十之六七，挟寒者十之二三，而风寒包火者，则十中之八九。古人开手一方，只用甘草、桔梗，《三因方》加以荆芥，其他蒡子、薄荷、贝母、川连之类，皆出后人续补。可见咽喉之病，不便轻用凉药，而专主开发升散者，所谓"结者开之，火郁发之"是已。及其火势极盛则清剂方施，结热下焦而攻法始用，非得已也。方书杂称咽喉为三十二证，命名各殊，治法亦异，眩人心目，兹予细加订正，不遗不赘，并选古今治法，而择其平善至效者详列于下，诚以咽喉关要之地，命如悬缕，学者宜致思焉。

一曰喉痹。痹者，痛也。《经》云：一阴一阳结，谓之喉痹。一阴者手少阴心，一阳者手少阳三焦也。心为君火，三焦为相火，二火冲击，咽喉痹痛，法当散之、清之，加味甘桔汤主之。又有非时暴寒，潜伏于少阴经，越旬日而后发，名曰伏气咽痛，谚云肾伤寒是已。法当辛温以散之，半夏桂甘汤主之。复有少阴中寒之重证，寒客下焦，逼其无根失守之火发扬于上，遂致咽痛，其证手足厥冷，脉沉细，下利清谷，但用理中、四逆汤疗寒，而咽痛自止。斯二者寒也，其他悉属热证，不可不知。

二曰缠喉风。咽喉肿痛胀塞，红丝缠绕，故名缠喉风。其证口吐涎沫，食物难入，甚则肿达于外，头如蛇缠。先用黄蔏汁调元明粉少许，灌喉中，搅去其痰，次用蜜水润之。若蘁汁不能拔痰，则用土牛膝连根捣烂，和酸醋灌之。如或顽痰胶固，吐仍不出，咽喉胀闭不通，滴水难入者，则用解毒雄黄丸，极酸醋磨下七丸，自然得吐而通。既通，可用牛黄清心丸、加味甘桔汤。如或肿势达外，延及颈项头面，红如火光，药力难敌，急用磁锋砭去恶血，用鸡子清调乳香末润之，立瘥。或用芭蕉根汁润之，以解其毒。若口中肿胀紫黑，急用银针刺去其血，或用小刀点之，随以淡盐汤洗之，吹上冰片散。更有肿在喉里，针法难施，急于手少商穴出血，则喉花自开，仍以解毒雄黄丸灌之，自然通透。此等病势危恶，非吐痰、解毒煎丸并进，刀针、砭石按法善施，鲜克有济也。治此者，平时揣摩纯熟，临证庶能措手，幸毋轻忽怠缓以误人也。少商穴，在手大拇指内侧，去爪甲一韭叶许，针时用布针针之。

三曰走马喉风。喉舌之间，暴发暴肿，转肿转大，名曰走马喉风，又名飞疡。不急治，即杀人。用小刀点出血，淡盐汤洗之，吹以冰片散，仍服加味甘桔汤，加金银花一二两。若牙关紧急，则用搐鼻散吹鼻中，随以解毒雄黄丸醋磨灌之，太乙紫金丹亦佳。紫金丹治咽喉等证，无往不神验也。

四曰缠舌喉风。硬舌根而烂两旁，急服加味甘桔汤，吹以冰片散，缓则不救。若有烂处，以头发作帚子，用甘草汤洗净，然后吹药。

五曰双单乳蛾。状如乳头，生喉间，一边生者，名单乳蛾，两边生者，名双乳蛾。宜用蘘菜汁调元明粉，灌去痰涎，吹以冰片散，随服甘桔汤，自应消散。若不消，以小刀点乳头上出血，立瘥。凡针乳蛾，宜针头尾，不可针中间，鲜血者易治，血黑而少者难瘥。凡用刀针，血不止者，用广三七末，嚼敷刀口上即止。凡使刀针，不可误伤蒂丁，损则不救。慎之！慎之！

六曰喉疔。形似靴钉，但差长耳。先用小刀点刺，随用冰片散吹之，以甘桔汤多加菊花煎饮之。菊花连根带叶，皆消疔之圣药也。每用四两，煎汤顿服，一切疔肿皆散，自然汁尤效。

七曰木舌、重舌、莲花舌。此皆心火炽盛致然也，用水少去舌上白垢，若有黑处，用小刀点破，去瘀血，吹冰片散，服甘桔汤加黄连。若莲花舌，靠牙而起数峰，中不可针，宜针两旁。针中间，恐伤舌下根，伤则不能收功。凡口内使刀针，有两处不可伤，一蒂丁，二舌下根，切记不可伤之。至要！至要！又舌衄证，出血不止，于甘桔汤内倍加生地、丹皮主之。冰片散亦可吹。

八曰悬痈。生于上腭，形如紫李，此脾经蕴热所致，不急治，恐毒气上攻脑，则不可救。宜用银针针破痈头，用盐汤搅净瘀血，然后吹以冰片散，仍服加味甘桔汤。

九曰兜腮痈。生腮下，绕喉壅肿。先用韭汁调元明粉，搅去其痰，再看其紫黑处针之，以盐汤搅去其血，吹以冰片散，仍服甘桔汤。若饮食不入，急用解毒雄黄丸醋磨下七丸。大凡腮痈，脓从口中出者易治，脓从腮外出者难痊，穿破故也。

十曰喉疮。少阴肾经阴火上冲也。宜用韭汁搅去其痰，若疮势灌脓，以银针挑破之，随用荆芥汤洗之，再吹冰片散，饮以甘桔汤。其上腭生疮，脾热也，舌上生疮，心热也。吹服如前法。

十一曰走马牙疳。牙间红肿，渐变紫黑臭秽，此胃经湿热也。以午后年干漱之，再吹同气散，速服清胃散。

十二曰牙痈。牙边肿痛如豆大，脾胃二经湿热也。可用小刀点破之，吹以冰片散，仍服清胃散。又牙宣证，牙根尽肿，宣露于外，或齿衄不止，并服前方。仍用陈茶、薄荷、金银花等频服之，再用冰片散搽之。

十三曰喉瘤。生于喉旁，形如圆眼，血丝相裹，此肺经蕴热所致。不可用刀针，宜吹麝香散，服甘桔汤，切忌多言耗神。有一人口内生肉球，有根线长五寸余，吐球出方可饮食，以手轻捻，痛彻至心，因用疏风降火药，每服加麝香五分，仍用麝香散吹之，三日根化而愈。

十四曰茧唇。唇上起小泡，渐肿渐大如茧，此心脾郁热所致。初起时，即用艾绒如麦粒大灸之，仍服甘桔汤，加香附、远志之类。

十五曰肺绝喉痹。凡喉痹日久，频服清降之药，以致痰涎壅于咽喉，声如曳锯。此肺气将绝之候也，法在难治。宜用人参膏，加橘红汤纵饮之。设无参膏，即用独参汤加橘红亦可，每参一钱，用橘红一分。早服者，可救十中之二三，迟则不救矣。或用四君子汤亦佳。

十六曰经闭喉肿。女人经水不调，壅塞经脉，亦令喉肿，宜用四物汤加牛膝、茺蔚子、香附、桃仁之类。俾经脉流通，其肿自消也。

又有梅核气证，男妇皆同，喉中如有物，吞不入，吐不出，宜用甘桔汤加苏梗、橘红、香附、金沸草之类，渐次可愈。

凡治咽喉、口舌之证，初则疏风解毒，继则滋水养阴，若元气渐虚，急顾脾胃。如六味滋水，四君补脾，皆为要药，否则真气亏败，势难挽矣。治者审之！

加味甘桔汤

甘草三钱，炙　桔梗　荆芥　牛蒡子炒　贝母各一钱五分　薄荷三分

水煎服。若内热甚，或饮食到口即吐，加黄连一钱。若口渴，唇焦舌燥，便闭溺赤，更加黄柏、黄芩、山栀、黄连。若有肿处，加金银花五钱。

半夏桂甘汤 见伤寒咽痛。

理中汤　四逆汤 见中寒。

解毒雄黄丸

明雄黄一两，水飞　郁金一两　巴豆三十五粒

共为末，醋和丸，如黄豆大。每服五七丸，清茶下，吐出涎立醒。如未吐，再服。倘人事昏愦，心头温者，急急研末灌之。

牛黄清心丸

牛胆南星九制者，一两　麝香五分　珍珠五分　黄连二钱　防风一钱

荆芥二钱　五倍子一钱　桔梗一钱　元参三钱　茯神一钱　天竺黄二钱　明雄黄二钱　当归一钱　犀角末二钱　辰砂二钱，水飞

上为细末，和匀，甘草四两熬膏为丸，如龙眼大，辰砂为衣，日中晒干，入瓷瓶中，紧塞，勿走气。临服薄荷汤化下一丸。

冰片散

冰片一钱　硼砂五钱　明雄黄二钱　黄柏蜜炙，三钱　靛花二钱　甘草炙，三钱　鸡内金即鸡肫皮，烧存性，一钱　人中白煅，五钱　川黄连二钱　元明粉二钱　铜青煅，五分　蒲黄炒，三钱

共为极细末，吹患处。一方加牛黄、熊胆、珍珠各一钱，儿茶八分，麝香三分。

搐鼻散见中风。

紫金丹　解诸毒，疗疮肿，主用极弘，立见奇效，凡居家出入，远游仕宦者，不可缺此。

山慈菇洗净，二两　五倍子捶破，洗净，二两　千金子去壳，去油，净，一两　红芽大戟去芦根，洗净，焙干为末，一两五钱　明雄黄三钱　朱砂水飞，三钱　麝香当门子，三钱

以上药，于净室中制为极细末，候端午、七夕，或天、月二德日，合起，以糯米浓粥汤和匀，杵千下。凡合药，切忌妇人、鸡犬见。每锭一钱。每服一锭或半锭，开水磨服。病在上者必吐，在下者必利。吐利后，以温粥补之。

一治饮食药毒、蛊毒、菌毒、河豚中毒，自败牛、马、猪、羊等肉，人误食之，必胀闷昏倒，急用水磨一锭灌之，或吐或泻，其人立苏。

一南方山岚瘴气，雾露水湿，自人感之，即觉满闷呕恶，憎寒壮热，随用开水磨服数分，即愈。

一治痈疽发背，对口疔疮，天蛇毒，杨梅疮。并用无灰清酒磨服，外用醋磨涂疮上，日夜数次，觉痒而消。

一治喉痹、喉风、喉疔、乳蛾等证。并用薄荷煎汤磨服一锭，即见消散。

一治绞肠痧、乌痧胀，通腹搅痛非常。用清水磨服一锭，即愈。

一治妇人邪气鬼胎。用石菖蒲煎汤，磨服一锭，即消。

一治自缢、溺水、魇梦、鬼魅迷人。但心头温者，俱用生姜汁磨服一锭，立苏。

一治恶蛇、疯犬、毒蝎、溪涧诸恶虫伤人，随即发肿，攻注走痛，或昏闷喊叫，命在须臾。急用清酒磨下一锭，仍取他人口涎磨敷患处，再服葱汤一大碗，被盖出汗，其人必活。

一治天行时疫，延门传染。用米醋磨，浓涂鼻孔中，仍以开水服少许，即不传及。

一治传尸痨瘵，诸药不效。每早用清水磨服一锭，三日即下恶物。有一女子患瘵证，方士教服此，片时吐下小虫十余条，后服苏合香丸，其病顿愈。以此相传，活人不计其数。此真济世卫生之宝药也。

午后年干漱口方

午后汁即白马粪也。如一时不办，预取为末，临时水泡取汁亦得　万年干即粪碱也。用新瓦合盖，烧灰存性，为末

用年干三钱，和午后汁二钟，漱口，去痧毒，再用同气散吹之。

同气散

五谷虫洗净，焙干，三钱　人中白三钱　黄连去须　薄荷叶　细辛　硼砂各一钱　真青黛二钱　冰片二分

共为细末，掺齿缝中。

清胃散

升麻一钱　生地二钱　黄连　连翘　丹皮各一钱

水煎服。

冰黄散　止牙痛，神效。

牙硝三钱　硼砂三钱　明雄黄二钱　冰片一分五厘　麝香五厘

共为末，每用少许擦牙。

麝香散

真麝香二钱　冰片三分　黄连一钱

共为末。一日夜吹五六次。

四君子汤　四物汤俱见虚劳。

六味汤见类中。

【点评】咽喉是人体与外界相连接的重要通道、饮食呼吸之要塞，外感疫毒或脏腑失调均可致病，若调治不当，极易引起危证。正如程氏所说："诚以咽喉关要之地，命如悬缕，学者宜致思焉"。

有感于古代医书命名繁杂，治法各异，容易混淆，程氏经过详细考证，力求精简而不遗漏，优选历代疗效确切的辨治方法，最终将古医书中记载的32个病症精减为16个，便于医者临证运用。

程氏辨治咽喉口腔疾病多以甘桔汤加减，更记载了针、刀、砭、敷等外治法，特别强调针刀在治疗时切忌伤及蒂丁及舌下根。虽然现代治疗咽喉口腔疾病已很少采用传统的针刀技术，但若临证病情需要也不妨试用，不过需谨记程氏告诫，以免伤及要害，危及生命。

目

目有五轮，合乎五脏。眼眶属脾，为肉轮。红丝属心，为血轮。白色属肺，为气轮。青色属肝，为风轮。瞳人属肾，为水轮。是知目者，五脏精华之所系也。目疾专家呼为七十二证，著之问答，其实重叠者多，总不若辨明虚实为的当。凡目疾暴赤肿痛，畏日羞明，名曰外障，实证也。久痛昏花，细小沉陷，名曰内障，虚证也。实者由于风热，虚者由于血少。实则散风泻火，虚则滋水养阴。然散风之后，必继以养血，《经》曰"目得血而能视"也。养阴之中，更加以补气，《经》曰"气旺则能生血"也。治外障者，蒺藜汤、蝉花无比散散之。若兼饮食所伤，加消导药。如大便久闭不通，四顺清凉饮下之。治内障者，逍遥散、明目地黄丸补之。若兼气虚，益气聪明汤主之。且如初起翳障，只须服药散之，不可遽用点药，恐病反深痼。当用天然水乘热频洗之，热能散风，水能制火故也。水中不用一味药，盖目不染尘，药汁入目，亦见羞涩。更忌刀针刺血、割肉及点硇、砒之类，真为行险侥幸。刺血者，恐伤肉。用硇、砒，恐溃烂不息。惟宜珍珠散点之，乃眼药中之至宝也。再者，凡用散药，不可太过以伤其血；用补气药，不可太过以助其火。又不宜过用寒凉，使血脉凝结，反生青黄之障膜。温存肝肾，调剂和平，而目疾自能全愈矣。

蒺藜汤 治暴赤肿痛。

白蒺藜麸炒，去刺，研，一钱五分　羌活　防风各七分　甘草炙，五分
荆芥　赤芍各一钱　葱白连须用，二段

水煎服。若伤煎炒炙煿之物，加连翘、山楂、黄连。若伤酒，更

加葛根。

蝉花无比散 通治男、妇、小儿远近目疾，赤肿胀痛，或目胞风粟痒痛，或翳膜遮睛，或眼眶赤烂，或鳖睛胬肉，或瞳人突出，或拳毛倒睫，或小儿痘疹风眼，并皆治之，其应如响。

蝉蜕去足，二两　羌活一两　川芎　石决明盐水煮一时　防风　茯苓　赤芍各一两五钱　白蒺藜麸炒，去刺，八两　甘草炙　当归各三两　苍术米泔水浸，切片，陈土炒，一两

共为细末。食后米汤调服三钱。忌生冷、油面、煎炒诸物。

四顺清凉饮

当归　赤芍　甘草　大黄各一钱，如不行，加一钱

水煎服。

逍遥散见类中。

明目地黄丸 治内障，隐涩羞明，细小沉陷。

生地一斤，酒洗　牛膝二两　麦冬六两　当归五两　枸杞子三两

用甘菊花八两熬膏，和炼蜜为丸。每服三钱，开水下。

益气聪明汤 治气虚目不明。有人目忽不见，丹溪用参膏治之，服参数斤余而复，此气脱也。予谓血脱者，亦应照此治例，《经》曰"血脱益气"是也。

黄芪一钱五分　人参五分　白术一钱　炙甘草五分　升麻三分　柴胡三分蔓荆子五分　当归　白芍各八分　陈皮三分　大枣二枚

水煎服。

天然水 用洁净开水，以洁净茶盏盛之。用洁净元色绢片，乘热淋洗。洗后，水混浊换水再洗，及洗至水清无垢方止，如此数次即愈。水内并不用药，故曰天然水也。

珍珠散 古歌曰：不用针刀割，全凭此药方。

珍珠—钱五分　玛瑙—钱五分　琥珀—钱五分　珊瑚—钱五分。以上四味，俱用豆腐煮过再研　硼砂五分　熊胆五分，用笋壳盛，烘脆，为末　龙脑四分　麝香二分五厘　瓜竭七分五厘　朱砂细研水飞，七分五厘　黄连末去须、芦，研细，五分　明乳香箸上炙干，五分　没药箸上炙干，五分　炉甘石—两五钱，按法炮制为主

以上诸药，各为细末，用上细粉罗筛过，再照分数秤定，合为一处，研万匝，复以棉纸筛下，瓷罐收贮听用，其效如神。

制炉甘石法：择上上甘石半斤，用倾银铺内大紫土罐一个，入甘石在内，外用紫土泥封口，择一净室，于地上安大铁钉三根，将罐搁稳，四周用栗炭覆盖，上下起火，自早至晚为度，研细，粉罗筛下，水飞。仍候药水制，再用：

鹅不食草　黄连　黄柏　黄芩　当归　生地　栀子　连翘　赤芍薄荷　大黄　细辛　白芷　羌活　独活　甘草　胆草　红花　杏仁白菊　防风　荆芥　蔓荆子　蕤仁各一钱　桃叶　桑叶　枇杷叶　槐叶　杏叶各七片　入水二大碗，煎至一碗，去渣，入金银箔各七张，再熬至一钟，用煅过炉甘石二两，入洁净铜器内，和匀、隔汤煮干，取起，再入金银箔各加七张，择清爽天气，露一宿，晒一日，迎日月之精华，配药方有神验。

其甘石认法，形如羊脑，白如雪，松如花，方美。若沉重黑暗，即不堪用，用亦无功，而且有损，慎之！

一方用炉甘石二钱，制过，朱砂、硼砂各五分，研细常点，亦效。

【点评】古代医家谓眼疾有72证，但程氏经过研究发现，其证候多有重叠，于是发挥其拔冗见真、除繁就简的特长，抓住疾病本质，最后以虚实论治，可谓至简。

程氏还认为，眼疾初起只须服药，不可随便"点药"，更忌讳刀针刺血、割肉及点硇、砒之类；强调用药宜平和温存，不可过散、过寒、过补。此为其经验之谈，值得谨记。

面

《经》云：足阳明之脉，络面下于鼻。凡面上浮肿而痛者，风也。书云：面肿为风，足肿为水。宜用升麻葛根汤加白芷主之。若兼挟水湿，加入五皮饮为至妙也。然又有黄胖面肿者，湿热也；有痿黄虚浮者，脾虚也。湿热，和中丸主之。脾虚，六君子汤主之。若面上生疮如水痘，蔓延不止者，黄柏散敷之即愈。

升麻葛根汤 见伤寒阳明经证。

五皮饮 见水肿。

和中丸 见鼓胀。

六君子汤 见类中。

黄柏散 黄柏一块，猪胰涂，炙酥，为末。湿者干掺，干者麻油调搽。

瘰疬

瘰疬者，肝病也。肝主筋，肝经血燥有火，则筋急而生瘰。瘰多生于耳前后者，肝之部位也。其初起即宜消瘰丸清散之。不可用刀针及敷溃烂之药。若病久已经溃烂者，外贴普救万全膏，内服消瘰丸并逍遥散，自无不愈。更宜戒恼怒，断煎炒，及发气、闭气诸物，免致脓水淋漓，渐成虚损。患此者可毋戒欤！

消瘰丸　此方奇效，治愈者不可胜计。予亦刻方普送矣。

元参蒸　牡蛎煅，醋研　贝母去心，蒸，各四两

共为末，炼蜜为丸。每服三钱，开水下，日二服。

普救万全膏见痹门。

逍遥散见类中。

【点评】程氏主张瘰疬从肝论治，方用消瘰丸，但强调忌用刀针及敷溃烂腐蚀之药，平素应加强生活调摄，忌食煎炒发物，注意情绪控制。是其注重药物、饮食和情志调控等综合治疗的体现。

鼻

《素问》曰：西方白色，入通于肺，开窍于鼻。鼻塞者，肺寒也；鼻流清涕者，肺风也，香苏散散之。若鼻中常出浊涕，源源不断者，名曰鼻渊。此脑中受寒，久而不散，以致浊涕常流，如泉水之涓涓耳。然鼻渊初起，多由于寒，日久则寒化为热矣。治宜通窍清热，川芎茶调散主之。更有鼻生息肉，名曰鼻痔，臭不可近，痛不可摇，宜用白矾散少许点之，顷刻化水而消。又鼻中流血不止，名曰鼻衄，四生丸、生地六味汤主之。如不止，加犀角。

香苏散见太阳经证。

川芎茶调散

川芎酒拌　荆芥　白芷　桔梗炒　甘草　黄芩酒炒　川贝母去心，各

一两　黑山栀二两

共为细末。每服二钱，食后陈松萝细茶调下，日三服。

白矾散

白矾煅枯，二钱　硇砂五分

共为细末。每用少许，点鼻痔上，即消。

四生丸　生地六味汤俱见虚劳。

耳

耳者，肾之外候。《中藏经》曰：肾者，精神之舍，性命之根，外通于耳。然足厥阴肝、足少阳胆经，皆络于耳。凡伤寒邪热耳聋者，属少阳证，小柴胡汤主之。若病非外感，有暴发耳聋者，乃气火上冲，名曰气闭耳聋，宜用逍遥散加蔓荆子、石菖蒲、香附主之。若久患耳聋，则属肾虚，精气不足，不能上通于耳，宜用六味地黄丸加枸杞、人参、石菖蒲、远志之类。其患耳鸣，如蝉声，如钟鼓声，皆以前法治之。若风热相搏，津液凝聚，变为聤豆抵耳之患，或脓水淋漓，或痒极疼痛，此皆厥阴肝经风热所至，宜用加味逍遥散去白术，加荷叶、木耳、贝母、香附、菖蒲之属，外用红棉散吹之。若耳内生疮，并用前药加金银花主之。又百虫入耳，宜用猫尿滴之，次则葱汁犹可。若用麻油，恐虫陷耳中不得出也。又法，以猪肉炙香，置耳边，诈就寝，令虫闻肉香，则出矣。

小柴胡汤见少阳经病。

逍遥散见类中。

六味地黄丸见虚劳。

红棉散

白矾二钱　　胭脂一钱，烧灰存性

上研匀。先用棉杖子搅去脓水，更另用棉杖子蘸药掺入耳底，即干。若聤豆抵耳，加麝香五厘。

【点评】程氏从虚实论治耳疾。由伤寒传经少阳致实证耳聋者，宜小柴胡汤；由气火上冲致气闭耳聋者，宜逍遥散加减。由肾虚、精气不足致虚证久聋者，宜六味地黄丸加减。至于其所记述的百虫入耳之外治法，今已少用，权且了解之。

痔疮

方书有牝、牡、虫、血之异名，而其实皆大肠经积热所致。大法宜用石菖蒲、忍冬藤煎水，以瓦罐盛药，对痔熏透，然后倾入盆中浸洗之，冷则加水。如此频频熏洗，并服加减六味丸及国老散，自然渐次消散，可免刀针药线之苦，此亦医痔之良法也。又肛门之前，肾囊之后，此间若有肿胀出脓，名曰悬痈，又名海底漏，最难收功。若生于肛门之两旁，则曰脏毒，较悬痈为轻耳，并用前药主之。此证皆由肾水不足、相火内烁庚金而致然也，患者速宜保养真元，用药扶持，庶可延生，幸毋忽视是祷。

加减六味丸

大熟地九蒸晒　　大生地酒洗，各三两　　山药乳蒸　　茯苓乳蒸　　丹皮酒蒸，各一两五钱　　泽泻盐水蒸，一两　　当归酒蒸　　白芍酒炒　　柏子仁去壳，隔纸炒　　丹参酒蒸，各二两　　自败龟板浸去墙，童便炙酥，研为极细末　　远志去心，甘草水

泡，蒸，各四两

共为末，用金钗石斛四两、金银花十二两熬膏，和炼蜜为丸。每早淡盐汤下四钱。

国老散 治悬痈、脏毒，神效。

甘草七段，用急流水一碗浸之，炙干，又浸又炙，以水尽为度，研细末。每日空心开水调下一钱。忌煎炒、烟、酒、炙煿、辛辣发气等物。

内痈

口中咳，胸中隐隐而痛，吐痰腥臭者，肺痈也，桔梗汤主之。当脐而痛，腹皮膨急，溺数如淋，转侧摇之作水声者，肠痈也，千金牡丹皮散主之。胃脘胀痛，手不可按，时吐脓者，胃脘痈也，忍冬汤主之。书云：呕家有脓不须治，呕脓尽自愈。是胃脘痈之已溃者，不须治也。

桔梗汤见虚劳。

千金牡丹皮散

丹皮五钱　苡仁五钱　瓜蒌仁一钱五分　桃仁去皮尖及双仁者，十二枚，研

水煎服。若大便闭结不通，加大黄一钱五分，当归三钱，得利，止后服。

忍冬汤 一切内外痈肿，皆可立消，但宜早服。

金银花四两　甘草三钱

水煎，顿服。能饮者，用酒煎服。

诸虫

虫之名有九，而犹不足以尽其状也，然总不外乎湿热所生。凡物湿蒸热郁，则生虫矣。书云：虫长尺许，则能杀人。虫痛贯心，伤人甚速，宜急治之，追虫丸主之。但胃寒吐蛔，宜用理中安蛔散，与治别虫之法不同，医者志之。

追虫丸

大黄_{酒拌，三蒸三晒，一两}　木香_{五钱}　槟榔_{一两}　芜荑_{去梗，一两}白雷丸_{一两}　白术_{陈土炒，七钱}　陈皮_{七钱}　神曲_{炒，五钱}　枳实_{面炒，三钱五分}

上为末，用苦楝根皮、猪牙皂角各二两，浓煎汁一碗，和前药为丸，如桐子大。每服五十丸，空心砂糖水送下。若大便不实者，本方内除大黄。

理中安蛔散_{见中寒。}

又方，用榧子数斤，陆续去壳，空心服一二十枚。一月之后，其虫尽去，神色大转矣。

蛊毒

岭南之地，多有埋蛊害人之法，其法取毒物之毒，暗置饮食中，其人即中毒矣。但中毒之人，不知解法，发时即不可救，惟太乙紫金丹可以立解之。是以远游川广，不可无此药。

紫金丹_{见咽喉。}

五绝

五绝者，一自缢，二摧压，三溺水，四魇魅，五服毒也。

自缢者，自旦至暮，虽已冷必可治；自暮至旦则难治，阴气盛也。然予尝见自暮至旦而犹救活者，不可轻弃也。救治之法，先将人抱下，以被褥塞住谷道，次将绳索徐徐解去，不得遽然截断，然后将手按摩胸膛。若有气从口出，微有呼吸，即以好肉桂心二三钱，煎汤灌之。若已僵直，令两人以竹管吹其两耳，然后以半仙丸纳鼻孔中，并研末吹入耳中。但心头温者，虽一日犹可活也。

摧压者，或坠堕、压覆、打伤，心头温者，皆可救也。将本人如僧打坐，令一人提住头发，用半仙丸纳入鼻中，并以广三七二三钱，煎酒灌之。青木香煎酒灌之亦佳。

溺水者，捞起，以其人横伏牛背上，如无牛，以凳代之，沥去其水，用半仙丸纳入鼻中，或用搐鼻散吹之，仍以生姜自然汁灌之，但鼻孔无血出者，皆可救也。

魇魅者，梦而不醒也。此浊气顽痰闭塞所致。先用通天散吹鼻中，随用苏合香丸灌之，或用韭根捣汁灌之，或用姜汁或用葱白酒灌之。但卧处原有灯则存，如无灯，切不可以灯照其面，只可远远点灯耳。一法，令人痛咬其大拇指，而唾其面，即活。

服毒者，砒信为重也。用小蓟根捣汁饮之，立救。或用黄矾散治之，据云奇效。

又救自刎法，若喉管未断，急以麻线缝定，用金疮药厚敷之，以布缠定，旬日自愈。

半仙丸

半夏为末，水丸，如黄豆大。每用一丸，纳鼻中，男左女右。

搐鼻散见真中风。

黄矾散

大黄一两　明矾五钱

共为末。每服三四钱，冷水调下。

天下第一金疮药　凡刀斧损伤，跌扑打碎，敷上即时止痛止血，更不作脓，胜于他药多矣。其伤处不可见水。予制此药普送，因路远者一时难取，故刻方广传之。今并笔之于书，则所传益广矣。各乡有力之家，宜修合以济急也。

雄猪油一斤四两，熬化，去渣　松香六两，熬化，去渣　黄蜡六两，熬化，去渣　面粉四两，炒、筛　樟脑三两，研极细　麝香六分　冰片六分　血竭一两　儿茶一两　乳香一两，箬皮上烘去油　没药一两，箬皮上烘去油

以上药研极细，先将猪油、松香、黄蜡三味熬化，合为一处，待将冷，再入药末搅匀，瓷瓶收贮，不可泄气，用时即知其神妙也。

又方，用降真香为末，敷上即愈。广三七末，敷之亦效。

【点评】程氏所记述的"五绝"当属中医急证范畴，治疗有方法、方药，更有用麻线缝合自刎喉管的近似现代外科手术的治法。虽然有些方法看似简陋，却是先人们限于当时的认知条件而摸索的方法，与现今的心肺复苏、手术相去甚远，可了解而不可笑之。

第五卷

妇人门

妇人之证，多与男子同，惟经带胎产，与男子异耳。兹特举其异者，详述于后，以备参考。其同者，悉照前法主之，不复赘及。

月经不调

经，常也，一月一行，循乎常道，以象月盈则亏也。经不行，则反常而灾沴至矣。方书以趱前为热，退后为寒，其理近似，然亦不可尽拘也。假如脏腑空虚，经水淋漓不断，频频数见，岂可便断为热？又如内热血枯，经脉迟滞不来，岂可便断为寒？必须察其兼症，如果脉数内热，唇焦口燥，畏热喜冷，斯为有热。如果脉迟腹冷，唇淡口和，喜热畏寒，斯为有寒。阳脏阴脏，于斯有别。再问其经来，血多色鲜者，血有余也；血少色淡者，血不足也；将行而腹痛拒按者，气滞血凝也；既行而腹痛，喜手按者，气虚血少也。予以益母胜金丹及四物汤加减主之，应手取效。

益母胜金丹

大熟地<small>砂仁酒拌，九蒸九晒</small> 当归<small>酒蒸，各四两</small> 白芍<small>酒炒，三两</small> 川芎<small>酒</small>

蒸，一两五钱　丹参_{酒蒸，三两}　茺蔚子_{酒蒸，四两}　香附_{四两，醋、酒、姜汁、}
_{盐水各炒一两}　白术_{四两，陈土炒}

　　以益母草八两，酒水各半熬膏，和炼蜜为丸。每早开水下四钱。血热者，加丹皮、生地各二两。血寒者，加厚肉桂五钱。若不寒不热，只照本方。

　　四物汤_{见虚劳。}　调经养血之要药，其地黄须九蒸九晒，方能取效，否则滞膈生痰，妨碍饮食，乃制药之过，非立方之罪也。血热者，加丹参、丹皮、益母草。血寒者，加桂心、牛膝。经行而腹痛拒按者，加延胡、香附、木香。经既行而腹痛喜按者，加人参、白术；血少色淡者，亦并加此。若腹中素有痞，饮食满闷者，本方内除熟地，专用三物加丹参、陈皮、香附之属。

室女经闭成损

　　妇人经闭，其治较易，室女经闭，其治较难。妇人胎产乳子之后，血气空虚，经水一时不至，俟其气血渐回，而经脉自通矣。室女乃浑全之人，气血正旺，不应阻塞，其闭也，若非血海干枯，则经脉逆转。血海枯，则内热咳嗽，鬓发焦，而成怯证。经脉逆转，则失其顺行之常，而为吐为衄。夫血以下行为顺，上行为逆，速宜调其经脉，俾月水流通，庶几可救，予以益母胜金丹加牛膝主之。若其人肝经怒火炽盛者，则颈生瘰疬，或左胁刺痛，更佐以加味逍遥散及消瘰丸。若其人脾气虚弱，不能消化饮食，血无从生，更佐以五味异功散。若其人精神倦怠，晡热、内热，此气血两亏，无经可行，更佐以八珍汤。此治室女经闭之良法。倘妄行霸道，破血通经，其不偾事者几希矣。

益母胜金丹见前。

加味逍遥散见类中。

消瘰丸见瘰疬门。

五味异功散见虚劳。

八珍汤见虚劳。

暴崩下血

《经》云：阴虚阳搏谓之崩。此言热迫血而妄行也。又曰：阳络伤则血外溢，阴络伤则血内溢。外溢者从上出，内溢者从下流也。病人过于作劳，喜怒不节，则络脉伤损而血妄行矣。前证若因热迫血而妄行者，用加味四物汤。若因络脉伤损者，用八珍汤。若瘀血凝积，佐以独圣丸。若因肝经火旺不能藏血者，加味逍遥散。若因脾气虚不能统血者，四君子汤加归、芍主之。若因思虑伤脾不能摄血归经者，归脾汤。若气血两亏，血崩不止，更用十全大补汤。丹溪云：凡血证，须用四君子之类以收功。若大吐大下，毋以脉论，当急用独参汤救之。若潮热、咳嗽、脉数，乃元气虚弱假热之象，尤当用参、术调补脾土。若服参、术不相安者，即专以和平饮食调理之。此等证候，无不由脾气先损，故脉息虚浮而大，须令脾胃健旺，后天根本坚固，乃为可治。设或过用寒凉，复伤胃气，反不能摄血归经，是速其危也。

加味四物汤本方内加丹皮、阿胶、黄芩、黑山栀。方见虚劳。

八珍汤见虚劳。

独圣丸 治瘀血凝积，瘀血不去则新血不得归经，此丸主之。虚人以补药相间而用。

五灵脂_{去土，炒烟尽。}

为末，醋丸，绿豆大。每服一二钱，淡醋水下，清酒亦得。

加味逍遥散_{见类中。}

四君子汤　归脾汤　十全大补汤_{并见虚劳。}

带下

带下之证，方书以青、黄、赤、白、黑，分属五脏，各立药方。其实不必拘泥，大抵此证不外脾虚有湿。脾气壮旺，则饮食之精华生气血而不生带。脾气虚弱，则五味之实秀生带而不生气血。南方地土卑湿，人禀常弱，故浊带之证，十人有九，予以五味异功散加扁豆、苡仁、山药之类，投之辄效。倘挟五色，则加本脏药一二味足矣。夫带证似属寻常，若崩而不止，多至髓竭骨枯而成损。治此者，宁可忽诸！

五味异功散_{见虚劳。}

健脾止浊带。前证若专下白色，属肺，倍用苡仁。若兼赤色，属心，加丹参、当归。若兼青色，属肝，加柴胡、山栀。若兼黄色，属脾，加石斛、荷叶、陈米。若兼黑色，属肾，加杜仲、续断。若脉数有热，加炒黄柏、莲子心。若脉迟厥冷，加黑姜、大枣。

求嗣

子嗣者，极寻常事，而不得者，则极其艰难。皆由男女之际，调摄未得其方也。男子以葆精为主，女子以调经为主。葆精之道，莫如寡欲。远房帏，勿纵饮，少劳神，则精气足矣。如或先天不足，则用药培之。大抵左尺无力，或脉数有热，此真水虚也，六味丸合五子丸，以补天一之水。若右尺无力，或脉迟厥冷，此真火衰也，八味丸合五子丸，以补地二之火。若二尺俱无力，或中气馁弱，是水火两亏，气血并虚也，用十补丸合五子丸而大补之。倘精薄不凝，更加鱼鳔、鹿角胶之属。精不射远，更用黄芪斤许熬膏为丸，以益其气，此治男子之法也。

调经之道，先在养性。诗云：妇人和平，则乐有子。和则气血不乖，平则阴阳不争，书云"和平之气，三旬一见"是已。如或经事愆期，则用药调之。大抵先期而至，或脉数有热，此血热也，益母胜金丹加生地、丹皮主之。若后期而至，或脉迟厥冷，此血寒也，益母胜金丹加肉桂主之。若将行而腹痛者，是气滞也，更加顺气之药。若食少气虚，面色㿠白，四肢无力，是为气血两亏，即用前方减香附一半，加人参、黄芪、河车、茯神、枣仁、远志之属。俾其气血充旺，则经脉自调。譬如久旱不雨，河道安得流通，河道不通，而欲其润泽万物，不亦难乎？女人经水不通，或淋漓稀少，而欲其生子，何可得耶？此论女子之治法也。

是以葆精之道，责之男子，调经之要，责之女子。各有病处，须细心体认，不可蒙混而失生生之理也。求嗣者，念之哉！

六味合五子丸

大熟地八两　山药四两　山萸肉四两　茯苓　丹皮　泽泻各三两
枸杞子　菟丝子各四两　五味子　车前子　覆盆子各二两

石斛六两，熬膏，和炼蜜为丸。每早开水下四钱。

八味丸见类中门。

十补丸即十全大补汤为丸。见虚劳。

益母胜金丹见月水不调。

转女为男说

《易》曰：乾道成男，坤道成女。乾刚用事，得阳气之专者则多男。坤柔用事，得阴气之全者则多女。此定理也。男子平时清心寡欲，养其乾健之体，则所感而生男矣。至于受胎时日之法，谓断经一二日感者成男，三四五日感者成女。诚以一二日间阴气方亏，则阳气当胜，故生男。三四五日阴血既回，则阳气不胜，故生女。此乾坤之性情，刚柔之体用也。今方家备载转女为男之法，有束皮革者，有佩雄黄者，有暗藏雄鸡羽于席下者，有暗藏斧于床下而系刃向下者，种种诸法，或验或不验。其验者，安知其非幸中耶？终不若讲究本原为合理也。

如或男女命运乖舛，速宜修德以祈之，广积阴功，多行善事，三年五载，勤勉不怠，自应得男。更兼戒杀放生，则所生男益当聪明长寿。冥冥中有主之者，未可徒恃于药，而归怨于命也。求男者，理应警听吾言。

诊妇人有孕法

《经》谓：妇人有孕者，身有病而无邪脉也。有病，谓经闭。无邪脉，谓脉息如常，不断绝也。《经》又云：手少阴动甚者，孕子也。少阴，心也。心主血脉，心脉旺则血旺，而为孕子之兆。《经》又云：阴搏阳别，谓之有子。言二尺脉旺，与两寸迥别，亦为有孕。以上三者，但得其一，即为孕脉。分而占之，合而推之，而孕脉无遁情矣。或谓：流利雀啄，亦为孕脉，何也？答曰：流利者，血正旺；雀啄者，经脉闭塞不行，故脉疾而歇至，此数月之胎也。不知者断为病脉，则令人耻笑。或谓：孕有男女，何以脉而知之也？答曰：左寸为太阳，脉浮大，知为男也。右寸为太阴，脉沉实，知为女也。若两寸皆浮大，主生二男。两寸皆沉实，主生二女。凡孕脉，弦紧滑利为顺，沉细微弱为逆也。

验胎法

妇人经水不行，已经三月，或脉不应指，或经事偶见，法当验之。用川芎为细末，煎艾汤空心调下二钱，腹内微动则有胎，不动者非胎也。

食忌

有孕之后，凡忌食之物，切宜戒谨：一食鸡子、糯米，令子生寸白虫。一食羊肝，令子多疾。一食鲤鱼，令儿成疳。一食犬肉，令子无声。一食兔肉，令子缺唇。一食鳖，令子项短。一食鸭子，令子心寒。一食螃蟹，多致横生。一食雀肉，令子好淫。一食豆酱，令子发哮。一食野兽肉，令子多怪疾。一食生姜，令子多指。一食水鸡、鳝鱼，令子生癞。一食骡、马肉，延月难产。

如此之类，无不验者。所当深戒。

药忌

妊孕药忌歌，凡数十种。推之尚不止此，然药中如斑蝥、水蛭、蛇蜕、蜈蚣、水银、信砒等药，皆非恒用之品，姑置勿论。兹特选其易犯者，约纂数语，俾医家举笔存神，免致差误。其他怪异险峻之品，在有孕时，自应避忌，不待言也。

乌头附子与天雄，牛黄巴豆并桃仁，

芒硝大黄牡丹桂，牛膝藜芦茅茜根，

槐角红花与皂角，三棱莪术薏苡仁，

干漆蕳茹瞿麦穗，半夏南星通草同，

干姜大蒜马刀豆，延胡常山麝莫闻，

此系妇人胎前忌，常须记念在心胸。

上药忌禁犯，似矣。然安胎止呕有用半夏者，娠孕热病有用大黄者，娠孕中寒有用干姜、桂、附者，是何说也？昔黄帝问于岐伯曰：妇人重身，毒之如何？岐伯对曰：有故无殒，亦无殒也，大积大聚，其可犯也，衰其大半而止。有故者，谓有病。无殒者，无损乎胎也。亦无殒者，于产母亦无损也。盖有病则病当之，故毒药无损乎胎气。然必大积大聚，病势坚强，乃可投之，又须得半而止，不宜过剂，则慎之又慎矣。用药者，可不按岐黄之大法耶？

恶阻

娠妊之际，经脉不行，浊气上干清道，以致中脘停痰，眩晕呕吐，胸膈满闷，名曰恶阻。法当理脾化痰，升清降浊，以安胃气，用二陈汤加枳壳主之。若脾虚者，用六君子汤加苏梗、枳壳、砂仁、香附主之。其半夏，虽为妊中禁药，然痰气阻塞中脘，阴阳拂逆，非此不除，以姜汤泡七次，炒透用之，即无碍也。若与参、术同行，犹为稳当。凡安胎气，止呕定眩，须用白术为君，而以半夏、茯苓、陈皮、砂仁佐之，往往有效。夫妊娠恶阻，似属寻常，然呕吐太多，恐伤胎气，医者可不善为调摄乎？

二陈汤　六君子汤_{俱见类中。}

胎动不安

妊娠胎动不安，多因起居不慎，或饮食触犯禁忌，或风寒搏其冲任之脉，或跌仆伤损，或怒动肝火，或脾气虚弱，宜各推其因而治之。大法：若因母病而胎动，但治其病而胎自安。若因胎动而致病，但安其胎而母病自愈。再诊其色，若面赤舌青，则子难保；若面青舌赤吐沫，母亦难全。妊娠中切宜戒谨。

安胎饮

当归　川芎　白芍药_{酒炒}　大熟地_{九制}　茯苓　阿胶_{各一钱}　甘草_炙艾叶_{各三分}　白术_{二钱}

水煎服。若起居不慎，加人参、黄芪、杜仲、续断。若饮食触犯，加人参，倍加白术。若风寒相搏，当按经络以祛风寒。若跌仆伤损，另用佛手散，加青木香、益母草。若怒动肝火，本方加柴胡、山栀。若脾气虚弱，去熟地，加人参、扁豆、陈皮。然因时调治，对证处方，全在活法，不可胶执也。

佛手散

当归_{五钱}　川芎_{二钱五分}

水煎，酒冲服。若跌仆伤重，加青木香一钱五分，益母草三钱。

胎漏

女人之血，无孕时则为经水，有孕时则聚之以养胎，蓄之为乳汁。若经水忽下，名曰漏胎，血沥尽，则胎不保矣。大法：若因风热动血者，用四物汤送下防风黄芩丸。若因血虚，用本方加茯神、阿胶、艾叶。若因怒动肝火，用加味逍遥散。若去血太多，用八珍汤，如不应，用补中益气汤。凡脾虚下陷，不能摄血归经者，皆宜补中益气。假如气血俱盛而见血者，乃儿小饮少也，不必服药。

四物汤 见虚劳。

防风黄芩丸

细实条芩 炒焦　防风 各等分

上为末，酒糊丸，桐子大。每服二钱，食前开水送下。

加味逍遥散 见类中。

八珍汤 见虚劳。

补中益气汤 见类中。

子悬 子眩

子悬者，胎上逼也。胎气上逆，紧塞于胸次之间，名曰子悬。其证由于恚怒伤肝者居多，亦有不慎起居者，亦有脾气郁结者，宜用紫苏饮加减主之。更有气逆之甚，因而厥晕，名曰子眩。并用前药主之。然子眩有由脾虚挟痰者，宜用六君子汤。若顽痰闭塞，而脾气不虚者，二陈汤加竹沥、姜汁。虚实之间，所当深辨也。

紫苏饮　治子悬，并催生顺产，神效。

当归　川芎　紫苏 各一钱　甘草 炙　人参　白芍药 酒炒，各五分　大腹皮 黑豆煎水洗，八分

上生姜一片，葱白一寸，水煎服。

前证若因恚怒伤肝者，加柴胡；若因不慎起居者，加白术、砂

仁；若因脾气郁结者，加木香。

六君子汤　二陈汤俱见类中。

胎不长

妊娠胎不长者，多因产母有宿疾，或不慎起居，不善调摄，以致脾胃亏损，气血衰弱，而胎不长也。法当祛其宿疾，补其脾胃，培其气血，更加调摄得宜，而胎自长矣。补脾胃，五味异功散主之。培气血，八珍汤主之。祛宿疾，随证治之。

五味异功散　八珍汤俱见虚劳。

半产

半产者，小产也。或至三五月而胎堕，或未足月而欲生，均谓之小产。小产重于大产，盖大产如瓜熟自落，小产如生断其根蒂，岂不重哉？其将产未产之时，当以安胎为急，安胎饮主之。既产而腹痛拒按者，此瘀血也，法当祛瘀生新，当归泽兰汤主之。若小产后血不止，或烦渴面赤，脉虚微者，此气血大虚也，八珍汤加炮姜以补之。若腹痛呕泻，此脾胃虚也，香砂六君子汤加姜、桂以温之。其在产母，更宜慎风寒，节饮食，多服补药，以坚固气血，毋使轻车熟路，每一受孕，即至期损动，而养育维艰也。戒之！慎之！

安胎饮见前胎动不安。

当归泽兰汤

当归　泽兰　白芍酒炒　大熟地九制，各一钱五分　延胡索酒炒　红花
香附　丹皮各五分　桃仁去皮尖及双仁者，炒、研，七粒

水煎，入童便、热酒各半盏，热服。

八珍汤见虚劳。

六君子汤见类中。

子烦

妊娠子烦者，烦心闷乱也。书云：孕四月，受少阴君火以养精；六月，受少阳相火以养气。子烦之证，大率由此。窃谓妇人有孕，则君相二火皆翕聚以养胎，不独四、六两月而已。大法：火盛内热而烦者，淡竹叶汤。若气滞痰凝而闷乱者，二陈汤加白术、黄芩、苏梗、枳壳。若脾胃虚弱，呕恶食少而烦者，用六君子汤。子烦之候，不善调摄，则胎动不安矣。慎之！

淡竹叶汤

淡竹叶七片　黄芩　知母　麦冬各一钱　茯苓二钱

水煎服。

二陈汤　六君子汤俱见类中。

子痫

妊娠中血虚受风，以致口噤，腰背反张，名曰子痫。其证最暴且急。审其果挟风邪，宜用羚羊角散定之。若兼怒动肝火，佐以逍遥散加人参。若兼胎气上逆，佐以紫苏饮。若兼脾虚挟痰，佐以六君子汤。若因中寒而发者，宜用理中汤加防风、钩藤。此证必须速愈为善，若频发无休，非惟胎妊骤下，将见气血随胎涣散，母命亦难保全。大抵此证胎气未动，以补气、养血、定风为主。胎气既下，则以大补气血为主。此一定之理，予尝屡治屡验矣。

羚羊角散

羚羊角镑　独活　当归各一钱　川芎　茯神　防风　甘草炙，各七分
钩藤三钱　人参八分　桑寄生二钱

姜五分，枣二枚，水煎服。

逍遥散见类中。

紫苏饮见前胎动。

六君子汤见类中。

理中汤见中寒。

子鸣

娠妊腹内自鸣，系小儿在腹内哭声也，谓之子鸣，又谓之腹内钟鸣。古方用鼠穴中土二钱，加麝香少许，清酒调下。或用黄连浓煎呷之，即止。但黄连性寒，麝香开窍，不宜轻用。此证乃脐上疙瘩，儿含口中，因孕妇登高举臂，脱出儿口，以此作声。令孕妇曲腰就地，如拾物，一二刻间，疙瘩仍入儿口，其鸣即止。可服四物汤加白术、茯苓一二剂，安固胎气。

四物汤见虚劳。

子喑

娠妊至八九月间，忽然不语，谓之子喑，但当饮食调养，不须服药。昔黄帝问于岐伯曰：人有重身，九月而喑，何也？岐伯对曰：胞胎系于肾，肾脉贯肾系舌本，故不能言。十月分娩后，自为之言也。

愚按：肾脉贯系舌本，因胎气壅闭，肾脉阻塞，致不能言，自应调摄以需之，不必惊畏。或用四物汤加茯神、远志数剂，亦可。倘妄为投药，恐反误事，慎之！

四物汤_{见虚劳。}

孕妇内痈

孕痈，腹内生痈也。生于有妊之时，犹为可畏，宜用千金牡丹皮散或神效瓜蒌散治之。但丹皮、苡仁、桃仁皆动胎之药，因有病则病当之，故无损也。

千金牡丹皮散　治肠痈之圣药。

丹皮_{三两}　苡仁_{四两}　瓜蒌仁_{去壳、去油}　桃仁_{去皮尖、双仁者，各一两}

上为末。每服五七钱，水煎服。若肠痈大便闭结，小腹坚肿，加大黄一钱五分。但有孕时，大黄不宜轻用，须斟酌投之。

神效瓜蒌散　治肠痈，并乳痈及一切痈疽初起，肿痛即消，脓成即溃，脓溃即愈。

瓜蒌_{一枚，烂研}　生粉草　当归_{酒洗，各五钱}　明乳香　没药_{各一钱}
水煎，热酒冲服如量，渣再煎服，即消。

鬼胎_{梦与鬼交}

凡人脏腑安和，血气充实，精神健旺，营卫条畅，则妖魅之气，安得而乘之？惟夫体质虚衰，精神惑乱，以致邪气交侵，经闭腹大，如怀子之状。其面色青黄不泽，脉涩细，或乍大乍小，两手如出两人，或寒热往来，此乃肝脾臌郁之气，非胎也。宜用雄黄丸攻之，而以各经见证之药辅助元气。大法：肝经郁火，佐以逍遥散。脾气郁结，佐以归脾汤。脾虚挟痰，佐以六君子汤。此证乃元气不足，病气有余，或经事愆期，失于调补所致。不可浪行攻击而忘根本，则鬼胎行而元气无伤矣。复有梦与鬼交者，亦由气血空虚，神志惑乱，宜用安神定志丸主之。

雄黄丸

明雄黄　鬼臼去毛　丹砂细研、水飞，各五钱　延胡索七钱　麝香一钱　川芎七钱　半夏一两，姜汁炒

上为末，蜜丸，桐子大。每服三十丸，空心温酒送下。

逍遥散见类中。

归脾汤见虚劳。

六君子汤见类中。

安神定志丸见不得卧。

热病胎损

娠妊热病不解，以致胎损腹中不能出者，须验其产母，面赤舌青者，其子已损；若面青舌赤，母亦难全。古方通用黑神散下之，然药性燥烈，不宜于热病，应用平胃散加朴硝五钱下之为稳当也。

黑神散　隆冬寒月，及体气虚寒者，须此。

桂心　当归　芍药　甘草炙　干姜炒　生地黄各一两　黑豆炒，去皮，二两　附子炮，去皮脐，五钱

上为细末。每服二钱，空心用牛膝三钱煎水调下。

平胃散见类中。

又方：朴硝三钱，童子小便一钟，和热酒调下，立出。

娠妊小便不通_{转胞 胞损}

娠妊中小便不通，乃小肠有热，古方用四物汤加黄芩、泽泻主之。然孕妇胞胎坠下，多致压胞，胞系缭乱，则小便点滴不通，名曰转胞。其祸最速，法当升举其胎，俾胎不下坠，则小便通矣。丹溪用补中益气，随服而探吐之，往往有验。予用茯苓升麻汤，亦多获效，皆升举之意也。然则仲景治转胞，用桂附八味汤，何也？予曰：此下焦虚寒，胎气阴冷，无阳则阴不化，寒水断流，得桂、附温暖命门，则阳气宣通，寒冰解冻，而小便行矣。况方内复有茯苓、泽泻为之疏决乎！然亦有阳亢阴消，孤阳无阴，不能化气者，必须补其真阴，古方用滋肾丸，予尝用六味加车前、牛膝，往往收功。斯二者，一阴一阳，一水一火，如冰炭相反，最宜深究。大抵右尺偏旺，左尺偏弱，脉细数而无力者，真水虚也。左尺偏旺，右尺偏弱，脉虚大而无力者，真火虚也。火虚者，腹中阴冷，喜热畏寒，小便滴沥而清白。水虚者，腹中烦热，喜冷畏热，小便滴出如黄柏。脉证自是不同，安危在于反掌，辨之不可不早也。复有分娩之时，稳婆不谨，伤损尿胞，以致小便滴沥淋漓，不知约束，因思在外肌肉尚可补完，腹中之肉独不可补乎？遂用大剂八珍汤加紫河车三钱，而以猪胞中汤煎药饮之，如此数服即愈。但须早治，不可轻忽。

八味汤_{见类中。}

滋肾丸

黄柏　知母_{各二两}　肉桂_{一钱}

炼蜜丸。每服三钱，开水下。

八珍汤_{见虚劳。}

胎水肿满

妊娠胎水满，名曰子肿，又名曰子气。其证多属胞胎壅遏，水饮不及通流，或脾虚不能制水，以致停蓄。大法：胎水壅遏，用五皮饮加白术、茯苓主之。脾虚不能制水，用六君子汤主之。凡腰以上肿，宜发汗，加秦艽、荆芥、防风。腰以下肿，宜利小便，加车前、泽泻、防己。胎水通行，生息顺易。宜先时治之，不可俟其既产而自消也。

五皮饮见水肿。

六君子汤见类中。

乳自出

妊娠乳自出，名曰乳泣，生子多不育。然予以为气血虚弱不能统摄，用八珍汤频频补之，其子遂育。夫医理有培补之功，赞化之能，岂可执常说而自画欤！

八珍汤见虚劳。

临产将护法

凡临产将护之法有四：一曰善养。当安神静虑，勿着恼怒，时常行动，不可呆坐，不可多睡，不可饱食及过饮酒醴与杂物。惟频食糜粥，以解饥渴，最善。天气热，则预择凉处，免生火晕。天气寒，则密室温暖，免致血寒。调养得宜，而生息顺易矣。二曰择稳。须预请老练稳婆，备办需用之物。临产时，不许多人喧哄，免致惊惶，但用老妇二人撑扶，及凭物站立，倦即仰卧，以枕安腿中，徐徐俟之。直待浆水到，腰腹齐痛甚紧时，是胎已离经，令产妇再仰卧，俾儿转身，头对产门，稍一用力，即生下矣。人生人，系天生人，有自然之造化，不用人为造作，但顺其性而已。三曰服药。凡新产女子，其脏气坚固，胞胎紧实，八月宜服保产无忧汤二三剂，临产再服二三剂，撑开道路，则儿易生。复有用力太早，以致浆水先行，或连日不产，劳倦神疲，中气不续，宜服加味八珍汤以助其力。若多胎产妇，更宜预服此药。复有华佗顺生丹，须俟临盆腰腹齐痛时，再与一二丸，用佛手散煎汤送下，不经女人手。凡验产法，腰痛腹不痛者，未产；腹痛腰不痛者，未产；必腰腹齐痛甚紧时，此真欲产也。如或迟滞，即以顺生丹投之，适当其时矣。四曰吉方。凡安产妇床帐及藏衣，宜择月空方位。每逢单月，月空在壬丙；逢双月，月空在甲庚。必须看定方位，不致游移，吉无不利。

神验保生无忧散　妇人临产，先服一二剂，自然易生。或遇横生倒产，甚至连日不生，速服一二剂，应手取效。永救孕妇产难之灾，常保子母安全之吉。

当归酒洗，一钱五分　川贝母一钱　黄芪八分　白芍酒炒，一钱二分 冬月用一钱　菟丝子一钱四分　厚朴姜汁炒，七分　艾叶七分　荆芥穗八分　枳壳面炒，六分　川芎一钱三分　羌活五分　甘草五分

水二钟，姜三片，煎至八分，空腹温服。

此方流传海内，用者无不响应，而制方之妙，人皆不得其解，是故疑信相半，予因解之：新孕妇人，胎气安固，腹皮紧窄，气血裹其胞胎，最难转动，此方用撑法焉。当归、川芎、白芍，养血活血者也；厚朴，去瘀血者也，用之撑开血脉，俾恶露不致填塞；羌活、荆

芥，疏通太阳，将背后一撑，太阳经脉最长，太阳治而诸经皆治；枳壳，疏理结气，将面前一撑，俾胎气敛抑而无阻滞之虞；艾叶，温暖子宫，撑动子宫，则胞胎灵动；川贝、菟丝，最能运胎顺产，将胎气全体一撑，大具天然活泼之趣矣；加黄芪者，所以撑扶元气，元气旺则转运有力也；生姜，通神明，去秽恶，散寒止呕，所以撑扶正气而安胃气；甘草，协和诸药，俾其左宜右宜，而全其撑法之神者也。此真无上良方，而世人不知所用，即用之而不知制方之妙，则亦惘惘然矣。予故备言之以醒学者。

加味八珍汤 凡临产误自惊惶，用力太早，致浆水去多，干涩难生，速服此方，补养气血以助其力。虚甚者，速服二三剂必效，但宜大碗饮之，不可迟疑。志之！志之！

人参八分，虚者一钱二分。俗见不用人参，恐胎气上逆也，不知当归数倍于人参，则不能上逆，只可助药力下行耳，且用之浆水已行时，尤为稳当　白术一钱，陈土炒　茯苓八分　当归五钱　炙甘草三分　川芎一钱五分　白芍二钱，酒炒　大熟地一钱五分　明乳香五分　丹参三钱，酒炒　益母草二钱

水煎服。冬月天寒，加黑姜五分。服药而呕，加生姜二片，砂仁五分。如或浆水去多，横生倒产，用老练稳婆，轻手扶正，随用此汤，即时分娩清吉。总之，浆水未行，用保生无忧散，以顺其胎。浆水去多，必用加味八珍汤，大补气血以助其力，保产顺生，百无一失。

华佗顺生丹

朱砂五钱，细研水飞　明乳香一两，箸上炙干

上为末，端午日猪心血为丸，如芡实大。每服一丸，用当归三钱，川芎二钱，煎汤送下。不经女人手。

顺生丹

朱砂五钱　丁香五钱　麝香一钱　明乳香一两　石燕一对。一雌一雄，圆

为雌，长为雄。煅，醋淬七次

上为末，择天、月德日，用益母草熬膏为丸，如芡实大。每服一二丸，用归芎汤送下。

催生如神散　治逆产横生，其功甚大。

百草霜　白芷 不见火，各为末，等分

上每服三钱，以童便、米醋和如膏，加沸汤调下；或用酒煎，加入童便少许，热服。书云：血见黑则止。此药不但顺生，大能固血，又免血枯为妙。

十产论

杨子建云：凡生产先知此十证，庶母子两命皆得保全。世之收生者，殊少精良妙手，多致误事，予因痛切而备言之。

一曰正产。怀胎十月，阴阳气足，忽然腰腹齐痛，儿自转身，头向产门，浆破血下，儿即正生。

二曰催产。儿头至产门，腰腹齐痛，仍不产者，方服药催之。或经日久，产母困倦难生，宜服药以助气血，令儿速生。

三曰伤产。怀胎未足月，有所伤动，以致脐腹疼痛，忽然欲产。或妄服催药，逼儿速生，如此生息，未必无伤，慎之。

四曰冻产。天气寒冷，产母血气凝滞，难以速生，则衣服宜厚，产室宜暖，下衣更宜温厚，庶儿易生。更不宜火气太热，恐致血晕。

五曰热产。盛暑之月，产妇当温凉得中，过热则头目昏眩，而生血晕之证。若凉台水阁，以及狂风阴雨，更当谨避。

六曰横生。言儿方转身，产母用力太急，逼令儿身不正。当着产母安然仰睡，令老练稳婆先推儿身顺直，头对产门，以中指探儿肩，不令脐带扳羁，然后用药催之，再令产母努力，儿即顺生。

七曰倒产。言儿并未转身，产母妄自努力，致令手脚先出。当着产母安然仰睡，令稳婆轻手推入，候儿自顺。若良久不生，令稳婆手入产户，就一边拨儿转顺产门，却服催生药，并努力，即出。

八曰偏产。言儿虽已转身，但未顺生路，产母急于努力，逼儿头偏一边，虽露顶，非也，乃额角耳。当令产母仰睡，稳婆轻手扶正其头，却服催药，并努力，儿即下。若儿顶后骨偏注谷道，露额，令稳婆以绵衣烘暖裹手，于谷道外旁轻手托正，令产母努力，儿即生。

九曰碍产。言儿身已正，门路已顺，儿头已露，因儿转身脐带绊其肩，以致不生。令产母仰卧，稳婆轻手推儿向上，以中指按儿肩，脱去脐带，仍令儿身正顺，产母努力，儿即生。

十曰盘肠产。临产子肠先出，然后生子。肠出时，以极洁净不破损漆器盛之。古方用蓖麻子四十九粒，研烂，涂产母头顶，肠收上，急洗去。其肠若干，以磨刀水少许，湿润之，再用磁石煎汤服之收上。磁石须阴阳家用过有验者。古法有用醋水噀母面背者，恐惊则气散，深为未便。又方，大指拈麻油润之，点灯吹熄，以烟熏产妇鼻中，肠即上。此方平善宜用。

以上十产论，可谓精且密矣。而交骨不开，尚未论及，足见医道繁难，不容浮躁者问津也。

交骨不开、产门不闭

交骨不开，有锁骨者，有血虚不能运达者，令稳婆以麻油调滑石，涂入产门，或用两指缓缓撑开，并服加味归芎汤，候药力行到，即分娩清吉。若产门不闭，气血虚也，用八珍汤补之，如不应，用十全大补汤。

加味归芎汤

当归五钱　自败龟板童便炙酥，三钱　川芎三钱　妇人头发一握，烧灰存性

水煎服。约人行五里即生，设是息胎亦下。灼过龟板亦可用。

八珍汤　十全大补汤俱见虚劳。

胞衣不下

胞衣不下，或因气力疲惫，不能努力，宜于剪脐时用物系定，再用归芎汤一服，即下。或血入衣中，胀大而不能下，以致心腹胀痛喘急，速用清酒下失笑丸三钱，俾血散胀消，其衣自下。如不应，更佐以花蕊石散，或牛膝散亦得。

归芎汤见前。

失笑丸　治瘀血胀胞，并治儿枕痛，神效。

五灵脂去土炒　蒲黄炒，等分

共为末，醋糊丸，如桐子大。每服二三钱，淡醋水下。

花蕊石散　治产后败血不尽，血迷血晕，胎衣不下，胀急不省人事，但心头温者，急用一服灌下，瘀血化水而出，其人即苏。效验如神，医家不可缺此。

花蕊石一斤　上色硫黄四两

上为末，和均。先用纸泥封固瓦罐一个，入二药，仍用纸泥封口，晒干，用炭煅二炷香，次日取出，细研。每服一钱，童便和热酒调下，甚者用二三钱。

牛膝散　治胎衣不下，腹中胀急。此药腐化而下，缓则不救。

牛膝　川芎　蒲黄_{微炒}　丹皮_{各二两}　当归_{一两五钱}　桂心_{四钱}

共为末。每服五钱，水煎服。

产后将护法

产后将护之法有四。一曰倚坐。妇人产毕，须闭目稍坐，上床以被褥靠之，暑月以凳靠之，若自己把持不住，则用老练女人靠之，不可遽然倒睡。常以手从心撵至脐下，俾瘀露下行。房内宜烧漆器及醋炭，以防血晕。如或昏晕不醒，更宜用此二法。二曰择食。凡产后，宜专食白粥，数日后以石首鱼纤少洗淡食之。至半月后，可食鸡子，亦须打开煮之，方能养胃。满月之后，再食羊肉、猪蹄少许。酒虽活血，然气性慓悍，亦不宜多。如此则产中无病，产后更加健旺矣。三曰避风、养神、慎言。凡新产，须避风寒，不宜梳头洗面，更忌濯足，惟恐招风受湿，疾病随起。又不宜独宿，恐受虚惊，惊则神气散乱，变证百出。初生之际，不必问是男是女，恐因言语而泄气，或以爱憎而动气。寻常亦不可多言，恐中气馁弱，皆能致病。慎之戒之。四曰服药。初产毕，古方用热童便少许饮之，此物一时难以猝办，稍冷恐致呕恶，或用生化汤服之亦佳。然产后每多心慌自汗之证，予因制归姜饮投之，殊觉妥适。加减如法，能救产后垂危之厄。凡产后用药，不宜轻投凉剂，又不宜过于辛热。产后气血空虚，用凉剂恐生脏寒。然桂、附、干姜，气味辛热，若脏腑无寒，何处消受，理应和平调治，方为合法。如或有偏寒偏热之证，又须活法治之，不可胶执也。

生化汤　凡产后服一二剂，祛瘀生新为妙。

当归_{三钱}　黑姜_{五分}　川芎_{一钱五分}　益母草_{一钱}　　桃仁_{七粒，去皮}尖及双仁者，炒，研

水煎服。入童便少许，尤佳。

归姜汤　治产后心慌自汗，用此安之。

当归_{三钱}　黑姜_{七分}　枣仁_{炒，一钱五分}

大枣五枚，去核，水煎服。若服后自汗仍多，心慌无主，恐其晕脱，即加人参二钱，熟附子一钱，先顾根本。方内重用当归，则瘀血不得停留。人参可用，世人狐疑不决，多致误事。予尝治新产大虚之人，有用人参数两而治愈者，更有用十全大补加附子数十剂而治愈者。倘瘀血作痛，即以失笑丸间服，攻补并行，不相妨也。

十全大补汤_{见虚劳。}

产后血晕

产后血晕，宜烧漆器、熏醋炭，以开其窍。若瘀血上攻，胸腹胀痛拒按者，宜用归芎汤下失笑丸。若去血过多，心慌自汗，用归姜饮加人参。虚甚者，更加熟附子。若脾胃虚弱，痰厥头眩而呕恶者，用六君子汤。大抵产后眩晕，多属气虚，察其外症，面白眼合，口张手撒，皆为气虚欲脱之象。若兼口鼻气冷，手足厥冷，此为真虚挟寒，速宜温补，每用人参两余，而以姜、附佐之，庶得回春，不可忽也。

失笑丸_{见胎衣不下。}

归姜汤_{见前。}

六君子汤_{见类中。}

产后不语

不语之证，有心病不能上通者，有脾病不能运动舌本者，有肾病不能上交于心者，虽致病之因不同，而受病之处，总不出此三经耳。产后不语，多由心肾不交，气血虚弱，纵有微邪，亦皆由元气不足所致，古方七珍散主之。若兼思虑伤脾，倦怠少食，更佐以归脾汤。若兼气血两虚，内热晡热，更佐以八珍汤。若兼脾虚生痰，食少呕恶，更佐以六君子汤。若兼肾气虚寒，厥冷痹痛，更佐以地黄饮子。若兼水虚火炎，内热面赤，更佐以六味地黄汤。如此调治，自应渐愈，倘妄行祛风攻痰，失之远矣。

七珍散

人参　石菖蒲　生地黄　川芎_{各一两}　防风　辰砂_{另研，水飞，各半两}细辛_{一钱}

上为末。每服二钱，薄荷汤调下。

归脾汤　八珍汤_{俱见虚劳。}

六君子汤　地黄饮子　六味汤_{俱见类中。}

产后发热

产后若无风寒而忽发热者，血虚也，宜用四物汤补阴血，加以黑干姜之苦温从治，收其浮散，使归依于阴，则热即退矣。如未应，更加童子小便为引，自无不效。然产后多有脾虚伤食而发热者，误作血虚，即不验矣。法当调其饮食，理其脾胃，宜用五味异功散加神曲、麦芽。大凡风寒发热，昼夜不退。血虚伤食，则日晡发热，清晨即退，是以二证相似也。然伤食之证，必吞酸嗳腐，胸膈满闷，显然可辨。若血虚证，则无此等症候。然产后复有气血大虚，恶寒发热，烦躁作渴，乃阳随阴散之危证，宜用十全大补汤，如不应，更加附子。若呕吐泻利，食少腹痛，脉沉细或浮大无力，更佐以理中汤。此皆虚寒假热之候，设误认为火而清之，祸如反掌。

四物汤　五味异功散　十全大补汤俱见虚劳。

理中汤见中寒。

产后癫狂

产后癫狂，及狂言谵语，乍见鬼神，其间有败血上冲者，有血虚神不守舍者。大抵败血上冲，则胸腹胀痛，恶露不行，宜用泽兰汤并失笑丸。若血虚神不守舍，则心慌自汗，胸腹无苦，宜用安神定志丸倍人参加归、芎主之，归脾汤亦得。此证多由心脾气血不足、神思不宁所致，非补养元气不可，倘视为实证而攻之，祸不旋踵。

泽兰汤

泽兰　生地酒洗　当归　赤芍各一钱五分　甘草炙，五分　生姜一钱
大枣四枚　桂心三分

水煎服。

失笑丸见胞衣不下。

安神定志丸见不得卧。

归脾汤见虚劳。

心神惊悸

产后心神惊悸，或目睛不转，语言健忘，皆由心血空虚所致。夫

人之所主者心，心之所主者血，心血一虚，神气不守，惊悸所由来也。法当补养气血为主。

汗多变痉

产后汗出不止，皆由阳气顿虚，腠理不密，而津液妄泄也。急用十全大补汤止之。如不应，用参附、芪附、术附等汤。若病势危急，则以参、芪、术三汤合饮之。如或汗多亡阳，遂变为痉，其证口噤咬牙，角弓反张，尤为气血大虚之恶候。更当速服前药，庶可救疗。或问：无汗为刚痉，有汗为柔痉，古人治以小续命汤者，何也？答曰：此外感发痉也，病属外感则当祛邪为急。若产后汗多发痉，此内伤元气，气血大亏，筋无所养，虚极生风，藉非十全大补加附子，安能敛汗液，定搐搦，而救此垂危之证乎？且伤寒汗下过多，溃疡脓血大泄，亦多发痉，并宜补养气血为主，则产后之治法更无疑矣。甚矣！察证宜明，而投剂贵审也。

十全大补汤见虚劳。

产后身痛

产后遍身疼痛，良由生产时百节开张，血脉空虚，不能荣养，或败血乘虚而注于经络，皆令作痛。大法：若遍身疼痛，手按更痛者，是瘀血凝滞也，用四物汤加黑姜、桃仁、红花、泽兰，补而化之。若按之而痛稍止，此血虚也，用四物汤加黑姜、人参、白术，补而养之。其或有兼风寒者，则发热恶寒，头痛鼻塞，口出火气，斯为外感，宜用古拜散加当归、川芎、秦艽、黑姜以散之。散后痛未除，恐血虚也，宜用八珍汤以补之。此治身痛之大法也。

四物汤见虚劳。

古拜散　治产后受风，筋脉引急，或发搐搦，或昏愦不省人事，或发热恶寒，头痛身痛。

荆芥穗

上为末。每服三钱，生姜汤调下。又方加当归等分为末，治证如前，名清魂散。

八珍汤见虚劳。

产后腰痛

书云：腰以下，皆肾所主。因产时劳伤肾气，以致风冷客之，则腰痛。凡腰痛上连脊背，下连腿膝者，风也。若独自腰痛者，虚也。风用独活寄生汤，虚用八珍汤加杜仲、续断、肉桂之属。若产后恶露不尽，流注腿股，痛如锥刺，手不可按，速用桃仁汤消化之，免作痈肿。凡病，虚则补之，实则泻之，虚中有实，实中有虚，补泻之间更宜斟酌焉。

独活寄生汤见腰痛。

八珍汤见虚劳。

桃仁汤

桃仁十粒，炒，研　当归三钱　牛膝二钱　泽兰三钱　苏木一钱

水煎，热酒冲，空心服。

恶露不绝

产后恶露不绝，大抵因产时劳伤经脉所致也。其证若肝气不和，

不能藏血者，宜用逍遥散。若脾气虚弱，不能统血者，宜用归脾汤。若气血两虚，经络亏损者，宜用八珍汤。若瘀血停积，阻碍新血，不得归经者，其病腹痛拒按，宜用归芎汤送下失笑丸，先去其瘀而后补其新，则血归经矣。

逍遥散 见类中。

归脾汤 八珍汤 俱见虚劳。

归芎汤 又名佛手散。

当归 川芎 等分

上每服五钱，水煎，热酒冲服。

失笑丸 见胞衣不下。

产后心腹诸痛

产后心腹诸痛，若非风冷客之，饮食停之，则为瘀血凝积。然产后中气虚寒，多致暴痛，宜各审其因而药之。大法：风寒者口鼻气冷，停食者吞酸满闷，俱用二香散主之；瘀血者转侧若刀锥之刺，手不可按，痛而不移，失笑丸主之；中气虚寒者腹中冷痛，按之稍止，热物熨之稍松，理中汤加桂心主之；若小腹痛，气自脐下逆冲而上，忽聚忽散者，此瘕气也，橘核丸主之；若小腹痛处有块，不可手按，此瘀血壅滞，名曰儿枕痛，并用前失效丸，瘀血行而痛止矣。

二香散 散寒，消食。

砂仁 木香 黑姜 陈皮 炙甘草 各一两 香附 三两，姜汁炒

共为末。每服二钱，生姜汤调下。

失笑丸 见胞衣不下。

理中汤 见中寒。

橘核丸见杂证小腹痛。

蓐劳

产后气血空虚，真元未复，有所作劳则寒热食少，头目四肢胀痛，名曰蓐劳，最难调治。大法：阳虚则恶寒，阴虚则发热，清气不升则头痛，血气不充则四肢痛，宜用大剂八珍汤以补之；若脾虚食少，即用六君子加炮姜以温补之，诸证自退。凡产后调治之法，或补养气血，或温补脾土，虽有他证，从末治之，此一定之法也。

八珍汤见虚劳。

六君子汤见类中。

喘促

新产后，喉中气急喘促，因荣血暴竭，卫气无依，名曰孤阳，最为难治，宜用六味汤加人参以益其阴。若脾肺两虚，阳气不足，宜用四君子汤加黑姜、当归以益其阳。若自汗厥冷，更加附子；若兼外感，即于四君方内加荆芥、陈皮、炮姜、川芎、当归以散之。若瘀血入肺，口鼻起黑气及鼻衄者，此肺胃将绝之候，急服二味参苏饮，间有得生者。

六味汤见虚劳。

六君子汤见类中。

二味参苏饮

人参—两　苏木三钱，杵细

水煎顿服。若厥冷自汗，更加附子二三钱。

鼻黑、鼻衄

足阳明胃脉起于鼻，交頞中，还出挟口，交人中，左之右，右之左。盖鼻准属脾土，鼻孔属肺金，而胃实统之。产后口鼻起黑气及鼻衄，皆由气血空虚，荣血散乱，乃胃败肺绝之危证，急用二味参苏饮加附子，间有得生者。

二味参苏饮见前。

产后乳疾

妇人产后，有乳少者，有吹乳者，有妒乳者。乳为气血所化，若元气虚弱，则乳汁不生，必须补养气血为主。若乳房焮胀，是有乳而未通也，宜疏导之。复有乳儿之际，为儿口气所吹，致令乳汁不通，壅滞肿痛，不急治即成乳痈，速服瓜蒌散，敷以香附饼，立见消散。亦有儿饮不尽，余乳停蓄，以致肿痛，名曰妒乳，速宜吮通，并敷、服前药，免成痈患。若妇人乳盛，不自乳子，宜用炒麦芽五钱煎服，其乳即消。若妇人郁怒而乳肿者，于瓜蒌散内更加柴胡、赤芍、甘草、橘叶之属。

瓜蒌散

瓜蒌一个　明乳香二钱

酒煎服。

香附饼　敷乳痈，即时消散，一切痛肿皆可敷。

香附细末，净，一两　麝香二分

上二味研匀，以蒲公英二两煎酒去渣，以酒调药，顿热，敷患处。

乳痈、乳岩_{乳卸}

乳痈者，乳房肿痛，数日之外，焮肿而溃，稠脓涌出，脓尽而愈。此属胆胃热毒，气血壅滞所致，犹为易治。若乳岩者，初起内结小核如棋子，不赤不痛，积久渐大崩溃，形如熟榴，内溃深洞，血水淋沥，有巉岩之势，故名曰乳岩。此属脾肺郁结，气血亏损，最为难治。

乳痈初起，若服瓜蒌散，敷以香附饼，即见消散。如已成脓，则以神仙太乙膏贴之，吸尽脓自愈矣。乳岩初起，若用加味逍遥散、加味归脾汤二方间服，亦可内消，及其病势已成，虽有卢扁，亦难为力，但当确服前方，补养气血，纵未脱体，亦可延生。若妄用行气破血之剂，是速其危也。

更有乳卸证，乳头拖下长一二尺，此肝经风热发泄也，用小柴胡汤加羌活、防风主之，外用羌活、防风、白蔹烧烟熏之，仍以蓖麻子四十九粒，麝香一分，研烂涂顶心，俟乳收上，急洗去。此属怪证，女人盛怒者多得之，不可不识。

瓜蒌散　香附饼_{俱见前。}

神仙太乙膏　治一切痈疽，不问脓之成否，并宜贴之。

元参　白芷　当归　肉桂　生地　赤芍　大黄_{各一两}　黄丹_{十三两，炒，筛}

上用麻油二斤，纳诸药，煎黑，滤去渣，复将油入锅，熬至滴水成珠，入黄丹十三两，再熬，滴水中，看其软硬得中，即成膏矣。如软，再加黄丹数钱。

加味逍遥散 见类中。

加味归脾汤 见虚劳。

小柴胡汤 见伤寒少阳证。

妇人隐疾

妇人隐疾，前阴诸疾也。有阴肿、阴痒、阴疮、阴挺下脱诸证。其肿也，或如菌、如蛇、如带、如鸡冠，种种不一，而推其因，总不外于湿热也，古方九味芦荟丸主之。若兼怒动肝火，佐以加味逍遥散。若肝经湿热极盛，佐以龙胆泻肝汤。若脾虚气弱，中气下陷，佐以补中益气汤。若思虑伤脾，脾气郁结，佐以加味归脾汤。若肾水不足，佐以六味丸加归、芍，庶克收功。夫此证虽属湿热，而元气虚弱者多，若不顾根本，而专用清凉，恐不免寒中之患也。治者慎之。

九味芦荟丸 治三焦肝经风热，目生云翳，或颈项瘰疬，耳内生疮，或牙龈蚀落，颊腮腐烂，下疳、阴蚀、疮肿诸证。

芦荟五钱　胡黄连　当归　芍药炒　川芎　芜荑各一两　木香　甘草各三钱　龙胆草七钱，酒浸，炒焦

上为末，米糊丸，麻子仁大。每服一钱或一钱五分，开水下。

加味逍遥散 见类中。

龙胆泻肝汤 治肝经湿热，两拗肿痛，或小便涩滞，下疳溃烂等证。

龙胆草酒拌，炒黄　泽泻各一钱　车前子　木通　生地黄酒洗　山栀炒　当归酒拌　黄芩炒　甘草炒，各五分

水煎服。

补中益气汤 见类中。

归脾汤　六味丸并见虚劳。

【点评】《妇人门》系针对妇人经、带、胎、产的生理病理特点而编写的专卷，因其辨证治疗相对单一，故在此作总体点评。

程氏在本卷中共有 47 篇论述，其中涉及月经病 3 篇、带下病 1 篇、妊娠相关论述 22 篇、生产前后疾病及注意事项 19 篇、其他妇科疾病 2 篇。

程氏主张月经病的辨治应辨寒热虚实，治疗以益母胜金丹及四物汤为基本方加减；室女闭经病机为经脉逆转、失其顺常，治疗以益母胜金丹加牛膝为主方，并随兼症不同而加减；暴崩下血从热、瘀、虚论治，随证加减。

程氏论治带下病，以培补脾土为主，以五味异功散加扁豆、薏苡仁、山药之类健脾除湿药，提出不必拘泥于古法以青、黄、赤、白、黑对应五脏拟方药，其观点、治法更便于临证应用。

从"求嗣"到"乳自出"共 22 篇，主要论及妊娠前后的调治，其中"求嗣"是讲受孕困难之男女调养，男以补肾葆精、女以调经顺气或益气为基本法，随证辨治。

在"转女为男说"里，程氏提出生男生女乃"冥冥中有主之者，未可徒恃于药"，似有顺其自然、非人为可以调控之意。而对于某些书上记载的"转女为男"之做法，程氏并不认同，认为即使照此做了而怀上男孩儿，也不过是侥幸偶然而得，并非其做法有道理。

"诊妇人有孕法""验胎法"虽然有一定的经验可循，但终不及西医学的血尿早孕试验精确，不必拘泥其说。

"食忌"所列 14 种孕妇禁忌的食物类型，现代看来，似与所对应的疾病没有什么必然联系，多有牵强附会。但讲究饮食均衡，富有营养，忌食偏性过大之品倒是符合孕期保健要求，只是不可如"食忌"所列，过于机械。

"药忌"是程氏在各种不同的妊娠"药忌歌"中精选编撰而成。同时指出，妊娠禁忌药品应不限于"药忌"歌中所列，其他剧毒破瘀之品等均应禁用。其撰写的药忌歌中，如半夏、姜、桂、附、大黄之类，亦非绝对禁忌，若病情需要，亦可选用，但应中病即止，不可过量。

从"恶阻"至"乳自出"共16篇，除"鬼胎"外，均为妊娠期间的各种病症辨治，既有常法记载，也不乏程氏的个人体验和独到见解，如妊娠小便不通，程氏根据其病机自拟茯苓升麻汤，取得良好效果。

"临产将护法""十产论""交骨不开、产门不闭""胞衣不下"及"产后将护法"5篇专讲产前准备、生产护理及产后调养，有些做法颇有道理，值得借鉴。如产前宜善养，产前准备和药物调养均有益于生产。至于选"吉方"生产，倒不必照仿，但选择清洁卫生的房间生产却是必要的。不过，现今产妇多到医院生产，环境更加安全。

"产后血晕"到"产后乳疾"共13篇，为产后诸证而设，虽症状不一，若能对症辨治，临证不难。

"乳痈、乳岩"及"妇人隐疾"乃妇科常见疾病，其治法方药临证可辨证选用。更应结合现代诊疗技术，提高疗效，解除妇人之苦。

《医学心悟》悟伤寒

马有度

　　清代名医程钟龄对临床医学做出的可贵贡献，人所共知。然而，程氏对《伤寒论》的研究，却言者甚少。其实，钟龄先生对此典籍极为重视。在《医学心悟》的 10 条凡例中，言及伤寒的即占 4 条，而且第一句话就说："医道自《灵》《素》《难经》而下，首推仲景，以其为制方之祖也。"《医学心悟》原书共 5 卷，研究仲景学说的篇幅则达 1/4，其中第二卷就是专论伤寒的，即使在总述中医一般理论的首卷，也有 4 篇概论伤寒的专文："伤寒纲要""伤寒主治四字论""经腑论"以及"阴证有三说"。不仅如此，在全书的各个篇章里，仲景学说亦颇常见。

　　那么，程钟龄研究《伤寒论》的主要心得有哪些？其研究方法有何特点？对我们今天研究仲景学说又有何启示？

　　钟龄先生治学非常严谨，他认为医学精深入微，必须专心致志，深入钻研，绝不可走马观花，一知半解。所以，他在"自序"中强调指出："历今三十载，殊觉此道精微，思贵专一，不容浅尝者问津；学贵沉潜，不容浮躁者涉猎。"举凡读书，绝不满足于一般的理解，而是"凡书理有未贯彻者，则昼夜追思"，不达到透彻理解的地步，是绝不罢休的，真是"读书明理，不至于豁然大悟不止"。因此，他对《伤寒论》读得透，钻得深，收效很大。例如，对于仲景处治寒热病证的用药规律，就深有体会："长沙用药寒因热用，热因寒用，或先寒后热，或先热后寒，或寒热并举，精妙如神，良法具在。"如果没有熟读精思、锲而不舍的刻苦钻研精神，达到融会贯通的境地，岂能得此"长沙真妙诀"？

程氏读《伤寒论》的心得甚多，尤以"伤寒四字论"最为突出。正如他在凡例中所说：予读仲景书数十年，颇有心得，因著"伤寒四字论，以为后学津梁云。"

所谓"四字论"，即是认为"伤寒只此表、里、寒、热四字"，此四字又可引申为八句："伤寒有表寒，有里寒，有表热，有里热，有表里皆热，有表里皆寒，有表寒里热，有表热里寒"。程氏对此八证的论述，均颇中肯，涉及各证的成因、主症、治法及代表方剂。例如表寒证，成因是伤寒初客太阳，故称外感，主症是头痛发热而恶寒，应当采用《内经》所谓体若燔炭，汗出而散的治法，代表方为麻黄汤。又如里寒证，成因为伤寒不由阳经传入，而直入阴经，故称中寒，主症是手足厥冷、脉微细、下利清谷，治法宜急温之，代表方为四逆汤。再如表里皆寒证的成因则是表受寒邪，更兼直中于里，故又称为两感寒证，应当采用散表寒、温里寒的治法，代表方为麻黄附子细辛汤。

尤可贵者，程氏深知读书是为了应用，每有心得，必证之于临床，而且反复加以验证。因此，他不仅读书"恍然有悟"才"援笔而述之"，而且必须临证"应之于手"才"指出而发明之"。其"伤寒四字论"就历经30年的潜心探索，反复验证，用于指导临床诊疗确能应手取效。所以他在这篇论文的末尾特别强调说："予寝食于兹者，三十年矣。得之于心，应之于手，今特指出而发明之，学者其可不尽心乎！"

钟龄先生研究医学，最善于提纲挈领，执简驭繁。对于《伤寒论》的研究，亦复如此。

就寒邪伤人的途径而言，程氏提出应以传经直中四字为纲，称为"伤寒纲领"。传经之邪，在表为寒，入里即为热证；直中之邪，则为但寒无热。无论传经、直中，在体内之变化，无非是表里寒热。为何要以传经直中为纲？因为仲景在三阴条下，对此混同立言，如果"昧者不察"，不分清邪之来路，往往"意乱心迷"，不知从何处治，所以只有"先明传经、直中，庶寒热之剂，不至混投矣。"

邪既伤人，则病变又有在经在腑之分，所以程氏又提出以经腑为纲。他说："伤寒诸书，以经为腑，以腑为经，混同立言，惑人滋甚，吾特设'经腑论'而详辨之。"并且进一步提出"伤寒六经见证法"。他认为，三阳有经、有腑，三阴有传、有中。有三阳之经，就有三阳之腑，即膀胱、胃及胆。三阴传经而来者为热，而直中三阴者则为寒。此即"伤寒见证之纲领也"。

在卷二的伤寒各论里，程氏即以经腑及传经直中为纲，分目论述。先论经证，次论腑病，再论合病、并病以及直中证、两感证，最后论伤寒兼证，并附诸方补遗。正如他在凡例中所概括的："兹集分析清楚，纲举目张。"

尤须指出，前人谓《伤寒论》有397法，113方，但仍不能概括伤寒之千变万化，因而有人"遂谓仲景《伤寒论》非全书"。程氏有鉴于此，经过多年钻研、实践，终于提出"伤寒主治四字论"。他说："予独以四字论括之，何其简也！"执简即可驭繁，所以又说："精乎此，非惟三百九十七法、一百一十三方可坐而得，即千变万化亦皆范围其中。"而表里寒热虽然变化繁多，但究其纲要，也不过8句而已，即表寒、里寒、表热、里热、表里皆热、表里皆寒、表寒里热、表热里寒。正如程氏所说："伤寒变证，万有不齐，而总不外乎表、里、寒、热四字。其表里寒热，变化莫测，而总不出此八言以为纲领。"

一部经典巨著，仅仅用此四字、八言，就将其精义概括无余，真是纲举目张，要言不烦，何其简也！

《伤寒论》的精髓，在于辨证论治。而辨证尤为关键，所以程氏研究此书，亦重在分析、辨别证候。他对此提出了严格的要求，务必"分析清楚""辨论详明"，而且要达到"毫无蒙混"的地步。因为只有这样，才能"渐登仲景之堂而入其室矣。"

辨析的重点，则又突出主症。例如，对于太阳经证，他辨析了头痛、项背痛、身痛、四肢拘急、发热、恶寒、气喘以及浮脉、伏脉。而着重辨析的则是头痛、发热和恶寒这3个主症。

辨析的方法，也颇有特色：

其一，采用问答的方式，针对性很强。例如头痛，就设了5个问题：头痛何以是太阳证？三阳头痛有别乎？三阴本无头痛，今见直中证，亦有头痛，何也？伤寒传经至厥阴，亦有头痛，何也？阳明腑病，口渴便闭，亦有头痛，何也？然后一一加以回答。在设问中，还注意针对仲景条文中的疑点来提问。例如：仲景云结胸证，项脊强，如柔痉状，何谓也？仲景云少阴证反发热者，当用麻黄附子细辛汤，何以故？对于其他书籍的说法有疑似的，也设问提出。例如：身痛既为表证，诸书言里证亦有身痛，何也？《指掌赋》云喘满而不恶寒者，当下而痓，何也？对于这些问题，也一一详加辨析。

其二，在辨析中，除了会通仲景原意来分析说明之外，必要时还引述《内经》的说法加以论证。例如，对于发热何以是表证这一问题，他首先指出发热的成因是风寒郁于腠理则闭塞而为热；其特点为翕翕然作，摸之烙手，指明关键在于此热发于皮肤，而脏腑无热，名曰表病里和。继而"以《内经》诸论证之，曰：风寒客于人，使人毫毛笔直，皮肤闭而为热，可汗而已。又曰：因于寒，体若燔炭，汗出而散。又曰：人之伤于寒也，则不免于病热，大汗热自解也"。对于后世诸家之说，亦酌情渗入辨析之中。

其三，在辨析中，不仅论述简要，说理明白，从不故弄玄虚，而且将自己多年辨证的心得渗入其中，特别是一些关键性的鉴别要点，更是强调说明之。例如，对于身痛一症，他就深有体会地说："总之外有头痛发热，而身痛如绳束者，太阳表证也。无头痛发热而身痛如受杖者，直中寒证也。一发散，一温中，若误投之，终难取效，可不辨乎？"

钟龄先生对仲景的治疗大法极为推崇，认为仲景良法精妙如神，对仲景方剂亦深有研究，并喜用之。然而，程氏并不赞成盲目地迷信经方，死板地固执古方，因为时代向前发展，情况已经发生变化，所以主张师承其法，不泥其方。他在"医中百误歌"的注释中说："然时移世易，读仲景书，按仲景法，不必拘泥仲景方。"应当根据不同情况，灵活使用，方能获取良效，所以紧接着又说："而通变用药，尤为得当。"

例如，对于太阳经证，症见头痛、发热、项脊强、身体痛、鼻鸣、干呕、恶风、自汗、脉浮缓者，他遵仲景解肌法，用桂枝汤；对于前证而恶寒、无汗、脉浮紧或喘嗽者，亦遵仲景发表法，用麻黄汤。但是，根据多年临床体验，他又强调指出："桂枝汤，乃治太阳经中风自汗之证，若里热自汗者，误用之，则危殆立至。"而麻黄汤则"不宜于东南，多宜于西北。西北禀厚，风气刚劲，必须此药开发，乃可疏通，实为冬令正伤寒之的剂，若东南则不可轻用，体虚脉弱者受之，恐有汗多亡阳之虑"。而无论北方南方，麻黄汤都只宜用于冬寒之令，于温热之时则不可用，对于体虚气弱者亦不可用。所以，使用经方关键在于切合病情，而且应对天时、地利、体质等综合考虑。恰如程氏所特别强调的："大凡一切用药，必须相天时，审地利，观风气，看体质，辨经络，问旧疾，的确对证，方为良剂"。如果古方并不对证，则应另行选方或自拟方药。程氏所拟加味香苏散，就是针对东南之地，人禀常弱，腠理空疏的具体情况。用香苏散加荆芥、防风、川芎、秦艽、蔓荆子等药，用于治疗伤寒初起，往往"一剂愈，甚则两服，无有不安"。由于药性平和，不仅冬令正伤寒可用，春、夏、秋三时感冒，亦可应用。程氏特别指出："有汗不得服麻黄，无汗不得服桂枝。今用此方以代前二方之用，药稳而效，亦医门之良法也。"

由此可见，程氏深得仲景心法，而又不拘执其方，尤善于变通用药，并加以发展，确如其受业门人吴体仁所说："大抵方药一衷诸古，而又能神而明之，以补昔人智力之不逮"。

总而言之，程氏研究仲景学说颇有心得，领悟深刻，特别是他的研究方法，尤具特色，可用五字概括。一是"深"，读仲景书，深钻精思，力求心悟，绝不浅尝即止，不求甚解。二是"简"，综观全书，执简驭繁，重在得其精义，绝不节外生枝或死于句下。三是"细"，突出主症，对比剖析，细辨详明，绝不主次不分，辨析粗疏。四是"验"，边读边用，反复验证，力求得心应手，绝不纸上谈兵，故弄玄虚。五是"活"，师承其法，活用其方，变通用药，绝不拘执死方以治活病。

综上所述，程钟龄的《医学心悟》很有特色，其"伤寒心悟"尤多创见，倘能细心领悟，用于指导临床，幸莫大焉！

《医学心悟》的四大特色

马有度

"读书难，读医书尤难，读医书得真诠，则难之又难。"这是民国时期名医陆士谔发出的感叹。正因为难，必须苦读；正因为难，又必须巧读。巧读者，讲究读书的方法也。巧读的诀窍，最关键的就是一句话：读书贵在抓特色。下面谈谈我反复阅读《医学心悟》的心得——《医学心悟》的四大特色。

1. 有的放矢，切中时弊

《医学心悟》首卷以"医中百误歌"为先导，开宗明义第一句就说："医中之误有百端，漫说肘后尽金丹，先将医误从头数，指点分明见一斑。"

针对有些时医妄用温补治实火，滥施攻泻治虚火的弊端，程钟龄又写了"火字解"篇，并在凡例中强调说："虚火可补，实火可泻，若误治之，祸如反掌。"

针对"时医更执偏见，各用一二法，自以为是，遂至治不如法，轻病转重，重病转危，而终则至于无法"，程氏又对"医门八法"进行了详尽论述。而阐发的重点，均是针对"用之不当"的时弊。例如清法，就分析了误用的 4 种情况："有当清不清误人者，有不当清而清之误人者，有当清而清之不分内伤外感以误人者，有当清而清之不量其人、不量其证以误人者，是不可不察也"。又如汗法，也指出误用的 5 种情况。对于其他各法都分别指出种种误用的弊端。

2. 汇通各家，取其精华

对于金元四大家，程氏认为虽然均有重大贡献，但又都有偏而不全的缺点。如"河间论温热及温疫，而于内伤有未备"，而"东垣详论内伤"，但对"阴虚之内伤尚有缺焉"。因此，他主张汇通各家学说，取长补短，如将东垣之补气与丹溪之养阴合之，则对于内伤的论治就比较全面了。

程氏善于吸取各家之长，不仅在《医学心悟》中论述全面，而且临床疗效也大为提高。正如他的学生吴体仁所说："吾师钟龄先生，博极群书，自《灵》《素》《难经》而下，于先贤四大家之旨，无不融会贯通，以故病者虽极危笃，而有一线之可生，先生犹能起之"。

3. 看似平淡，确有效验

程氏遣方用药，看似平淡无奇，用之确有效验。例如所创名方止嗽散，迄今仍为最常用的治咳良方。据报道，以止嗽散为基础方治疗外感咳嗽 280 例，包括上呼吸道感染、支气管炎及肺炎，治愈 273 例，约占 97.5%。程氏创制的其他方剂，如治瘰疬的消瘰丸、治痰湿眩晕的半夏白术天麻汤等，疗效均颇确实。

程氏尤其善于借鉴前人的验方，加以创新，灵活变通而用之，常能取得更高的疗效。如程氏加味香苏散，即由《太平惠民和剂局方》香苏散加味而成。程氏柴葛解肌汤、程氏蠲痹汤、程氏萆薢分清饮、程氏透脓散等方，只要用之得当，疗效皆佳。这些方剂都是在前人经验的基础上发展创新而来，所以程氏的受业门人指出："大抵方药一衷诸古，而又能神而明之。"

4. 提纲挈领，执简驭繁

程氏认为，治病首先需要推求病因，所以特别提出"内伤外感致病十九字"：风、寒、暑、湿、燥、火、喜、怒、忧、思、悲、恐、惊、阳虚、阴虚、伤食。总而言之，十九字不过内伤、外感而已。纲目何等分明，示人执简以驭繁。

辨证论治是中医临床学术的精髓。程氏认为："论病之原，以内伤外感四字括之。论病之情，则以寒、热、虚、实、表、里、阴、阳八字统之。而论治病之方，则又以汗、和、下、消、吐、清、温、补八法尽之。"寥寥数语，将辨证论治概括无余，何等精要，执简驭繁尽显其中。

总而言之，程钟龄的《医学心悟》很有特色，尤多创见，倘能细心领悟，用于指导临床，幸莫大焉！

《医学心悟》的文化底蕴

马有度

《西游记》中有一个神奇的故事：

万寿山里有一座道家的五庄观，观中有棵参天古树，这树3000年一开花，3000年一结果，再3000年才得熟。这果子的模样儿就像未满3岁的小孩，四肢俱全，长有五官。孙悟空去偷吃时，只见果子悬在枝头，手脚乱动，点头晃脑，风吹过时还发出声音哩！

这人参果不仅模样奇特，功效尤其神妙。各地仙长在"人参果会"上品尝之后，个个长生不老。有诗为证："万寿山中古洞天，人参一熟九千年，自今会服人参果，尽是长生不老仙。"唐僧最初害怕吃这果子，后来看见观音菩萨都吃了，才相信是仙家宝贝，于是也吃了一个，立即脱胎换骨，神爽体健。

谁也不会真的相信这个怪诞的神话。但吴承恩在杜撰这个故事时，倒也借用了人参的外形有些像人，且是一种珍贵补药的知识，只是做了高度的艺术夸张罢了。

清代的名医程钟龄，在《医学心悟》这本医书中，专门写了一篇"人参果"。文章一开头，也讲了一个人参果的故事：

昔者纯阳吕祖师，出卖人参果，一文一枚，专治五劳七伤，诸虚百损。并能御外邪，消饮食，轻身不老，却病延年。真神丹妙药也！市人闻之，环聚争买者千余人。祖师大喝曰：此果人人皆有，但汝等不肯服食耳。众方醒悟。今之患虚者众矣，或归怨贫乏而无力服参，或归怨医家不早为用参，或归怨医家不应早用参，或归怨用参之太多，或归怨用参之太少，或归怨用参而不用桂、附以为佐，或归怨用参而不用芪、术以为援，或归怨用参而不用二地、二冬以为制。议论风生，全不反躬自省，以致屡效屡复，难收全功。不佞身肩是任，宁敢造次，博稽古训，百法追寻，每见历代良医，治法不过若此。于是睁开目力，取来参果一车，普送虚人服食。凡病危而复安者，不论有参无参，皆其肯服参果者也。凡病愈而复发者，不论有参无参，皆其不服参果者也。世人请自思维，定知此中消息。惟愿患者各怀其宝，必然服药有功，住世永年，无负我祖师垂救之至意，是恳是祷。

程钟龄在这篇"人参果"中，借吕祖师之口，用珍贵的人参果来比喻保养身体的可贵。人们只要实施养生之道，就能健康长寿，就好像服食灵验的人参果一样。而养生之道是人人都可以掌握的，就看你愿不愿意认真实行。换句话说，只要我们有强烈的自我保健意识，努力去学习保健知识，切实地掌握保健方法，人人都能身心健康，都有助于延年益寿。健康长寿并不在于服食灵丹妙药，健康长寿就掌握在我们自己的手中。

这篇"人参果"，程钟龄把它放在《医学心悟》的首卷中，足见他对养生防病的重视。本文的前面，还有3篇文章。第一篇是"医中百误歌"，是用歌诀的体裁来说明"医家误""病家误""旁人误""药中误"和"煎药误"。该篇的结语是："此系医中百种误，说与君家记得熟，记得熟时病易瘳，与君共享大春秋。"第二篇是"保生四要"，明确提出保养生机的四个要点：一曰节饮食，二曰慎风寒，三曰惜精神，四曰戒嗔怒。第三篇是"治阴虚无上妙方"，是讲吞唾液以养生，文中写道："今立一法，二六时中，常以舌抵上腭，令华池之水充满口中，乃正体舒气，以意目力送至丹田，口复一口，数十乃止。此所谓以真水补真阴，同气相求，必然之理也。每见今之治虚者，专主六味地黄等药，以为滋阴壮水之法，未为不善，而独不于本原之水，取其点滴以自相灌溉，是舍真求假，不得为保生十全之计，此予所以谆谆而为是言也。卫生君子，尚明听之哉！"

"保生四要"之后，紧接着就是"人参果"，4篇文章一线贯穿，着重强调中医"治未病"的重要。正如"人参果"的结束语所说："以上数篇，发明医中之误，细详调摄之方，盖弭患于未萌，治未病之意也"。

《医学心悟》中的这几篇佳作，编歌诀，讲故事，说医理，示妙方，生动有趣，文采飞扬，既有科学性，又有艺术性，还有趣味性，充分展示出中医药学丰富多彩的文化底蕴。

方名索引

（第 2 章）;满庆鹏、冯凯伦（第 3 章）;柳杨（第 4 章）;柳杨、张宇峰（第 5 章）;张宇峰（第 6 章）。

本书既可作为高等学校建设管理类专业的教材，亦可供建筑业广大管理人员、工程技术人员参考。

本书作为黑龙江省高等教育教学改革项目和哈尔滨工业大学研究生教育教学改革研究项目"《智慧工地》课程开发与实验室建设"的系列研究成果之一，其出版得到了中国建筑工业出版社和张礼庆编辑的大力支持和帮助，在此表示衷心的感谢。感谢所有为本书编写和出版而付出的人们。

限于时间和水平，本书或有错讹之处，敬请广大读者批评指正。

　　建设工程管理是一项复杂的管理任务，在工程建设的全过程中都伴随着大量信息的产生、传递、加工、储存和处理。目前，大体量、复杂结构、超高层建筑的需求增加，对建设工程管理提出了更高要求。需要一种更加高效的信息收集、处理、决策手段以提高管理效率与质量。

　　随着建筑领域相关信息技术的高速发展，建筑业开始进入大数据、信息化、智能化时代。"智慧工地"源于利用信息技术提高建设工程管理水平的愿景，是目前信息技术在建设工程应用中的集中体现。对目前"智慧工地"理论和应用进行系统地总结，对于"智慧工地"未来在行业中的发展和应用有着十分重要的意义。

　　本书第一次较为全面地介绍了智慧工地的基本知识，系统地构建了智慧工地的理论体系，总结了智慧工地最新的相关技术，归纳了智慧工地最新的应用内容和方法，力求为建设管理类大学本科和研究生提供相对全面的智慧工地相关理论与技术知识，引发学生对智慧工地未来发展的思考，促进相关理论的研究和发展；也可为建设工程从业人员提供智慧工地在工程实践中的应用参考，帮助建设工程项目更加高效地实施智慧工地技术，推广智慧工地技术在工程实践中的应用。

　　全书共分 6 章。第 1 章介绍了智慧工地的内涵、发展背景和未来发展的方向；第 2 章提出了智慧工地的总体框架、模块关联与数据需求；第 3 章总结了智慧工地相关的关键技术，以及关键技术在智慧工地总体框架中的功能；第 4 章介绍了实现智慧工地的相关基础设备，包括数据采集、信息传输、数据储存和分析运算设备；第 5 章介绍了目前智慧工地技术已经实施的工程管理应用功能；第 6 章介绍了智慧工地系统在工程项目、建筑企业和政府部门三个应用层次的配置方法。

　　本书由哈尔滨工业大学 - 共友时代智慧工地联合实验室王要武、陶斌辉主编并统稿，孙磊、冯凯伦协助统稿。具体编写分工为：于涛（第 1 章）；刘永悦

图书在版编目（CIP）数据

智慧工地理论与应用 / 王要武，陶斌辉主编 . — 北京：中国建筑工业出版社，2019.5（2024.9 重印）

ISBN 978-7-112-23551-3

Ⅰ. ①智⋯ Ⅱ. ①王⋯ ②陶⋯ Ⅲ. ①信息技术 — 应用 — 建筑工程 — 施工管理 Ⅳ. ① TU71-39

中国版本图书馆 CIP 数据核字（2019）第 058250 号

责任编辑：张礼庆
书籍设计：京点制版
责任校对：王宇枢

智慧工地理论与应用

哈尔滨工业大学 - 共友时代智慧工地联合实验室　组织编写
王要武　陶斌辉　主　编
柳　杨　满庆鹏
孙　磊　冯凯伦　副主编

*

中国建筑工业出版社出版、发行（北京海淀三里河路 9 号）
各地新华书店、建筑书店经销
北京点击世代文化传媒有限公司制版
北京中科印刷有限公司印刷

*

开本：787×960 毫米　1/16　印张：9¼　字数：176 千字
2019 年 6 月第一版　2024 年 9 月第八次印刷
定价：59.00 元
ISBN 978-7-112-23551-3
　（33815）